城市与区域规划研究

本期执行主编　武廷海　黄　鹤

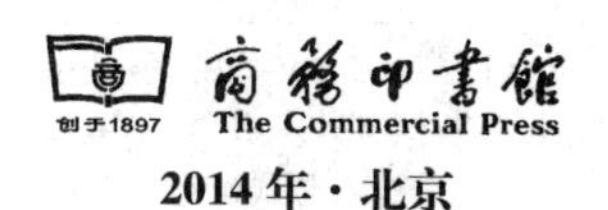

2014年·北京

图书在版编目（CIP）数据

城市与区域规划研究（第6卷第2期，总第16期）/ 武廷海，黄鹤　本期执行主编. —北京：商务印书馆，2014

ISBN 978-7-100-09066-7

Ⅰ.①城…　Ⅱ.①顾…　Ⅲ.①城市规划－研究－丛刊②区域规划－研究－丛刊　Ⅳ.①TU984-55②TU982-55

中国版本图书馆CIP数据核字（2014）第064772号

城市与区域规划研究

本期执行主编　武廷海　黄　鹤

商　务　印　书　馆　出　版

（北京王府井大街36号　邮政编码100710）

商　务　印　书　馆　发　行

北京瑞古冠中印刷厂印刷

ISBN 978-7-100-09066-7

2014年1月第1版　　开本 787×1092 1/16

2014年1月北京第1次印刷　　印张 14¾

定价：42.00元

主编导读
Editorial

大学、文化与城市创新，都是既充满魅力又十分庞杂的研究领域。说其充满魅力，是因为它们涉及每个城市的发展与潜力，涉及我们每个人的生活与未来；说其十分庞杂，是因为它们都具有高度的复杂性与包容性，从意识观念到物质形态，且相互缠缚，剪不断理还乱。

本期主题“大学、文化与城市创新”，试图在纷繁的城市现象与纷纭的城市研究中，探寻大学、文化与城市创新之间内在的关联，并将它们作为一个整体，从不同的时空尺度，揭示城市的一个最主要功能，即作为人类文明传承的载体和科技文化创新的场所。有关城市之文化、创新、大学的研究，也将因此获得别样的吸引力。

吴良镛认为，中国历史上人居环境营造并非单纯的物质环境建设，往往是审美文化的综合集成，人居环境审美是一种“时间—空间—人间的交织”，“能主之人”对于美好环境的营造具有一种超乎形体空间的追求，并努力在环境形态上实现“雅俗共赏”。今天，建设美好人居已经成为城市与区域规划的一个基本追求，城市文化积淀是迈向未来美好人居的基石，我们期待人居规划建设作为大科学、大人文、大艺术的时代到来。然而，毋庸讳言的是，在一波一波“打造”新城新区的潮流之中，众多的历史文化遗产正面临困境。孟宪民提出，面向美丽城镇的文化复兴中，大遗址承传作为一种更切实的综合性保护，应当发挥更为广泛的积极作用，使得当代成就、昔日价值和自然之美融为一体，呼吁积极探索大遗址承传策略，包括为城镇发展制定超长远规划、采取考古揭示等优先行动，开展作为公民基本训练的考古教育等。孙诗萌以历史时期永州人居环境建设为例，揭示了中国传统人居环境营造中的文化精神与价值追求，即“道德之境”，并对其空间构成和规划设计原则进行系统研究，中国古代人居的道德教化功能从中可以窥见一斑，实际上这是中国古代城市的基本功能之一，期待不断的发掘与彰显。郭璐对秦都咸阳规划设计与营建研究的评述，从一个侧面展示了帝国都城作为“政治与文化之标征”的功能，秦都咸阳的规制正是恢宏“秦制”的具体表现，具有深刻的内涵以及进一步探讨的空间。中国历史时期都市规划与营建实践表明，城市是人类文明的结晶，是改造和陶冶人的场所，也启发我们要把城乡规划建设与人的全面发展联系起来，在重视城镇化的经济效益的同时，重视城镇化的社会与人文后果。

人们常说“城市是陶冶人和教育人的场所”，大学则是城市中实施高等教育和科学研究的专门场所。随着社会经济文化的发展，人们逐渐认识到，培育和引领创新文化是大学的基本功能，也是现代大学的一项基本社会服务功能。夏铸九考察了台湾大学校园与台北市城市空间之间关系的历史变迁，揭示其实质乃大学与社会关系之间的改变。鲍宁以京师大学堂为例，探讨了清末高等学堂作为北京城中高等教育这一重要职能空间的出现。吴良镛、陈保荣、毛其智分析了中关村这个位于北京西北文教科研区，在1980年代前后的发展历程与结构模式特征，为我们认识“中关村现象”与中国“科学城”实践提供了一个典型案例。吴维平分析了大学在中国科学技术活动中的角色演化，评估了高等教育部门在开展研究和推动创新发展中的主要趋势。上述研究对于我们理解大学、文化与城市的关系及其未来，富有启发价值。在经历“大学城热”以后，我们可以对大学如何发挥引领创新文化功能以及城市如何为大学发展服务这两个相互关联的问题，作一番冷静的思考。

创新是城市与区域发展的生命。我们注意到，在网络化、信息化的今天，城市大学与文化的发展正在超越传统的教育与文化领域，开始向基础设施、城市总体定位渗透，并逐步成为城市功能发挥合力的“黏合剂”、“加速器”。一些城市甚至将文化资源置于城市发展的核心地位，促成城市内在机体的创新，从而培育良性的可持久发展的“创意城市”。李蕾蕾等发现，大学和科研机构是深圳“设计之都”建设的重要参与者，不过，这些大学和科研机构并非立足于深圳本地，而多来自于其他城市或国家，大学相对于政府、业内人士等行动主体而言，其作用主要是边缘性的、被动性的参与。姚磊等针对南京市广告业作为创意产业中发展较快也较为普遍的行业，对其集聚与分散的空间特征、演化与机制进行调查研究。

城市文化与创新的动力，在相当程度上，源于城市的人口集聚与多元文化互动。城镇化，首先表现为农业人口向非农业人口转变，从农村向城市地区集聚的过程。在中国，户籍制度是国家控制城乡人口流动的一项重要制度安排。李郇等认为不同户籍政策的实质是物质资本和人力资本组合的差异，发现城市政府户籍政策改革的激励来自于从人口迁移中获得的资源重新配置效益，即目的在于提升本地区的物质资本和人力资本积累，而不是“稀释”城市的人均资本量；同时发现户籍制度对经济调整速度有一定的影响，当稳态水平对户籍制度变化足够敏感时，放松户籍限制可能放缓收敛速度。因此，在新型城镇化下，单纯的户籍改革不可能解决城乡分割问题，核心在于提高迁移人口所拥有的物资资本和人力资本量。曹广忠等注意到流动人口子女教育地选择的问题，探讨其影响因素与性别差异。

城市与区域发展是一个不断改革和创新的过程，下期我们将聚焦“规划创新”，欢迎读者继续予以关注。

城市与区域规划研究

目　　次 [第6卷 第2期（总第16期）2013]

Journal of Urban and Regional Planning

CONTENTS [Vol. 6, No. 2, Series No. 16, 2013]

中国人居环境与审美文化
——迎接大科学、大人文、大艺术的时代到来

吴良镛

Human Settlements and the Aesthetic Culture in China: Toward the Age for "a Greater Science, a Greater Humanity, and a Greater Art"

WU Liangyong
(School of Architecture, Tsinghua University, Beijing 100084, China)

Abstract In the history of China, aesthetic appreciation and artistic creation have been the center of human settlements. Chinese human settlements can be viewed as an integrated expression of aesthetic culture, with literature as its soul. As an integration of time, space, and earth, the aesthetic culture of human settlements has varied widely. The culture's success in appealing to both cultured and popular tastes has been achieved by the work of empowered architects and superb craftsman, both of whom were valued in their times. The human settlements in ancient China accomplished brilliant achievements. Facing a bright new future in China now, it is necessary to design and create a new culture based on the past, and move toward an age that integrates "a greater science, a greater humanity, and a greater art".

Keywords human settlements; aesthetic culture; urban planning; urban design

作者简介
吴良镛，清华大学建筑学院。

摘　要　中国历史上的人居环境是以人的生活为中心的美的欣赏和艺术创造，人居环境是审美文化的综合集成，文学更是中国人居环境审美文化的灵魂。人居环境的审美文化多种多样，是时间—空间—人间的交织、融合。从审美主体而言，它雅俗共赏；从创作主体而言，归功于"能主之人"与"哲匠"，这样的人才难能可贵。中国古代的人居环境取得过辉煌的艺术成就，今天面对新的形势，应在此基础上发展创造，迎接大科学、大人文、大艺术的时代到来。

关键词　人居环境；审美文化；城市规划；城市设计

1　美是生活，人居环境是审美文化的综合集成

美即是生活，中国人自古以来就热爱现世生活，向往并追求生活中的审美品质，中国美学从根本上就具有生活化的倾向。中国历史上的人居环境是以人的生活为中心的美的欣赏和艺术创造，因此人居环境的审美文化也是规划、建筑、园林及各种艺术的美的综合集成，包括书法、文学、绘画、雕塑、工艺美术等。

书法是中国独特的艺术门类。一幢宏大的建筑常有精心书写的匾额，如长城山海关城楼上就悬有"天下第一关"五个大字榜书，笔力遒劲，光芒四射，远近都能欣赏，书法艺术与环境融为一体，塑造了山海关雄浑壮阔的整体气势。碑刻、题记等也往往会成为人居环境的主心骨。东岳泰山堪称摩崖碑刻的博物馆，岱庙秦时李斯碑、岱顶唐代纪泰山铭、宋之天齐洪胜帝碑、金之重修东岳庙碑、元之天门铭、明之金阙碑，凡此种种，不一而足。还有历代文

人名士遗留之佳作，包括孔子、司马迁、杜甫、苏东坡等。刻于北齐的经石峪，书法遒劲雄奇，号称“大字鼻祖”、“榜书第一”，更加绝妙的是其将岩石、流水、石亭等与书法熔于一炉，形成别具特色的人居环境。

一般建筑的楹联是文人墨客从不轻易放弃的舞文弄墨的创作天地。如昆明大观楼（图 1），面对西山、滇池，视野开阔，风景宜人。楼有一长联，先讴歌此地山川形胜，次韵及千古名人，气势豪放，读之令人胸襟为之一畅，楹联之艺术创作远比大观楼之建筑更负盛名。济南大明湖之“四面荷花三面柳，一城山色半城湖”，杭州观海亭之“楼观沧海日，门对浙江潮”也与此相类（图 2）。许多千古名胜更是因脍炙人口的千古名篇而享有盛名，世代相传。例如王羲之的《兰亭集序》、王勃的《滕王阁序》、范仲淹的《岳阳楼记》等，不可胜数。还有很多人居环境的营造源自文学作品的意境，例如拙政园的“与谁同坐轩”便取自苏轼之句“与谁同坐，明月清风我”，沧浪亭之名取自《渔父》中之名句“沧浪之水清兮，可以濯我缨。沧浪之水浊兮，可以濯我足”。

图 1　大观楼

图 2　观海亭旧影

雕塑可以成为人居环境的“主角”，驾于整个空间。如乐山大佛坐像、洛阳龙门石窟奉先寺大佛坐像、大足宝顶山石窟卧像、敦煌莫高窟大佛、蓟县观音阁观音像等，气魄宏伟、蔚为大观。有些雕塑是人居环境的“点睛之笔”，如陕西霍去病墓前之马踏匈奴（图 3）、山西永济唐蒲津渡铁牛、济南灵岩寺罗汉（被梁启超誉为“海内第一名塑”，图 4）、曲阜孔庙大成殿盘龙柱、北京卢沟桥石狮子等，气韵生动、技艺高超。还有一些雕塑装饰点缀着人居环境，提升了其质量与品位，包括装饰构件（如徽州砖雕、东阳木雕）、假山盆景（如太湖石、岭南盆景）、日常器物（如铜镜、石玩）等。

图3　霍去病墓石刻马踏匈奴（汉代）

图4　灵岩寺彩塑（宋代）

绘画是记录古代人居环境的重要载体。汉画像石被誉为“形象汉代史”，其内容涉及大量汉代建筑、城市及日常生活场景，诸如门、阙、庭院、建筑群、市肆、城池、装饰图案、日常活动等。王希孟的《千里江山图》、张择端的《清明上河图》、王翚等的《康熙南巡图》（图5）、徐扬的《姑苏繁华图》（图6）等精美长卷也都是记录当时人居环境的珍贵视觉资料。同时，绘画也可以成为人居环境的主角，现存的一些佛寺就因其壁画的卓绝艺术造诣而闻名遐迩，例如山西繁峙岩山寺壁画（金代）、芮城永乐宫壁画（元代）以及北京法海寺壁画（明代）等。

图5 （清）王翚等《康熙南巡图》第十卷中的江宁（南京）街市

图6 （清）徐扬《姑苏繁华图》中的苏州山塘街市

中国古代人居环境的美是有机的组合，丰富多彩，并无一定之规。用“审美文化”这一概念来探讨人居环境之美，不失为一种更加全面的视角。审美文化的综合集成是人居环境的最高艺术境界。

2 人居环境的审美文化多种多样，是时间—空间—人间的交织

在我们生活的环境里，万事万物无不是“时间—空间—人间”之交织。时间：古往今来，百代过客；空间：绵延变化，整体生成；人间：大千世界，生趣盎然。无论是“念天地之悠悠，独怆然而涕下”的悲怆，还是“纳千顷之汪洋，收四时之烂漫”的自得，都是三者之交融。

人居环境的审美文化融合“时间—空间—人间”。首先，时间。人居环境审美文化的形成需要较长的时间，各时期均有自己的时代特色，经过长期的增补积累，不断丰富而形成一地之胜。其次，地点。包括地理条件、自然环境等物质资源。各处自有其山川草木，人居环境之美必然各有特色。再次，条件。人居环境审美文化离不开人的创造。这之中起主要作用的是“能主之人”与“哲匠”，他们通过适宜的手段创造出可供人们从中进行欣赏的宜居环境。王维之绝句“独坐幽篁里，弹琴复长啸。深林人不知，明月来相照”描绘了“竹里馆”的幽美意境，时间是明月夜，空间是幽篁和深林，人间包括独坐、弹琴和长啸，形成“时间—空间—人间”的交织融贯，境界特出，自成高格。

各艺术门类在中国相当齐全，多种艺术创造统一在一个整体中，但并不是等量齐观，而是因时间、地点、条件的不同而各有侧重。这就使得中国人居环境的审美文化多种多样、异彩纷呈，兼具时代特色、地方特色与人文特色。潮州城市主轴线上建有40余座精美的石牌坊，成为举世罕见的牌坊街(图7)；昆明城市中轴上的金马、碧鸡两坊，则因特定时间可能出现的“金碧交辉”的景象而誉满天下（图8)。同样是位于城市中轴线上的雕饰精美的牌坊，在不同的时间、地点下有不同的创造，各有千秋，不相伯仲。《扬州画舫录》中有云：“杭州以湖山胜，苏州以市肆胜，扬州以园亭胜，三者鼎峙不可轩轾”[①]，便是此意。这样的例子比比皆是。

图7　潮州牌坊街

图8　昆明金马坊与碧鸡坊

例如，兰亭文化。它产生于东晋衣冠南渡的特殊时代背景之下，在绍兴周边“崇山峻岭，茂林修竹，又有清流急湍，映带左右”的优美自然环境中，更为重要的是有以王羲之为代表的人的活动，故柳宗元谓“兰亭也，不遭右军，则清湍修竹，芜没于空山矣”，王羲之的书法与文章为绝代佳作，当时与会者亦是“群贤毕至，少长咸集”，是文人的盛会。因此，即使今日“世殊事异”，兰亭已数易其地，人们到了绍兴，即景生情，仍神往不止（图 9）。

图 9 兰亭遗韵

资料来源：吴良镛 1984 年绘。

又如，秦淮河。自六朝时起，秦淮河地区便活跃着无数文人名士，留下不尽的千古佳话。杜牧之《泊秦淮》，刘禹锡之《乌衣巷》，文天祥题字明德堂，张僧繇“点睛”安乐寺，《桃花扇》等文学作品又为其增添了几分凄婉动人之色。所谓“六朝金粉，秦淮明月”，应成于此。

再如，西湖。今日名满天下的西湖风景区也是经由历代地方领导者的创造、维护才逐步形成的。白居易立西湖利用之准则，钱镠定杭州发展与西湖之关系，苏轼在杭期间两次上书皇帝疏浚和保护西湖，并积极实践。数代的不断努力使得西湖渐成佳境，号为“天堂”。

3 人居环境的审美文化雅俗共赏

审美文化有雅俗之分，前者往往是指文人士大夫的审美趣味（taste），后者则指市井大众的爱好取向，二者的内涵都是多种多样的。雅与俗似乎是两个对立的艺术标准，事实上人居环境的审美文化是俗中有雅，雅中有俗，雅俗共赏的。社会不同阶层对美有可以互相认同的标准，共融共生形成了和谐的美学环境。

例如，戏台。中国传统的古戏台就是一个雅俗共赏的典例。宁海县清潭古村保留有三座建于清代的古戏台，即孝友堂、飞凤祠（图 10）、双枝庙戏台。戏台是戏剧演出的场所，供村民日常娱乐，可谓“俗”之代表，雕梁画栋，绚丽多彩，极尽装饰之能事。同时，戏台也是实施教化的场所，每个戏台均有含义隽永的楹联，如双枝庙：“一曲阳春，唤醒古今梦；二段面目，演尽忠奸情”；飞凤祠：“借虚事指点实事，托先人提醒今人；有声画谱描人物，无字文章写古今”。既紧密结合环境，又给人以深刻的启迪，不失为“雅”的典范。戏台额枋上的彩画也以精忠报国、三娘教子、苏武牧羊等具备传统文化内涵的故事为蓝本，雅中有俗，俗中有雅，雅与俗同时得到大众的认可（图 11）。

图 10　飞凤祠戏台

图 11　凿井与彩绘

又如，茶馆。茶馆肇始于唐，普及于宋，兴盛于清，是中国古代城市中各阶层市民活动的公共空间。喝茶、会友、听书、唱曲、卖货、斗鸟、乞讨、算命等种种社会活动都在此发生，三教九流、俗世百相汇聚一堂。但茶馆往往又有“雅”的一面，取名都力图高雅自然，如“访春”、“访鹤”、“雅叙”等。很多茶馆还有发人深省的楹联，如，“为名忙，为利忙，忙里偷闲，吃杯茶去。劳心苦，劳力苦，苦中作乐，斟碗酒来”[②]；“南南北北，总须历此关头；且望断铁门限，备夏水冬汤，应接过去现在未来三世诸佛上天下地。东东西西，那许瞒了脚跟；试竖起金刚拳，击晨钟暮鼓，唤醒眼耳鼻舌心意六道众生吃饭穿衣”[③]。似家常，如佛偈，雅俗共融，雅俗共赏。

4　“能主之人”与“哲匠”的难能可贵

“能主之人”（计成《园冶》语）与“哲匠”是中国传统人居环境的创造者，其中有大手笔创造的巨匠往往不以代出，非常难得。

人民大会堂的创作，上有周总理的亲自关怀，下有各部委的紧密配合以及张镈等建筑师的努力，在气势宏伟的大框架下又有统一的细部，形成整体性的杰出建筑作品。在此特别指出，当时在建设人民大会堂时，因万人大厅空间太大，天花顶棚处与墙面交接线脚一直处理不好，周总理提出能否用“落霞与孤鹜齐飞，秋水共长天一色”的“水天一色”的意境（大意），后来建筑师果然悟出，将墙面与天顶连成一片，上层为满天星斗，空间效果很好。而同一广场的毛主席纪念堂、历史博物馆等就没有达到这样的创作水准。可见即使在同一时代，主事之人不同，作品亦有优劣之分。

这样的人才在漫长的中国历史中也是非常少见的，隋代主持大兴和洛阳城规划建设的宇文恺正是一例。在隋大兴城的营建中，高颎为总监，宇文恺为副监，负责实际工作，他既是总建筑师又是总规划师，全面负责大兴城的城市规划、建筑设计与施工建设。既要有明确的目标与全面的战略，以掌控全局；又要有合理的战术与切实的技艺，以把握细节；同时还要具备多方面的综合素养，例如文学（“铺陈其事”的赋的影响）、哲学（传统宇宙观的影响）等。在此基础之上，依靠国家强有力的财力与权力保障，仅用十个月就建成了一座辉煌雄壮的崭新城市，创造了至今仍为世界瞩目的奇迹（图12）。

一般艺术门类（如书法、绘画、工艺美术等）只要有能工巧匠、适当材料等即可有杰出创作。隋代大兴这样的“大型设计”（如城市、风景名胜区等），一方面需要全面系统又匠心独运的“能主之人”，另一方面还需要财力、政治权力作为后盾，因而最易夭折。是故精品难得，但每每出现一个又能对时代有重要的启发和引领作用。这一历史经验说明当今多个部门的领导者、决策者的文化艺术水平高下的重要性，也说明公共管理领域水平的亟待提高。

5　文学是中国人居环境审美文化的灵魂

中国人居环境的审美文化尽管是多个艺术门类的综合集成，但文学[4]始终是其精神支柱。美即生活，审美文化源自生活，王国维认为我国之艺术（他统称为“美术”）“以诗歌、戏曲、小说为其顶点，以其目的在描写人生”[5]。文学作品中往往蕴藏着丰富的人居环境思想，如《滕王阁序》、《三都赋》、《岳阳楼记》等。文学的创作与人居环境的营造息息相通，“造园如作诗文”[6]，“山水章法，如作文之开合”[7]，它们都是“知识与感情交代之结果”，“苟无敏锐之知识与深邃之感情者，不足与于文学之事”[8]，亦不足以为人居环境营造之事，文人往往就是“能主之人”。

图 12　（明）无名氏绘北京宫城图轴（承天门下着官服者为蒯祥）

资料来源：中国国家博物馆馆藏。

6　迎接大科学、大人文、大艺术的时代

中国古代的人居环境取得过辉煌的艺术成就，从考古发掘、历史遗迹，到名家画卷、诗词歌赋，美不胜收。神州大地、万古江河构成多少壮观的城市、村镇、市井、通衢，庄子云："至大无外，至小无内。"建筑学人应有俯仰一切的胸怀，从古代画卷、名城遗迹中体会并汲取丰富的美学营养与创作灵感。

与此同时，在发展创造中，我们不能忽视科学与科学创新。虹桥是宋京汴梁跨越汴河的木构叠梁独拱桥，《东京梦华录》中记述："其桥无柱，皆以巨木虚架，……宛若长虹。"《清明上河图》中详尽描绘了其结构与形式，单拱飞跨汴河之上，承载着熙攘的人群，兼具功能与审美之需（图 13)。1950年代此图被重新发现时，《新观察》杂志曾专门发表文章论证虹桥结构的可行性。我曾在意大利看到达·芬奇的手稿，其中也有与虹桥基本一致的桥梁想象图，以及河道上的立交系统、运河体系等设想(图 14)。达·芬奇是享誉世界的科学家、艺术家，但中国古代曾经存在的许多伟大技术与艺术创造却默默无闻，甚至湮没不存了。这两个例子之间并无必然联系，但这处于不同时代，一东一西的两个创造，说明了科学发展之重要性，在当代，新兴科学技术更有巨大的创新空间[9]。

图 13 （宋）张择端《清明上河图》局部：汴河虹桥

图 14 达·芬奇临时军事桥梁结构草图

清人赵翼诗曰："李杜诗篇万口传，至今已觉不新鲜。江山代有才人出，各领风骚数百年。"每个时代都有自己的人才，风格渐变，即便是经典如李杜之诗篇，仍旧"不新鲜"，故而要求"新鲜"。文学创作如此，审美文化亦是如此。梁思成先生曾经说："每一座建筑物都忠实地表现了它的时代与地方……总是把当时彼地的社会背景和人们所遵循的思想体系经由物质的创造赤裸裸地表现出来。"[10]建筑永远都具有时代性，人居环境的审美文化也要顺应时代变化，不断推陈出新。

人居环境是科学、人文、艺术的综合创造，未来的发展应当超越学科的边界，探索其新的境界，形成“大科学＋大人文＋大艺术”的体系，实现更加的壮大和更高的整合。

7 结语

上文就中国人居环境与审美文化的若干历史现象加以阐述，将书法、绘画、雕塑、工艺美术等融汇在一起，可称之为综合集成。过去，每将以上各艺术门类的评论建立在各自体系上，充其量说某人的诗、书、画融汇在一起称为“三绝”，或加上“刻印”称为“四绝”，等等。

这称之为综合集成的艺术，仍有其时代的特色。例如，它仍然为城市街衢的形制、建筑群“四合院体系”所形成的空间序列所左右，只是在江南园林自由的山水布局中演化为更多的构图形态，在北方宫殿建筑中，在乾隆花园和圆明园诸景等之中，显现出变化万千。

在当代的建设实践中，可以说一种新的综合集成正在形成中，这是因为诗、书、画等艺术门类本身在变，建筑等的空间形式在变，人对环境需求的内容也在变……现在尚是初步的、不成熟的组合，让人略觉杂乱，我们期待着它经过时代的洗炼，蓬勃生长出新的万千变化。

注释

① 《扬州画舫录》卷六。

② (清) 王之春:《椒生随笔》卷三，茶亭饭肆联。

③ (清) 王之春:《椒生随笔》卷五，休宁县茶亭联。

④ 文学有广义和狭义之分，广义的文学包括一切艺术性或非艺术性的文章典籍，狭义的文学是指作为语言艺术的文学。

⑤ 王国维《〈红楼梦〉评论》第一章“人生及美术之概观”。

⑥ (清) 钱泳《履园丛话》。

⑦ (清) 蒋骥《读画纪闻》。

⑧ 王国维《文学小言》。

⑨ 我在与“弓式建筑”创造者的闲谈中对此深有体会。

⑩ “建筑的民族形式”(1950 年 1 月 22 日讲于营建学研究会)，见《梁思成全集》第五卷。

参考文献

[1] 梁思成:《梁思成全集 (第五卷)》，中国建筑工业出版社，2001 年。

[2] 王国维:《〈红楼梦〉评论》，浙江古籍出版社，2012 年。

[3] 王国维著，姜东赋、刘顺利选注:《王国维文学美学论著集》，百花文艺出版社，2002 年。

大遗址承传与美丽城镇的文化复兴

孟宪民

Great Ruins Inheritance and Cultural Renascence of Beautiful Cities

MENG Xianmin
(State Administration of Cultural Heritage, Beijing 100020, China)

Abstract China is rich in underground cultural resources. Amid the transformation of China's urban development, the ruins of ancient cities can play a unique role in the construction of a beautiful China, which is beneficial to the renascence and sustainable development of the Chinese nation. Including the archaeological renascence, the modern renascence depends on all great achievements of the ancestors. Inspired by the discussions of academic predecessors such as LI Ji and ZHENG Zhenduo, this paper attempts to explore the strategies for rejuvenating the ruins of ancient cities: formulating the ultra-long-term plan for urban development, taking priority actions of archaeological excavations and interpretations, and promoting archaeological education as the basic training of citizens.

Keywords beautiful cities; great ruins inheritance; ultra-long-term plan; priority action; archaeological education

作者简介
孟宪民，国家文物局。

摘　要　我国是地下文化资源最丰富的国家，当前城镇建设面临转型，坚持中国特色，发挥古城址的作用，促进美丽中国、美丽城镇的建设，有利于实现中华民族百年复兴和永续发展。现代复兴是汲取本民族和人类的一切优秀成果，包括考古复兴。以李济、郑振铎等学术界先辈的论述为基础，本文探索大遗址承传策略：为城镇发展制定超长远规划、采取考古揭示等优先行动，开展作为公民基本训练的考古教育。

关键词　美丽城镇；大遗址承传；超长远规划；优先行动；考古教育

中国几乎所有的城镇，不论是否有保护和开发的名分，都在大力建设，也都面临转型。在城镇化进程中，突出生态文明，建设美丽中国的美丽城镇，古城址是重要基础和借鉴。探讨大遗址的问题，过去多是围绕保护专项展开的。在新背景下，本文换一个角度，引入“承传”概念，探索必要而可行的策略，让包括非重点在内的城乡广布的大遗址对科学的城镇建设发挥积极作用。

1　城镇建设的新背景

1.1　古城镇发展的转机及问题

众城遗产告急，是过去很长时期的大情境。现代城镇，建成区、计划建成区已较古城镇遗址扩大若干倍，本为从容不迫的科学探索、有特色的建设提供了前所未有的条件，但急功近利、形形色色的房地产开发，仍对地表、地下遗产造成严重破坏。城镇的考古、生态等研究与教育滞后、被动且力量薄弱，基础设施和环境问题较多，继承创新能力不足，“千城一面”无以改观。

近来古城镇的保护与发展出现一定的转机。一些城镇选择“重建”。网络流行信息是：我国有不少于30个城市正在和已经加入古城重建风潮。其优点是重视了古城址的存在，在有些城市起到转变原有不合理布局的作用，古城、新城开始分开建设。但很明显至少有两点缺憾：一是拿古城址说事，却回避或拒绝考古发掘；二是地产变相，仍追求容积率，将古城残留的地下真迹，不经考古发掘就彻底挖除。还有更多的城镇，主政者并非无历史常识，也曾经或正在考量有关问题。人们对制定不久的城市总体规划产生疑问，开始了历史性的战略思维。

如何善待那些属于自己的宝贵历史，是当前几乎所有城镇发展中普遍存在的问题。首先是今后发展的大格局、大方向，其次是如何平心静气地对待地下及地表的诸种细节。有个说法，很有些道理：唯残缺之美，不可复制。

1.2 建设美丽城镇的考古需求

十八大以来习近平总书记给我们很多的启发，包括到国家博物馆参观复兴之路展览、给北大考古文博学院学生复信。他对广州的东濠涌明代护城河如今排水渠道的考察，表达了对生态文明的关注，并将其与城镇建设联系起来。《习近平考察广东纪实》报道他说：

> 东濠涌以及遍布广东各地的绿道，都是美丽中国、永续发展的局部细节。如果方方面面都把这些细节做好，美丽中国的宏伟蓝图就能实现。希望广州的同志再接再厉，在过去打下的坚实基础上，在十八大精神的指引下，把城市建设得更宜居。

总书记还参观了东濠涌博物馆。该馆是越秀区利用旧建筑兴办的。博物馆虽小，却激发了公众极大的潜力和热情。网友刊载了大量照片介绍细节，并高度评价——突破有限的空间，将博物馆的设计延伸到涌边堤岸，与清水绿岸融为一体；这一创造性的举措，让整治过的东濠涌成为小小博物馆的最大一件“展品”；还传布了重要信息——城市整治将再造宋代广州“六脉通渠”的文化特色。

美丽城镇是建设美丽中国的重要组成部分。十八大报告提出，面对“严峻形势”，必须“把生态文明建设放在突出地位，融入经济建设、政治建设、文化建设、社会建设各方面和全过程，努力建设美丽中国，实现中华民族永续发展”。这与过去所提的“山川秀美”不同，美丽中国，不只是远离人群的生态自然保护区，更包括美丽、宜居、富有特色的城镇和乡村，包括人的素质的大幅度提升。

城镇考古振兴，则是建设美丽城镇的重大需求。十八大报告强调的中华民族复兴，是考古振兴的依据。现代复兴，不仅是狭义的文化复兴，而是上述“五位一体”的全面复兴，也绝非简单的复制某个或几个历史时代，而是汲取本民族和人类发展至今的一切优秀成果。这当然就需要考古，也需要考古学及其教育本身的进步。而考古振兴的有效途径之一，就是去领悟那些开辟我国这一科学领域的先辈的“中国梦”，攀上巨人之肩。

2 关于大遗址的概念

2.1 大遗址主要指古城址

大遗址是国家、城镇文明起源与发展的集中体现，是人与自然互动的历史结晶。其中大多仍为今人聚集之地，与各种建设联系密切。大遗址有多方面的科学研究价值，不仅有历史文化的纪念意义，还有对现实生活、生态的功能作用。

“大遗址”是一种强调性的说法，是在学术和管理层面，强调古遗址及地区的重要性。大遗址的最初提出，在大规模建设兴起的1950年代，是为了处理好建设、保护与发掘的关系。“大遗址”这个词，最早见于文献的，是在国家文物局王冶秋（1909～1987）“在全国文物、博物馆工作会议闭会时的发言摘要”中，发表于《文物参考资料》1958年第3期：

> 大遗址的保护，我们以燕下都为试验田，希望南京博物院、河南、长沙也搞一块试验田，推广这个既对建设有利、又能对保护有利的经验，争取走到工程前面，把基建地区重点文化遗址、墓葬加以事先的清理。

燕下都就是古城址，战国时期所建，广约30 km^2，确实大。但“大遗址”也不是王冶秋信口一说。他后来提出“全国性的大型文物保护单位”，拟规划“约一千处做到有计划地保护、修缮、整理、研究，按照长期规划分年实施”。这个概念就是后来的“全国重点文物保护单位”。1982年，文物保护单位制度又有重大发展，《文物保护法》第二章“文物保护单位”，纳入历史文化名城保护。

将“大遗址”点明是指“古城址”的，是著名考古学家苏秉琦（1909～1997）。其辞世之作《中国文明起源新探》，再次回顾1975年与国家文物局文物处负责人的交谈：

> 当时我提出应当把“古城古国”当作文物保护重点的原则。提出这样的原则是因为我从多年实际工作看，古城址往往埋藏很浅，高平低垫，很容易就被破坏，一重要，二难保护。当时这一提法主要指历史时期的大遗址（古城址），现在看来，应该把史前时期的大遗址也作为重点，即把古城古国与古文化联系起来。

郑振铎（1898～1958）是新中国首任文物局局长，兼科学院考古所、文学所所长。有人认为他是中国新文化运动史上起过关键作用的文学巨匠之一。他还是我国第一个著作近代考古学史的人，对古城址早就极为重视，1928年写就《近百年古城古墓发掘史》，介绍外国史前古城址的考古发掘。在序文“古迹的发现与其影响”中，他呼吁：

> 为了我们的学问界计，我们应该赶快联合起来，做有系统的、有意义的、有方法的发掘工作，万不能依赖了百难一易的偶然的发见，而一天天地因循过去。

郑振铎是大学者大作家从政，但与众不同。对他的“做行政事”，著名考古学家夏鼐（1910～

1985）曾高度评价："九年来全力从事，辛勤策划，取得了巨大的成绩"[①]。郑振铎还强调地区的概念，多次论及"许多重要的、应该特别注意的地区"；还说"凡是今天人口密聚的城市，往往是古代都邑所在，最容易发现古遗址"。

从一定的地理单元出发，探索文化与自然遗存的层叠和群体的分布，以及自古至今的变化，可以了解经济盛衰、政治兴替、民族聚散、生态演变，指导科学发展。强调大遗址的目的，即在于此。保护是为考古发掘、获得资料，"为学问界计"。而学问界除各自有计，还应当共同谋划人类居住地的长期发展，包括城镇化，也包括生态文明。

2.2 遗址大小和工程特征

2.2.1 大遗址的相对性

现代汉语词典对"大"的解释有：超过一般或超过所比较；排行第一，表示强调。大遗址的面积大小、重要程度是相对的。每一城市、乡镇，以至农村，都可确定属于当地历史的大遗址并予以承传。

古城址的大小，差别很大。我国古代最大的城池，一般认为是西安的唐都长安城。唐代在约 $84km^2$ 的隋都大兴城北部扩建了宫城、禁苑，面积约 $90km^2$。实际上最大的是明洪武的首都南京，外郭城范围约 $230km^2$，也是领先世界多年的第一大城。

最小的县城，很可能在山东即墨市，隋文帝开皇十六年建设的即墨县城。该古城址上现几无楼房，现代建设对地下遗迹破坏较少，地上清代县衙与民居建筑尚存。那里最近考古发掘了县衙院落，发现唐代地面的遗存；考古勘探了四至城墙基础，形状为东西略长的方形，面积近 $0.3km^2$，恰如开皇二年规划始建都城的一个小坊。其选址也讲究"风水"；城内布局简直就是都城的缩影：官衙在城北部居中，也如都城中皇、宫城的位置。该城址，是隋文帝时期城市设计标准推行至基层的实证，具有典型意义。

当然，古城址大小不一定以城池为界限。很多城市的功能，随着发展，是在城池之外实现的。例如：因水陆交通枢纽、商业聚集而生的许多古城，后来主要的码头、集市等都转至城外。即墨城池之外在元代时就建设了 4 座楼阁。

2.2.2 大遗址的包容性

"有容乃大"，也是常人可理解的。文化与自然遗产以及现代社会生活本是一个整体，遗址与建筑、与城镇，更不能够决然分开。中国考古学之父李济（1896～1979）在 1943 年"古物"一文中[②]，论及古物分类细则，将历史时期的建筑、遗址归为一类：

> 建筑包括城郭、关塞、宫殿、衙署、学校、第宅、园林、寺塔、祠庙、陵墓、桥梁、堤闸及一切遗址等。

这应是他经过深思熟虑的。最近出版的《李济传》刊出一幅未发表过的照片，是 1932 年春李济在殷墟“带领工人打板筑的情形”。这幅照片反映了实验考古学在建筑领域的早期实践活动，非常珍贵。更为佐证的是1959年李济发表过的看法：“殷墟的发掘，就现代考古学的立场说，最基本的贡献实为殷商时代建筑之发现；亦即夯土遗迹之辨别，追寻与复原之工作。”这个观点，中国社会科学院考古所认为“非常正确”[3]。

实验考古学，过去一般指在研究器物制作和用途时的模拟试验，后发展很快，现已属于考古学的重要分支。国际上的实验考古学正向众多领域拓展，对借鉴和恢复人类遗产，促进当代发展产生广泛作用。我国由国家文物局、中宣部、中国科学院等牵头实施的“古代发明创造的价值挖掘和展示”科学计划，即“指南针计划”，其实质意义之一就是发展实验考古学。目前在新兴领域，该计划也得到积极响应，著名城市规划与建筑学家吴良镛主持了其中的人居环境项目。

2.2.3 工程遗迹的重要性

古城址的构成因素很是复杂，包括以自然生态环境为基础的人工水系、道路、城墙等结构性的工程遗存，而不仅仅是宫室、房舍、亭台楼阁。《保护世界文化和自然遗产公约》对“遗址”的描述就突出了其工程特征：“从历史、审美、人种学或人类学角度看具有突出的普遍价值的人类工程或自然与人联合工程以及考古地址等地方。”大遗址的工程特征，需特别给以重视。

正因为改造自然的大型工程，人类才需要高级、复杂的社会组织，于是最初的农业社会文明即国家产生。前面提到的史前大遗址，包括城市、水利工程，都属于人类最初的大型公共工程，是文明起源的关键因素。自1999年，中国领导人开始使用5 000多年文明的提法[4]。多出一个“多”字的依据，正是考古研究的新成果，而非参考传说。最近习近平总书记陈述“中国梦”，也两次提到连绵、传承了5 000多年的悠久文明。这说明，创建社会主义新文明的题中之意，包括如何对待农业社会的城市文明、生态文明。

大遗址高平低垫，确实蜕变很快，但历史悠久的工程遗迹，很难破坏殆尽，而且多有传承、沿用。故很多坐落其上的现代城镇、乡村，仍可视为大遗址生命的延续，是一种有意无意的承传。如城墙已失去军事防御功能，但仍有保存作为纪念物、起到防洪的作用；很多用作道路、房舍甚至楼宇的坚固基础，城内外的古河道，有很多填为道路，但水系仍在地下流淌，为现代人居留存着些许的生机。

城镇化，是一个历史范畴，也是一个发展中的概念，是现代文明，也是古代文明的要素。城镇化包含大大小小的人类工程、自然与人的联合工程，今人需将对大遗址不经意的利用与破坏，转变为有科学的意识和方法的承传。

3 大遗址承传的意义

3.1 有中国特色的表达

“中国是一个地下‘文化资源’最丰富的国家。”这是新中国文物保护制度的主要设计者郑振铎对

"中国特色"的基本判断。他的"考古工作与基本建设工程的关系"(1956 年)指出,地下资源"对于科学研究、文化艺术的推陈出新事业都有很大的帮助";那些一处处的历代物质文化遗存,往往足以当得起"地下博物馆"之称;"有哪个国家有我们那么丰富的东西呢?"地下"文化资源"最丰富,是历史悠久中国的最重要的特色之一,也是大遗址的相对性、包容性的基础。

李济则表示过古城址是中国的特色。《中国民族的形成》(1923 年)指出,"中国人是最积极的筑城者",而且"中国筑城的所有日期都被中国的史学家们记录在案"。我国到底有多少古城,似乎至今只李济有精确数字:1644 年之前"记载中的城垣有 4 478 座。但这些并非就是中国人修建过的全部城垣"。"所有这些只能靠考古发掘才能重见天日。"

对属于我国自己的各类遗产及各项工作之间的关系,确须有清醒认识。我们不必哀叹没有欧洲、埃及的宏大古建筑,要扬长而不避短,更重视大遗址,更加发展考古,也更关注古城镇、古建筑及其残存地下或地表的基础,而不仅仅是风貌。而且,要将古城址作为保持和塑造城镇特色的资源。

大遗址既是资源,又是遗产。如同大遗址本身的包容性一样,对大遗址采取的措施,也应具有包容性。"承传",《现代汉语词典》(第 6 版)解释是:继承并使流传下去。这个概念,更能反映遗产本质,即遗产作为一项资源又区别于其他资源的特质。采取"承传"概念,可以使大遗址工作的目的性更明确,更易促进多方和谐。

比较很多用词,"承传"可包容更多的事和人,还可避免歧义、误解。如对保护和利用的关系,人们总是争执不休。"保护"一词,实有广义和狭义之别,且经常在同一文件中交互使用。表现于《保护世界文化与自然遗产公约》就有:要求缔约国尽力做到"通过一项旨在使文化和自然遗产在社会生活中起一定作用并把遗产保护工作纳入全面规划计划的总政策",也有"采取为确定、保护、保存、展出和恢复这类遗产所需的适当的法律、科学、技术、行政和财政措施"。《公约》题目和前句"保护"属广义,后句是较狭义的"保护"。

大遗址承传,将包容一切保护和"全面规划计划",包容更多、更细化的措施,如确定、标志、建档、规划、宣传、展出、研究、调查、勘探、发掘、保存、修复、博物馆、园林、绿道、借鉴、恢复等,也包容争议颇多的重建、利用,还包容区域、城镇、乡村、社区发展与生态文明建设,有望成为具有中国特色的一个"总政策"。

3.2 更切实的综合性保护

大遗址的承传,可视为国际推广的"综合性保护"的发展。地区和城市的综合性保护,是 ICCROM(联合国教科文组织国际文物保护与修复研究中心)1990 年代开始探索、开发和推广的管理办法,计划包括两个目标群,即:提高政府主管部门和决策者对保护实行综合治理的必要性的认识;提高各级管理部门和专业人士结合遗产保护进行一体化发展决策的能力(孟宪民,2002)。该管理办法的提出,可能与国际倡导的遗产政策受阻有关。

联合国教科文组织选拔具有突出的普遍价值的各国遗产,列入世界遗产名录,是为了指导和促进各国遗产的普遍保护。1972 年上述《公约》通过的同一届会议，还发出了《关于在国家一级保护文化与自然遗产的建议》，值得关注：

考虑到在一个生活条件加速变化的社会里，就人类平衡和发展而言至关重要的是为人类保存一个合适的生活环境，以便人类在此环境中与自然及其前辈留下的文明痕迹保持联系。为此，应该使文化和自然遗产在社会生活中发挥积极的作用，并把当代成就、昔日价值和自然之美纳入一个整体政策。

文化和自然遗产应被视为同种性质的整体，它不仅由具有巨大内在价值的作品组成，而且还包括随着时间流逝而具有文化或自然价值的较为一般的物品。

由于保护、保存、展示文化和自然遗产的最终目的是为了人类的发展，应尽可能以不再视为国家发展障碍而视为决定因素的方法来指导该领域工作。

这就是要求每一国家，除“重点保护”，也应该善待价值较为一般者。如仿效之，即一国政府还应提供对各级各地政府和人民群众的普遍和一般的指导，让遗产发挥广泛的积极作用，使“当代成就、昔日价值和自然之美”融为一体。

或许实际上很多国家对此关注不够，情况不妙，所以 ICCROM 认为：面对城市化、环境恶化、全球化和自由贸易、贫富差距日益扩大、政府管理松懈和权力下放等种种压力，历史名城的遗产价值正遭到生死存亡的威胁，以前先确定遗产点，然后再根据重要程度制定可行规划的常规方法，已解决不了问题。于是“综合性保护”出台。但现实情境，在一些国家并没有多少改变。

“实现中国梦必须走中国道路”，而这条道路正是在对中华民族 5 000 多年悠久文明的传承中走出来的。因此，我国城镇选择大遗址承传的政策和策略，实施更切实也更具有综合性的保护，才是中国特色的发展道路。

4 大遗址承传的超长远规划

4.1 规划期超长远的必要性

人无远虑，必有近忧，设置超长期、超远期的规划目标，利于改革，以摆脱现实困境。超长远规划，是指 50～100 年甚至更长的规划期。其依据是“中华民族的百年复兴和永续发展”，也因为城镇生态文明建设、大遗址承传都是长期且艰巨的任务，更基于一个常识，即任何建筑都有寿命。一般的水泥建筑物，寿命不过百年，除非需要保存而采取措施，都会面临拆除。古城址的地上地下空间如何使用，现存一切建筑物、构筑物及其遗迹的去留，问题无法回避，都应当有超前的适当抉择。

超长远规划，曾是时任 ICOMOS（国际古迹遗址理事会）主席的席尔瓦 1998 年对西安遗产的建议。该建议信的译稿，笔者当时见到过。而亲耳聆听到的，是 1994 年西安市的一位领导人向联合国教科文组织北京代表提出的建议：希望西安能如意大利罗马一样整体成为世界遗产，并获得帮助。或许这个希望令人兴奋且难忘，于是几年后席尔瓦仍来帮助，提出：如想让这个城市恢复历史考古遗址的光荣，并保持良好生活条件，就得指定50～100年的长远规划并严格执行。其措施包括：在市区占据的唐城的南面，筹建高层建筑密集型的21世纪城，以供未来城区发展所用，唐城内部的10个部分每10年进行一次拆迁，到寿命的建筑考虑拆除，逐步将唐城发掘出来，使之重见天日并得到保护。

建议信开头的一段深情文字，令人颇受鼓舞和启发：

> 我们的第一印象是，一座迷失的城市，看不到任何恢复旧貌的希望。但当城市展现在你的面前时，你开始感觉到古迹的魅力，甚至是一种被倾倒的感受。你进而会怀疑自己可否曾有过这样魂牵梦绕的感受，这个伟大城市的魅力令你无比折服。

这为大遗址承传的超长远规划提供了支持：我们大大小小的很多城镇虽看似迷失，也还能感受，还有希望！大遗址所表现出的魅力，是不易穷尽的。为了子孙后代，令人尽快去制定并实施这种超长远规划，将功德无量。

关于超长远规划，网上的一篇“百年为尺　千年为度　做好科学规划　实现科学发展”论述了水利建设与城市化。“对关系世代民生的关键的基础性建设规划，如水资源重新布局，尤要优先考虑确定。”作者认为，城市化进程更应把防灾和水利衔接起来。修建水利是百年规划、千年建设的大事，是一项重大的城市化的基础设施，同时又是极大地改变中国的生态环境、内河的水路运输，改善水资源短缺的巨大工程，要把水利修建作为城市化拉动建设内需的一个长期工程，百年、千年地做下去。目前无论是综合性还是专项规划，都覆盖时间短，不能树立长远目标，而且各规划间的良性互动不够。

大遗址承传的超长远规划，可以集中多方面的智慧和决心，或许是所有历史城镇的最前卫的抉择。有经济学家说，“像产品和人一样，地理位置或某一空间区域也可以成为品牌。”不论目前城镇、水利、生态等建设的现状如何糟糕，只要大遗址的地理空间尚在，超长远规划就是必要的，所有城镇都应具有“确定、保护、保存、展出和恢复这类遗产”的信心。

4.2 超长远规划的目标

作为人类居住地的古城址，如何确定“恢复”遗产和将“当代成就、昔日价值和自然之美”融为一体的目标，是很难统一认识的问题，但值得学术界和普罗大众广泛讨论。

在古城址的范围，总体说来，应恢复至历史最佳时期的疏朗格局和特色风貌，逐步退建还路还水系还生态。几百年来的城镇人口剧增、建设无序，不仅占据原有的道路、河系等公共设施和空间，还令建筑变得狭小拥塞。故应在历史上原本属于公共的空间，退出拥挤的商住建筑物，还以道路、水系、生态环境等。古水系一般比古城墙更重要。古城墙多为纪念意义，一般作适度修复和遗址展示，已为道路使用的做出标志即可。古水系以及仍有水利作用的城墙或局部，则属于现代人居生态，长期保存和恢复具有多重意义。

为此，人口密集的古城址，宜疏解人口，逐步降低密度和总量；较小城址的人口，由于压力较小，应恢复和保持至历史最佳时期的水平。

一切有历史的建筑物，包括所谓棚户区、城中村，除地上部分，也都应对其地表、地下“文化资源”做出评估。拆除无价值、到寿命的建筑，意味着：①不到寿命的建筑不拆除、暂缓拆除；②有价值的建筑不拆除，并给予保护、修复和改善使用功能；③进行全面的考古清理、发掘，有选择地修复和重建，以多样化的方式展示多时代的面貌和内涵。

一切有关的研究，特别是较为薄弱、滞后的生态环境演变史和有关工程设施遗迹的研究，都应得到重视和不断加强。考古发掘颇费时日，而且只有大面积揭示才能较好地开展复原研究，可先做考古的适度清理，安排草地、湿地、浅耕农业等不伤及地下遗迹的方式给予展示。这些都需要长期安排。

古城全部重建，不必要，也无可能。古城址上的新建筑，不必仿古，应根据科学研究成果的积累，结合现代的功能需要，以及材料、工艺的进步，长期坚持继承、创新。

承前启后，百年规划、千年建设，新城区避开古城址择地另建，应当成为所有城镇的规划目标。新城区建设，要考虑人口长期增长的需要，也必须适应生态环境的长期完善。建筑形式，应对当地历史有所继承，并在吸收一切现代科学成果的基础上创新，不满足于风格上的借鉴。

5　大遗址承传的优先行动

5.1　偿还“欠账”的科学文化计划

在我国，考古、文物保护、生态保护的情况类似，都较为滞后，确定的对象一般躲避着“麻烦”，远离人群聚集之地。这是长期弱势、历史“欠账”较多造成的。这种“欠账”，不仅包括资金，也包括人员、体制机制等多方面。如何使大遗址承传的超长远规划可行性逐步增强，使长远必要不再总是屈就眼前可行，不受所谓可行的迷惑、动摇，不以可行永远代替必要，需要准确地决策一系列切实的优先行动。

对于受到市区发展、基建工程等人为的剧烈损害的遗产，有国际专家认为主观原因是缺乏作为，包括决策、规划、管理、警察、监测控制、安全防范、文化计划、国际交流、培训激励等。但什么应该是更为优先的行动呢？所有历史城镇，都应该决策一项或几项足以扭转发展格局和方向的大规模的科学文化计划——在建成区，对古城址采取大面积的考古揭示及综合性行动。

本文提到的广州大遗址的工作，经验值得总结。经济学家胡鞍钢，这位绿色 GDP 倡导者，在 2007 年考察市区中心被展示的古代城市遗迹后认为，尽管成绩很大，但仍被动。于是发出感慨：“此一地块，广东、广州不应缺其 GDP、地皮，应以遗产保护为中心，而非经济建设为中心。”换句话说，此地以大遗址保护、研究、展示为中心，不以经济建设的指标要求，倒是真正的以经济建设为中心(孟宪民等，2012)。

吉林省集安市的大遗址工作，更为典范。2003 年市领导机关迁出古城址，投入巨资进行了快速、高强度的考古清理、保护和展示。次年以 42 片、64 km^{2}的区域，由联合国教科文组织列为世界遗产。最近他们确立了“整体保护、协调发展、整合资源、系统展示”的遗址保护和城市建设理念，做出更全面的规划：遗址区城市建设只做“减法”，不做“加法”，疏散人口，外迁公用设施，弱化基本建设，继续拓展保护空间达到 140 km^2（国家文物局，2013）。现当地城乡居民以生活在大遗址中为荣为傲为福祉。这当然应归功于当年高层决策的大规模考古揭示结合发展的优先行动。

同时，应该使大遗址的规划建设和城市规划建设实现联动。2012 年 6 月 10 日中国网介绍了集安经验：当年规划编制，结合了城市的整体规划，结合了环保需求，土地、水利、林业生态等方面的特点。“集安会让文物保护成果最大限度地实现惠民。”该市文物局局长说，“我们将更多地开辟一些相应的遗迹，并治理好周边环境，使其为民所用。现在我们有六处惠民区，将来可能扩展到十处、二十处，尽量让老百姓享受到我们文物保护带来的成果。”

决策大遗址承传的优先行动，大幅度增强投入，以偿还历史“欠账”，当下正在由必要成为可行。大遗址承传的优先行动，属于事业和产业辩证发展的科学文化计划。优先行动开辟的新局面及其持续发展，还将促进就业、促进产业调整。每一地方，都可以从历史和现状出发，做出让长远必要转化为现实可行的行动抉择。向前看，而不悲观曾经的损失。

5.2 实现城镇建成区考古的理想

城镇建成区的古城址研究，情况特殊。英国学者科林·伦福儒等的《考古学：理论、方法与实践》曾介绍：因为罗马和中世纪的城镇大都被埋藏在现代城市的地表之下，“早期的中心直到今天仍然是都市中心，因此不仅会有复杂地层的连续，而且在它的上面和周围还会有许多现代建筑物。对于这样的遗址，应该采取长时段的研究方式，抓住新建、扩建项目提供的任何机会，然后根据发现物构建一种形态并最终使之构成连贯的面貌”。

我国学者一般也是积极倡导这样去做的，但很少城镇能够做到。说考古发掘以配合基建工程为主，实际的普遍情况却是根本配合不上。即使配合上，多是发掘一处毁掉一处。变被动为主动的持续投入，在古城址先考古发掘再抉择建设，是中国也是世界所有学者们的梦想，却从未企及。

如何发挥制度优越性，使城镇考古与其他国家相比不落后，而且更主动，是我们必须面对的问题。历史时期的古城址，文献记录较多，范围大体上是已知的，完全可以如郑振铎所言，“做有系统的、有意义的、有方法的发掘工作”，不赖偶然发现而因循。这可能需要对有关规划、计划、设计的常规方法及市场机制做出较大的调整。

大面积的考古揭示，当然需要策划周密方案。对那些遭受市区规划、基建工程严重威胁的古城址，特别是动工在即或已拆迁地区，首先要实施考古清理和实现控制，其次用多种方法向公众展出、提供信息。展示科学过程比展示不理想的所谓结论更有意义。

小中见大的东濠涌博物馆的模式，应得到推广。秦兵马俑一号坑的大跨度棚式建筑，是个好方式，也可植入城市，将保护、发掘、修复、展示等活动结合为一体，而其建筑本身的艺术与技术，当可创新。对考古发现遗迹的复原研究，包括对重建的试验性研究，也应尽量提前开展，并由公众广泛参与。

1979 年落成的秦兵马俑博物馆一号坑覆罩，面积超过 16 000m²，是很有国际影响的创举。促成此举的王冶秋曾说，过去想得比较简单，后来“我们决定把它办成一个独具风格的考古发掘现场博物馆，把发掘现场和坑内堆积原状都作为博物馆的内容”。他还说：“一定要解放思想，多想办法，打破过去的老框框。”可惜，后来这种革新精神和办法没有得到较好的推广，以致规划界不少学者一直对博物馆仅做陈列器物的狭窄理解，对考古发掘更避之不及。

博物馆的概念应从发展中把握。1993 年《中国大百科全书（文物·博物馆卷）》卷首苏东海、吕济民的概观性文章“博物馆”就已指出：“博物馆的物已经包罗万象，有文化价值的文化遗址、遗迹、生态环境的整体等已被视为放大的博物馆的物。”而 1979 年的王冶秋，还提到今人所谓非物质文化遗产：在景德镇不仅应保护好著名古窑址，而且可既保护好古窑生产遗址，又把现有传统瓷窑保留，“继续用古老的方法生产，组成一个表现景德镇瓷窑发展史的博物馆”。我们今天对古城镇遗址，又何尝不应如此。

数百数千的古城址上到寿命的建筑有待拆除的现状，是世界前所未有的大机遇。这召唤着我们，联合起来，完善政策，采取行动，努力去实现属于前人也属于未来、属于中国也属于世界的理想。

5.3 优先行动的设想举例

诸多城市早已告急，但潜力仍巨大无比，均可大有作为。例如以下几个地区：

(1) 江苏省镇江市区。对梦溪园遗址及周边地区，有关部门正在策划大范围的考古、展示计划。该遗址是宋代科技代表人物沈括写成科学巨著《梦溪笔谈》所在，而且园林也是他的构筑作品，十分重要。现街道名为梦溪园巷，其周边大多几近到寿命的现代破旧房屋，改造迫在眉睫。大面积考古发掘，可以揭示和恢复以宋代为主的历史面貌。金山网 2013 年 4 月 7 日发布的“梦溪园复建与考古”，是长期从事镇江城市考古的刘建国先生的专文。他认为，“若是考虑与史料中的梦溪园相对应的话，它的大小应是包括南至正东路、北至东门坡北、东至丁家巷、西至梦溪园巷的范围之内。”他期待那里“成为地上、地下文化遗产珠联璧合、并蒂绽放的文化胜地”。

(2) 山东省聊城市区。在边长 1km 的四四方方的标准化古城——宋代所建的博州城之内，原有建筑物大部分拆光。这等于在城市建成区出现一处面积之大世间少有的考古工地。抓住这个机遇，不仅化被动为主动，且将举世瞩目。该城址应有宋代古老水系存在，精细发掘的意义在于，可能进一步揭示我国宋代高水平的水利科技，类如广州“六脉渠”、赣州“福寿沟”。而这种福寿之沟，沟通现代城镇的过去与未来，恰是人类永世企盼。

(3) 湖南省长沙市区。西汉贾谊故居遗址地处闹市，周边不断有考古重要发现。已配合楼盘建设发掘的古城墙、排水设施，大多没有原址保存，应该不是全部，需要寻求主动发掘。贾谊故居遗址早已经做过 16 m²的考古发掘，这在闹市区极为难得。那里以贾谊官职命名的太傅巷尚在，但地上古建筑无存，居民拥挤不堪，亟待改善条件。一处相当于古罗马时期的西汉城市民居大遗址的揭示，可填补中国也是世界的重要历史空白，具有类如秦兵马俑般的轰动世界的效应，或可使得长沙名城从此名副其实。

6 以人为本的政策保障

6.1 改变人力不足的决心

做到大遗址承传，最大难题是人才与人员的极度匮乏。因为已有工作就已经人力不足。百年规划，必须包括百年树人，也必须从现在开始，立即开始。这是大遗址承传最应优先的保障措施。

人力匮乏，不是新问题。大规模的建设，只使得问题严重性无限加剧。夏鼐1949年初完成的《敦煌考古漫记》，十几年前才问世。其中提到他本想着重于古城的发掘，以地下的材料来充实敦煌的历史，但需要大规模和长时间的工作，而人力和财力都有限，于是只能集中于古墓方面。敦煌的沙洲故城遗址至今也未能发掘的遗憾，说明民国时期的窘境一直伴随着国人。

郑振铎当年明确反对发掘帝王陵，并建议中央政府禁令全国，原因并非今人所谓文物保存技术不过关，主要是因为我国“地域广大、工作繁复、人力不足”，考古发掘“比起浩浩荡荡的基建队伍来，那简直是‘沧海之一粟’。需要和力量之间，相距得很远”。他还强调博物馆要加强科学研究，指出“中央不要抓得太紧，扣得太死，譬如，考古发掘工作，对有条件的馆，根据‘条例’应该鼓励其积极进行”。

“人民大众的、真正科学的中国考古学等待我们开拓。”苏秉琦也是位考古教育家，对考古管理多有教诲。1994年文集《华人　龙的传人　中国人——考古寻根记》自序道出了他的“梦”：

> 一、考古是人民的事业，不是少数专业工作者的事业。人少成不了大气候。我们的任务正是要做好这项把少数变为多数的转化工作。
>
> 二、考古是科学，真正的科学需要的是其大无外，其小无内，是大学问，不是小常识。没有广大人民群众的参加也不成，科学化与大众化是这门学科发展的需要。

苏秉琦的这些话，等于是说中国还没有他所期待的考古学，但是“路已打通”。

6.2 “一切公民必须有的基本训练”

这是李济1934年“中国考古学之过去与将来”的一句话，振聋发聩，有些难以理解，但值得深思。李济是中国人，也是清华大学的一个骄傲。1918年由清华学堂选送留学美国，5年里拿了3个学位：心理学学士、社会学硕士，最后是哈佛大学哲学博士——也是中国第一位人类学博士。1926年在同是清华导师的梁启超（1873～1929）热情支持下，李济主持了山西省夏县西阴村遗址的发掘，成为中国科学考古第一人，后因此被称为中国考古学之父。李济的原文如下：

> 若是我们认定地下古物是宝贵的历史材料，有保存及研究的必要，我们至少应有下列几个基本的认识。这种认识并不是以见于国家法令为止，应该成为一种一切公民必须有的基本训练。

这些基本认识包括：①一切地下的古物完全是国家的，任何个人不能私有。现在我们政府已有好几种法令包含这种认识了，但事实上，这种法令差不多等于无效。②国家应该设立一个很大的博物院训练些考古人才，奖励科学发掘，并系统地整理地下史料。③就各大学之设立一考古学系。中国现在治历史的人，往往太缺乏自然知识的预备，这是必须要有的训练，然后对所治的题目才有正确的认识。尤其要紧的是，应该有一种人格训练，最少限度，他们应能拒绝从考古家变成一个收藏家的这个魔鬼似的诱惑。

这位中国考古学之父试图开创的考古学，与今人的理解有不同，是“保存及研究”的考古学，是使法令有效的考古学。

李济在发掘西阴村遗址之前，曾拟定《山西省历史文物发掘管理办法》，首条即“不得破坏坟墓或纪念性遗迹遗物；对历史文物的报道应着眼于保护”。1926 年他就注意到了考古不该做什么，报道与保护的联系紧密。

“中国考古学现在最要紧的是保存方法。”李济 1928 年于中山大学的讲演更明确，并继续说道：“地面上古迹保存，需各地设普通博物馆，愈多愈好。地下古物，最重要的是先有问题，有目的地去发掘，才能注意到各方面细微的物事。若鲁莽从事，一定毁残了固有的材料，不如不动，将来还有发掘的机会。”

他的话，快过去 90 年了，仍足以警醒当今，不得不令人惊叹。而有所为，必有所不为，决定动什么和“不动”什么，也是涉及多方面的一个基本认识。

6.3 加强城镇考古的教育与协作

现在的情况与 20 世纪不同，时代进步许多，问题也更复杂，不仅文物市场乱象丛生，盗掘屡禁不止，有些考古机构、博物馆也关注“挖宝”、“藏宝”，而传媒则推波助澜。决不能乱上添乱，也不可因噎废食、无所作为，这就需要多想些特别而谨慎的办法，如：

(1) 将城镇考古教育专门化并在大专院校较普遍地设置。培养专门学者的同时，培养更多的考古发掘技术人员。目前已开始有专门培养考古技工、技师的学校，而且就业情况良好。过去这支队伍的来源主要是农民，今后仍应如此，并将其纳入农民“城镇化”。有关机构和人员，多少为宜，应以解决“需要和力量之间，相距得很远”的问题为准。

问题也不仅仅在人力不足。“为了考古发掘的开展和方法的进步”，“全国高等教育机关，要设考古专科”。这是梁启超在 1926 年最早提出的。当时他代表学界在欢迎万国考古学会会长瑞典皇太子的大会上做长篇讲演“中国考古学之过去及将来”（卫聚贤，1933）。该讲演还有一个要点不同凡响，后人从未论及：梁启超讲到的宋代考古学成就，不仅有金石学著作，还有李诫《营造法式》。这绝非妄语，而是表达了考古学不仅对器物也要对建筑“探其制作之原”（宋吕大临《考古图》序）的追求。或许，这也是他执意培养梁思成的一个根源。城镇考古教育专门化并多加设置，利于众多梁思成的涌出，美丽城镇就能早些到来。

（2）城镇考古的教育训练列入有关规划、旅游、园林、水利、房地产、文化产业等相关专业的课程。这对壮大城市考古力量、改变现状极为重要。郑振铎曾讲过，建设人员“也应该是考古工作者”。长期主政中国考古的夏鼐，其辞世后的1986年由后人整理发表的“考古学”，其中有近乎绝对的文字：

> ……调查发掘的对象也由一般的居住址和墓葬等扩大到道路、桥梁、沟渠、运河、农田、都市、港口、窑群和矿场等各种大面积的遗址，从而使得考古工作者必须与各有关学科的专家协作，才能完成全面的、综合性的研究任务。

夏鼐向以中国考古学者“挖土”水平较高为荣，但仍不满足，而且预见了大遗址研究的协作问题。况且，很多行业、产业如不以正确教育使其成为考古力量，还会转化为破坏力量，而在其自身领域，也难以创新。

（3）当务之急：①古城址所在城市，发展专门从事城市遗迹展示及考古发掘的博物馆，成为与公民互动的教育课堂、众领域工作者的协作基地，如李济所言“愈多愈好”；②法制、舆论给予正确引导和监督，也让“权利关进笼子”；③以短训班的方式，如新中国初期一般，在考古现场培训大量适用人才。

面对纷纭的当代世界，必须把握要点。这个要点，就是提升人的素质。大概只有郑振铎后来响应并发展了李济的“基本认识”。他1956年向记者发出呼吁：“我希望人人能像保护自己的眼睛一样来保护地面和地下的文化宝藏，这不仅仅是为了学习遗产推陈出新的需要，还要为后代的子子孙孙保存文化遗产，作为对他们进行爱国爱乡教育的力证。”考古是“学习遗产”的主要途径之一。考古振兴，考古学大众化、科学化的意义，超出考古本身，指向创新与凝聚力——这个人类和民族生存的根本！

总之，在地下文化资源最丰富的中国，承传大遗址，让无尽源泉持续涌发，必造福于现在以及美丽未来。

注释

① 夏鼐：“纪念郑振铎先生逝世一周年”，《考古》，1959年第12期。该文引述郑振铎致信中对“行政”的看法：“生平不惯做行政事，但今日为了人民，为了国家民族，也不能不努力地做些事。且既做了，则必须做好。”夏文还提到“在清华园时，虽没有选读郑先生的课，但在校园中曾有同学指出来告诉我，这位夹着皮包跨着大步身长而年轻的教授便是郑先生”。本文竟交集了清华大学6位名人，实在出乎意料。

② 李济：“古物”，《东南文化》，2010年第1期。该文未收入《李济文集》。历史语言研究所网站介绍为1943年《中央日报》全国美展特约论文。笔者曾至南京博物院图书馆观摩原稿，为曾昭燏手写本中一篇，字迹工整、漂亮。

③ 中国社会科学院考古研究所：《殷墟的发现与研究》，科学出版社，1994 年。其中引用李济“《小屯第一本·乙编·殷墟建筑遗存》序”。

④ 江泽民 1999 年出访英国时在剑桥大学的演讲中，第一次使用“5 000 多年”文明的提法，而之前 1997 年在美国哈佛大学讲演为“5 000 年”文明。

参考文献

[1] 国家文物局编：《王冶秋文博文集》，文物出版社，1997 年。
[2] 国家文物局编：《郑振铎文博文集》，文物出版社，1998 年。
[3] 国家文物局法制处编：《国际保护文化遗产法律文件选编》，紫禁城出版社，1993 年。
[4] 国家文物局：《大遗址保护荆州高峰论坛文集》，文物出版社，2013 年。
[5] 孟宪民：“国际文物保护修复研究中心及第 22 届代表大会”，《文物保护与考古科学》，2002 年增刊。
[6] 孟宪民、于冰、李宏松等：《大遗址保护理论和实践》，科学出版社，2012 年。
[7] 苏秉琦：《中国文明起源新探》，商务印书馆（香港）有限公司，1997 年。
[8] 卫聚贤编著：《中国考古小史》，商务印书馆，1933 年。
[9] 夏鼐著，王世民编：《敦煌考古漫记》，百花文艺出版社，2002 年。
[10] 夏鼐、王仲殊：“考古学”，《中国大百科全书·考古学》，大百科全书出版社，1986 年。
[11] 张光直主编：《李济文集》，上海人民出版社，2006 年。

台湾大学与台北城市关系演进研究[①]

夏铸九

Study on Historical Process of Changing Relationship between National Taiwan University and Taipei City

HSIA Chujoe
(School of Architecture and Urban Planning, Nanjing University, Nanjing 210093, China)

Abstract This paper analyzes the relationship between the campus and the city through the historical process of changing relationship between National Taiwan University (NTU) and Taipei City. Firstly, as a colonial university, its relationship with the colonial city was reflected in power hierarchy and spatial segregation, which was the representation of colonial dependency. Both of the spaces of the campus and the urban center were no longer the expression of points; their Baroque axes were the extensions of the colonial power and political will in Taipei, which would further extend to Southeast Asia, thus being the spatial expression of colonization. Secondly, from the end of the Second World War to the 1980s, the NTU campus gradually became a part of the urban area of Taipei in the process of urbanization. As a node in the transportation network, the campus and the city extended into each other. The campus was the open space in the closed city of anti-communist political base, while it also extended into the society of Taiwan

作者简介
夏铸九，南京大学建筑与城市规划学院。

摘　要　本文由一个城市中的大学——台湾大学与台北市之间关系改变的历史过程，分析校园与城市的关系。首先，作为一个殖民大学，其与殖民城市的关系表现为权力层级与空间隔离，这是殖民依赖性的再现。台北帝国大学的校园与台北城市中心的空间都已经不是点的表现，它们的巴洛克轴线是东京的殖民权力与政治意志在台北的延伸线，未来进一步向南洋延伸的准备，成就为一种殖民的空间表征。其次，“二战”后到1980年代前，在都市化过程中台北帝国大学校园逐渐成为台北市城区的一部分，作为都市交通网络中的重要节点，校园与城市彼此相互延伸。校园是政治城市中的都市开放空间，同时校园也以一点学院神圣性想象的缝隙空间往社会延伸，此外，这也是市民社会所想象的空间表征。最后，1980年代后，先是校园规划的作用，到了1990年代之后，全球城市的学院网络跨越校园，这些因素定义了校园与城市的关系，也推动了教育商品化、技术竞争化以及校园缙绅化。所以，在前述台湾大学与台北市之间关系的改变，分析校园与城市的关系的基础上，空间由隔离与延伸、彼此延伸，到网络中的流动空间过渡，这些不同空间的表征，其实是大学与社会关系改变的表现。在转变的历史过程中，大学的角色与作用为不同脉络之下国家不同的教育政策所推动，大学校园也为其所塑造；而城市，亦为国家都市与区域政策所塑造。在这个历史过程中，大学校园与城市空间都分别被定义，被不同的作用者给予意义、自我定义，以及被赋予竞争意义。作者期待大学本身能就其角色与任务，提出深刻的反身性思考，这是现代大学本身生命力的考验。我们亟需学术帅

as an enclave space of sacred imagination of academy, which, on the other hand, was the spatial expression imagined by the civil society. Finally, the campus planning in the 1980s and the cross campus border academic networks of global cities in information age after the 1990s not only defined the relationship between the campus and the city, but also promoted the commodification of education, the competition of technology, and the gentrification of campus. Therefore, based on the above analysis, it could be seen that the spatial relationship transited from segregation and extension, to mutual extension, and to being the space of flows in the network, which in fact was the expressions of changing relations between the university and the society. The university and the campus have been shaped by education policies of the states in different context, while the city has also been shaped by the urban and regional policies of the states in different context. In the changing historical process of the campus and the city, the university campus and the urban space have been respectively defined, given meanings by themselves and different actors, and endowed competition significance. The author expects that the university could conduct in-depth self-examination in view of its role and task, which should be the test of the vitality of modern universities, and hopes to find a way out for the university and the campus through the innovation of academic leaders.

Keywords university; campus; city; campus planning; space; Taipei; National Taiwan University

才，反观自身，不拘一格，开创新局，重建校园与大学的出路。

关键词 大学；校园；城市；校园规划；空间；台北；台湾大学

作为13世纪欧洲历史上的袍（gown）与镇（town），学院师生与世俗市民之争，是社会差异造成的历史冲突。校园与城市的关系，在大学与城市都在改变的过程中，彼此的关系也改变了，值得探讨。首先，作者由一个城市中的大学，台湾大学与台北市之间关系改变的历史过程，分析校园与城市的关系，历史过程中的空间，其实是大学与社会关系改变的表现。作者由台湾大学的殖民诞生开始谈起。

1 殖民大学与殖民城市的关系——权力层级与空间隔离是殖民政治依赖性的再现

台湾大学与台北市的关系，首先要讨论殖民大学与殖民城市的关系。台湾大学的前身是台北帝国大学，是日本殖民者创办的九所大学中的一所。这是供殖民者就学的殖民大学，是殖民时期唯一的一所现代大学，也是对社会最有影响力的大学。台大校园在建校初期即见雏形。台湾大学创设计划开始于1922年。1925年，以当时的富田町台北高等农林学校的校地为基础，进行校地收购与校舍兴建，就是过去称为"校本部"而1950年后称为"校总区"的地方，也就是本文所指的台大校园[②]。1928年，台湾总督府公布台湾大学官制，设立台北帝国大学，成立文政与理农两学部，本部则设在总督府内（图1）。

台湾大学可以说是由台北都市边缘农业用地征用之后转变为校园的。农学院的农场源自总督府的农事试验场，和校园周边农耕地使用方式与地景形式接近。在清末，这里称为台北厅大加蚋堡大安庄南部的顶内埔庄，延伸及下

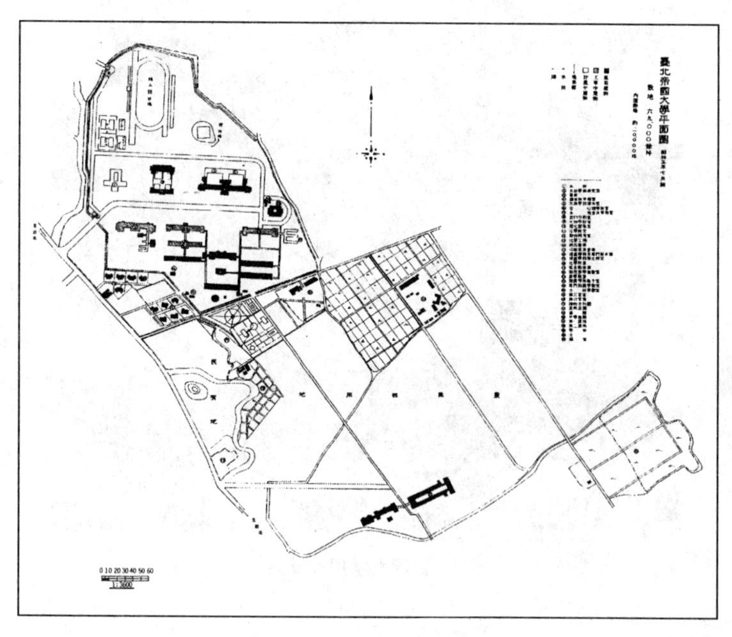

图1 台北帝国大学平面

内埔庄一带。我们由殖民初期（1898～1904年）调查的台湾堡图中可以见到草花汴（今校总区的核心区）、虎空山（公馆一带泉州安溪人的信仰中心宝藏岩观音亭）、龟山（公馆林家收租谷的公厅所在地）、蟾蜍山坑仔内一带山脚下的永春厝、芳兰厝、义芳居等泉州安溪人的散村；远处则有一些小店街，如往东城内方向林口庄的林口店仔、往东北六张犁方向的汪公厝店仔等。再加上校园周边与流经校园中的瑠公圳、蟾蜍山本山面西北坡上，遥向观音山与淡水河入海口的汉人坟地，都算是台北盆地东侧安溪人农垦移民聚落所塑造的农业地景元素的一部分（图2、图3）[③]。

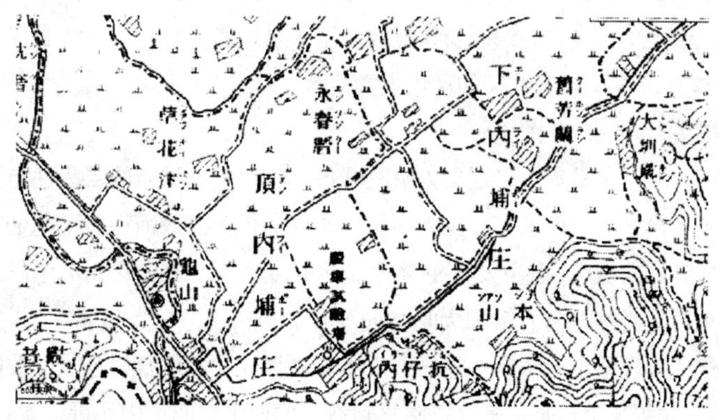

图2 台湾大学用地

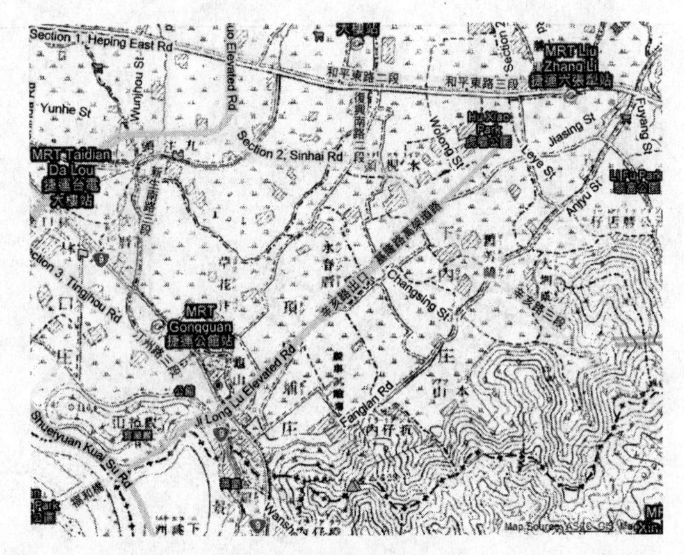

图3　台湾大学用地及路网

然后，一方面，当台湾大学被殖民者定义为殖民大学之际，殖民者以明治维新之后移植的西欧古典空间模式统治台湾，巴洛克轴线是有意识的殖民统治术。殖民大学移植了美国托马斯·杰斐逊（Thomas Jefferson）设计的弗吉尼亚大学的校园布局。台北帝国大学是知识贵族的理性展现，也是年轻一代的殖民者们知识生产的地方，象征性地表现了作为殖民大学的台北帝国大学的历史任务——军国主义南侵的知识基地。殖民大学中央支配性的轴线大道，采用柏油路面而非绿草地，可以视为殖民军国主义权力展现的历史遗留，而不是大学在学习上所需的人文氛围，椰林大道两侧的椰子树则是殖民者南国想象的再现。台北帝大的巴洛克轴线是东京政治意志的台北延伸，以备进一步向南洋延伸。校园主要建筑物基本上都是学院或是图书馆等一级单位，以中央主楼与院落中庭营造一种类似欧洲中世纪修道院的学院建筑类型，在空间组织与体量表现上，以两翼对称的形式，表现一种建筑正面所需的仪典性。由于1910～1920年代，欧美的现代大学校园都以中世纪的建筑作为学院的共同想象，追求脱亚入欧的日本殖民者自不例外（图4）。

另一方面，当台北的城市被殖民者定义为殖民城市之时，殖民城市的层级性与空间隔离，就是都市功能与都市形式上的最重要特征了。本岛人聚居于作为清代对渡的河港城市与通商口岸的艋舺、大稻埕、大龙峒；位居其后的城内，这里是被日本殖民者转变为朝向日出之东的殖民政治中心，殖民者多集居于景福门（东门）之外。台北帝国大学校园与台北市市区之间，布置了不同等级的日式宿舍。殖民城市的层级性模式表现得十分清楚，越靠近市中心，日式住宅的规模越大，位阶越高，也在总督官舍附近（南菜园），如福州街校长官舍。资深日籍教授的住宅，离市中心近，如景福门（东门）外，仁爱路、青田街、温州街北段。越靠近台大校总区，因为离城市中心较远，规模较小，等级也较低，

图4　台北帝国大学全景

大多为年轻讲师与助教居住。

这个时候的城市与校园，严谨、秩序、色彩朴素、空间肃杀，权力的层级性与空间的隔离是殖民依赖性的再现，十足成就为一种殖民的空间表征。台大校园是由一个城郊的殖民大学开始，一个由凡俗的被殖民者——台北盆地东侧边缘泉州安溪人农业生产的散村所对照的，殖民知识贵族所建构的学院神圣性的地方。然后，以容纳60万人口为上限目标，在殖民城市的都市计划控制之下，台湾大学校园由城郊逐步纳入台北城市之中。

2　光复之后至1980年代前的台大校园与台北——校园是政治城市中的都市开放空间，同时校园也从一点学院神圣性想象的缝隙空间往社会延伸

1950年代，国民政府在台湾进行了国族国家之重建。1960年代之后，台湾的城市开始成为世界市场里出口加工的工业基地。台湾，作为发展中地区，加工出口贸易才是其真正关心的政策。1970年代经济快速发展之前，台湾的都市发展相对较慢，都市服务消费不足。但是，经济发展了，都市生活环境质量却相对恶化，都市生活的压力沉重。台北市是最重要的政府所在地，都市服务相对集中，可谓是首要城市。但一直到了1980年之后，台湾城市的社会结构才有了较明显的改变，快速都市化与经济发展改变了台湾城市的意义、功能以及形式。

台北帝国大学更名为台湾大学之后，解除了日本帝国主义的殖民教育政策，改学部为学院，将文

政学部分设为文学院及法学院，停办南方人文研究所与南方资源研究所。随着1949年国民政府迁台而来的大量学者与借读学生，台大校园顿时面临庞大的教学与人事负担，设备及宿舍严重不足；为解决此迫切需求，校地逐步扩充至今日校本部的范围。

1980年代之前很长的时间，校门外围墙边，违章建筑几乎无处不在。夜市，是校园相关消费活动的蔓延，也是都市非正式部门的一部分，它的活力几乎支持了战后台湾城市的都市性。公馆，作为公共交通转运的节点逐渐形成，罗斯福路与汀州路之间的大学口，成为台大校园活力的延伸，混杂了反文化运动与异议政治的叛逆色彩，也吸引了都市年轻的消费者。在这个阶段，都市计划中的台大校园预定地占地甚广，大学却得不到足够的预算征收土地。农场与温室常常引发误会，以为是浪费逐渐市区化的土地。校园边缘开始被不同的机构蚕食，校方也极力抵制。像舟山路，即被市府借用为穿越校园的通道。校园内的建筑逐步兴建起来，却没有校园规划加以规范。

虽然没有什么校园规划，这段时间与社会有关的校园空间特色是傅钟、傅园与杜鹃花。傅斯年任职校长时间虽然极短，但是，他联结了台大与北大的想象关系，在1949年之后带给台大以至于整个台湾知识界的影响确是深远的。傅斯年校长以博学与大度为特长，成功地作为学术界的领导，以"贡献这所大学给宇宙"的精神办学，成就了一种对大学的想象。受到德国的古典大学对研究的贡献与学术独立性的影响，傅斯年对学术自由风格与大学自主性的肯定价值，化身为台大的历史的一部分，以学术独立的神圣性，成为台湾社会抵抗政治高压的象征与共同的历史荣耀，也使台大成为学术风气最自由的高等学府。

因此，值得一提的是台湾大学校门的象征意义。这里是大学与社会互动之地，"选举"时的集会广场，供党外人士利用短暂的民主假期抨击时政[④]。由于前述的历史原因，台大校园被认为是言论自由的公共领域。在1970年代末期校方拆除了校门口的违建，却也在这阶段的"选举"期间，在1978年，校门前的聚众空间被植栽阻绝[⑤]。似乎这是校园空间延伸而成为城市中心一部分的怪异姿态。台大，是受重视的台湾的高教龙头，却是最受控制的校园。校园里学生的青春受压抑，大学的异议思想被排除，校园被迫与社会之间维持静态的关系。"来来来，来台大，去去去，去美国"，是社会对台大的期待，科学救国几乎为知识分子报国的唯一途径[⑥]。

有意思的是，这时候的台大校园开始演变成都市集体消费不足的台北市之中都市开放空间（open space）的一部分。校园，也经常是文化活动提供的公共地方，最重要的是校园的开放氛围建构。在椰林大道上的杜鹃花植栽，可以说是世俗化了既有的、森严的殖民大学空间的神圣性。台大校园在拥挤而欠缺开放空间的台北市中心，早就被市民当作是一种补偿性的另类公园，一种有书卷气的公共空间了。到今天，台大校园展现了一种自己也不见得能察觉的都市开放空间的开放性（openness），曾让到访的国外学者惊奇。与高密度、混乱的台北市都市形式对比，经由市民的眼光与身体的活动，殖民大学旧校园的纪念性与椰林大道的神圣性的空间符码已经被接受、转换与颠覆了；殖民大学校园的严肃秩序与其所流露的肃杀之气，也在日后的再使用与再占有过程中逐渐转化甚至于软化了。原本专属于知识贵族的殖民大学校园空间，经过五十余载具有主体性的使用、改造之后，呈现出完全不同的氛围，一方面，这是社会主体的力量颠覆了殖民大学的肃杀，另一方面，它更变成台大师生辨认校园、自我认同的主要象征元素。

也就是在这一段时间之后，1989 年拉开的都市运动序幕，正是台湾市民社会浮现的征兆。台大在都市过程中逐渐成为台北市城区的一部分，延伸为都市交通网络中的节点，校园与城市彼此相互延伸，学院成为都市的开放空间，同时也以一点学院神圣性想象的缝隙空间（enclave space）往社会延伸，助长了反文化运动、异议政治与知识分子之间的互动，从另一个角度，这也可以说是市民社会所想象的空间表征。

3 1980 年代后——先是校园规划的作用，到了 1990 年代之后，全球城市的学院网络跨越校园，彼此空间关系被重新定义，这些因素推动了教育商品化、竞争技术化以及校园缙绅化

1980 年代之后，台湾大学校园已经完全成为台北都会区的都市中心区的一部分了，可是，这并不是什么都市整合过程。在市政府交通单位主导的规划之下，台大校园被台北市重要的穿越性道路完全包围。而东侧，基隆路双层高架道路区隔了学生住宿区与教学区，破坏性最大的，除了噪音与空气污染本身之外，对每日骑自行车上下学穿越道路的学生的杀伤力尤其大。捷运新店线则强化了既有公馆都市公共运输上的节点功能，可是，罗斯福路的角色、功能以及街景，却未进一步转化为以步行空间强化两侧都市生活的街道。新生南路，失去了把握捷运施工前的唯一时机，整理还在地底下流过的瑠公圳与电信管线，将新生南路在校门口连接罗斯福路这一段地下化，贡献地面为都市广场。至于校园周边，长期为停车问题困扰，学生们使用的自行车、摩托车、造成停车压力与空气污染的私人小轿车，均是校园规划与市政府之间的难题。交通动线的难题也关系着校园内部，由大门口进入椰林大道的动线，是否具有将椰林大道一举转型，将日常校园生活中不怎么好用、又象征军国主义权力与价值的柏油路大道，转化为更符合节能减碳新目标的绿色草皮的可能性。

前一阶段校园服务不足的根本之痛，也就是台大校园本身，作为都市计划预定地的台大校地，终于在这一阶段全部征收了。校园规划在 1982 年研拟，暂时遏止了校园新建物造成的校园破坏，而且操作多年，取得了初步经验。台大总图书馆的新建过程与结局，可以说是有里程碑意义的重大成果（白瑾，1998）。然而，即使校园规划研拟了关乎校园决策的制度架构，而非过了时的纲要计划式的蓝图式规划，却仍然难以有智慧地操作校园空间形式之经营，有效地长期坚持高明的、专业的设计准则，避免校园破坏，塑造美好的校园空间的文化形式。至于 1982 年研拟校园规划时最受重视的校园使用者参与，经常名存实亡，而且每况愈下。

当然，这个阶段的台大校园仍然完成了不少值得肯定的事。台大校园西半部，也就是前半段的围墙，已经拆除，使台大校园作为台北市民的都市开放空间这一特性得到落实。此外，舟山路也从市政府手中收回，重新定义，完成改造，改变了舟山路的角色与形式特色，丰富了校园地景与校园开放空

间的质量（蔡厚男，2007）。还有，大门口的修复与开放敏感而过程漫长，经历三位校长，终究还是扭转了前一阶段即 1978 年之后，台大校园与台北城市之间，或者说，社会与政治之间，空间延伸与冲突时的怪异姿态，恢复了原来的容貌。这些成果都是支持 1982 年之后的校园规划必须持续进行的个案。

至于台北，力争成为全球都会网络（metropolitan networks）中的发号施令中心，跻身全球城市（global cities）。1990 年代之后，台湾西海岸都会区域（metropolitan region）崛起，台北仍然是具支配性地位的中心（predominant center），公馆节点（node）倒也持续繁荣。学生与都市年轻消费者长期聚集已成气候，并逐步形成校园周边地区特殊的文化氛围。书店、复印店、小吃、电影院、夜市、多样化的学生与都市年轻群体的消费，与师大夜市几乎连接，规模更胜于从前，人气爆旺，水泄不通。

当然，面对信息时代网络化的社会，商业活动也以各种不同形式穿透了校园。校园周边商业活动开始结合私人投资兴建营运后转移模型 BOT（build-operate-transfer），此举发生在进入网络社会的新世纪初，所以被学生嘲讽为台湾大学公司（NTU . COM）。难道，全球信息化资本主义下的大学法人组织正在转变成为台湾大学有限公司（NTU Inc.）吗？由于充分把握台大校园身处台北市公馆繁荣地段的优势，校园与其周边成功地商业化了。总之，台大空间商品化，校园设施收费，已经变成都市中消费空间的一部分，这是全球化时代新自由主义价值观的再现。此外，设计工作较少过问学生意见及需求，由于台大位于都市中心的竞争优势，使得校园规划与营缮重点在于打造高级赢利式空间，实现利润，而不是经由学习空间与亲切地方感的营造，以校园空间的使用价值实现，来强化学生的校园认同（夏铸九等，2005）。

由于公平竞争的需求与政府财政长期不佳，公立大学财政被要求逐步朝向经费自筹。这种企业化经营的模式，既是一种自立自主手段，也是全球化时代校园商业化的表现。在系所空间营建、设备购置等方面，总务处推动各院系部分经费自筹制，以使用者付费的原则，牵制院系空间发展的程序。因此，院系最关键的手段，即向校友或企业募得部分款项，以事先取得其余的中央辅助，兴建所需校舍。私人捐款营建校舍成果在校园中已经可见，由于捐款者指定建筑师，与原有校园规划的目标落差不小，因此争议不断。

面对信息社会崛起，网络的庞大力量进一步延伸，大学作为一个教学与研究的基地，跨过了校园有形的空间基地，成为全球都会网络中的研究节点。这是一个被流动空间力量所形成的越界关系所界定的空间，台大正处在与世界其他大学之间的近似关系所定义的关系空间之中[7]。全球经济竞争与新自由主义意识形态的压力，让我们看到，台大依靠其历史的优势，正努力避免边缘化，力争上游，成为全球学术网络中的研究性大学。但是，新自由主义的意识形态已经对高教造成了伤害，大学力争全球排名与理工科 SCI 标准，狭窄地主导了竞争与评鉴的价值观。这问题是全世界大学的挑战，只是在没有自信的东亚尤其严重。

台大研拟了创新育成中心构想，这是斯坦福大学所开启的通往硅谷之路，以求在信息社会能将学术研究应用化与商品化，有助于生产力之提升，有助于网络社会所亟需的信息品质之提升。然而，在现实的台大校园中，因涉及日趋珍贵校地的竞争使用，执行的阻力很大。

台湾高等教育的政策偏差，造成数量失控，政府经费挹注不足。台大因为长期居于学术界之龙头，面对竞争的压力，更如排山倒海。这时候也是全球高教本身教育两极化的时刻，学院教学分类，有教并非无类。教育，不再是权利，已经全面商品化了。根据骆庆明（2002）的研究，在目前台湾，考上大学与否，与省籍、父母教育程度和居住在台北市或其他城市有正相关，至于是否能考上台大，则与这些变数的关系又更大。台大，作为公立大学，因为台湾社会两极化与改革联合招生，学生入学部分改采推甄入学制，导致阶级流动降低，加剧了高教的社会排除（social exclusion）。这是全球信息化时代教育领域的校园缙绅化（gentrification）现象，是大学所必须面对的真实社会压力。总之，这是全球城市的学院网络跨越校园的物理实质的空间，定义不同基地间关系的空间（space of relations among sites），推动了教育商品化、技术竞争化以及校园缙绅化的结果。也因此，当甄试入学推动之后，由2006年起教育部门推出另一种升学管道——大学繁星计划，就是为了照顾弱势、平衡城乡差距，协调“发展国际一流大学及顶尖研究中心计划”补助的12所大学办理，期望至少能有一点点缓和的作用[8]。这是流动空间力量所界定的越界的关系空间，它也造就了排除性的社会空间。

4 结论与校园规划之道——面对大学与社会关系的巨变

本文认为，面对台湾大学与台北城市关系改变的历史过程，首先，台大校园是由一个城郊的殖民大学诞生，一个由被殖民的凡俗农村对照的殖民学院神圣性的地方，权力层级与空间隔离始终是殖民依赖性的再现。台北帝大的校园与台北城市中心的空间已经不是点的表现，它们的巴洛克轴线是东京的殖民权力与政治意志在台北的延伸线，未来进一步向南洋延伸的准备，成就为一种殖民的空间表征。台北帝国大学是培养殖民统治阶级知识贵族的学院。少数有幸受教育的被殖民者只会拉车，却不识道路。被殖民者终于学会了看待世界的方式，却是用殖民者的角度与眼睛看待世界，对待自身。殖民的现代性（colonial modernity）是没有主体的现代性建构，既是理论的问题，也是教育实践上必须面对的历史课题。

其次，在都市过程中校园逐渐成为台北市城区的一部分，一直是都市交通网络中的重要节点，校园与城市彼此相互延伸。大学的学院空间的公共领域成为都市的开放空间，同时，开放空间的开放性，也以一点学院神圣性想象的能推动改变的缝隙空间，往社会延伸，助长反文化运动、异议政治与知识分子之间的互动，成就为台湾社会对学术自由的高等学府的想象，这也可以说是市民社会所想象的空间表征。

终于，大学作为一个教学与研究基地，进一步编纳为全球都会网络中的研究节点，这是一个流动空间（space of flows）力量所形成的越界关系所界定的空间，被世界上的其他大学之间的近似关系所定义。台大校园，已经成为台湾西海岸全球都会区域中的都市中心区，深陷一个带有一点文化氛围，却是缙绅化、符号化的商品世界[9]。这是信息化资本主义模型中大学双元性（university dualism）的建构的开始。阶级的社会流动性一旦停滞，历史真是吊诡，经历了前阶段对改革期待之后，网络社会的大学竟然在商品化的巨大力量下，像是要回到台湾大学诞生时期殖民的时光机器里，沦为今日台湾资产阶级的养成所了。

在前述台湾大学与台北市之间关系的改变背景下分析校园与城市的关系的基础上，空间，由隔离与延伸、彼此延伸，到网络中的流动空间，这些不同空间的表征，其实是大学与社会关系改变的表现。在这个转变的历史过程中，大学的角色与作用为不同脉络之下不同的教育政策所推动，大学校园也为其所塑造；而城市，亦为在不同社会与经济脉络下的都市与区域政策所塑造。在这个历史过程中，大学校园与城市空间都分别被定义，被不同的作用者给予意义，自我定义，以及被赋予竞争意义。作者期待大学本身能就其角色与任务，提出深刻的反身性思考。这不是外力可代为之事，而是现代大学本身生命力的考验。

最后摸索校园规划的应变之道。基于前述经验，好的学习地方，是鼓励创新氛围之经营，这既是全球化过程中研究性大学的要害，也是殖民大学殖民现代性建构的弱点。

至于当前校园规划的争议之一，在于明星建筑师的追求形式创新的灾难。明星建筑师之所为不是校园规划，而是建筑师个人对建筑形式的乌托邦式表现，经常产生校园的灾难。这是前卫派或先锋型现代建筑师内在的现代性问题，勒·柯布西耶在哈佛校园的卡本特中心，保罗·鲁道夫在耶鲁大学建筑与艺术学院等，都早已留下了众多有争议的教训。它们的根源在于创造性破坏与文化上的父权表现，建筑首先必须解秘。

过去的校园规划经验已经告诉我们，专业者技术支持下的使用者参与，才是校园营造的解决之道。这需要在校园决策的政治与社会过程中实现。最后，值得一提的是，重庆虎溪大学城的四川美术学院校园规划与其空间的文化形式表现就是一个有深意的个案。它提醒我们，过去校园规划所依赖的现代理性应该被挑战。四川美院校园规划的民主而开放的决策过程，规划过程中的师生高度参与，以及对基地地域特性保持敏感与尊重，提供了另类校园规划方法上的创新，也营造出有魅力的校园。

注释

① 修改之前论文曾以“第九届海峡两岸大学的校园学术研讨会”主题论文发表，研讨会由重庆大学建筑与城市规划学院主办，重庆，2009年10月21～22日。

② 台湾大学的整个校区还包括了陆续归并的台北医学专门学校（今医学院，1936年将台北医学专门学校改为医学部后并入）、高等经济学校（今法学院，战后改制为台湾省立法商学院，1947年并入）、南投县竹山的溪头实验林管理处、台北县安坑农场、南投县仁爱乡山地实验农场、文山植物园，以及用士林芝山岩校地和“国防部”水源路原三军总医院与“国防”医院用地交换，2000年移交的台大水源校区等，全部校地约35 000 hm^2，接近台湾总面积的百分之一。目前除法、医、公共卫生学院与附设医院外，文、理、社会科学、工、农、管理、电机资讯等学院与进修推广部等都在校总区。校总区面积约110 hm^2。若不计入位于外县市的土地，台大的校产散

布在全台北市不少的地方。

③ "中研院" GIS 编制，台湾新旧地图比对——台湾堡图（1898 ～ 1904 年）。资料来源：http://gissrv5. sinica. edu. tw/GoogleApp/JM20K1904 _ 1. htm。

④ 早期最有代表的例子是康宁祥在台大校门口的"选举"演讲场合。1972 年底"选举"时康宁祥在校门口演讲，指着台大校园，点明台湾大学与日本殖民时期台北帝大的关系，要求学生跳脱为统治者服务的角色，关心社会与人民，不要关在象牙塔里。这种视野在 1970 年代初的台湾令人震撼。资料来源：郑鸿生：《青春之歌——追忆 1970 年代台湾左翼青年的一段如火年华》，台北：联经，2001 年。后期的例子则以 1978 年陈鼓应、陈婉贞的"中央"名意代表增补"选举"最有象征意义，也就是在这次"选举"过程中，地面种上灌木植栽，广场则被砖墙围起。

⑤ 在 1978 年底"选举"之前与举办过程之中，校方以管理之名，把广场列为校园内部空间，用围墙围了起来。

⑥ 1970 年《科学月刊》的创刊可以说是这方面的表现。

⑦ 世界大学排名评估是其中一例。英国《泰晤士报高等教育增刊》（*The Times Higher Education Supplement*）自 2004 年起每年公布全球大学排名，其计算权重包括学界互评（Academic Survey Rank）占 40%、业界评分（Employer Survey Rank）占 10%、师生比（Student Faculty Ratio）占 20%、国际教师数（International Faculty）占 5%、论文被引用率（Citations per Paper）占 20%等。

⑧ 资料来源：www. star. ccu. edu. tw/。

⑨ 这些与大学的好坏并没有关系，一如大学的国际评比，即使是艺术界也一样。网络社会也重新界定国际艺术界之中艺术家、策展人、画廊等的垄断商品能力的关系，这是一个日趋缙绅化、符号化、商品化的艺术界。灵活工作与弹性、周游全球、流动（flows）的能力，就是权力的表现，英国杂志《艺术评论》（*Art Review*）对年度最具影响力的"百大权力"（Power 100）名单的评估就是一例。2009 年名单于 10 月 15 日公布，瑞士策展人汉斯·欧布瑞斯特（Hans Ulrich Obrist）名列第一，被评选为国际艺术界最具影响力的人物。

参考文献

[1] 白瑾："延续台大校园的传统—— 一个现代的知识殿堂"，《建筑师》，1998 年 7 月。
[2] 蔡厚男："创意城市大学校园的策略规划"，第七届海峡两岸大学的校园学术研讨会，东南大学主办，南京，2007 年。
[3] 骆庆明："谁是台大学生？——性别、省籍与城乡差异"，《经济论文丛刊》，2002 年第 1 期。
[4] 夏铸九、袁兴言、饶右嘉等："树人之地，百年之计——台清交三校的校园与校园规划"，第五届海峡两岸大学的校园学术研讨会，台湾大学建筑与城乡研究所主办，台北，2005 年 12 月 20 日。

深圳“设计之都”的实证研究

李蕾蕾 谢 丹 阎 评

The Empirical Study Based on Shenzhen's "City of Design"

LI Leilei, XIE Dan, YAN Ping
(School of Media and Communication, Shenzhen University, Shenzhen 518060, China)

Abstract Drawing upon the thought of network and relationalism of sociology, this paper attempts to explore the relationship between the university, cultural industries, and creative city in an empirical way based on the method of social network analysis and UCINET software. For this purpose, the authors use the chronicle of events (1992—2001) created by Shenzhen Graphic Design Association (SGDA) that has been a very important actor in the development of Shenzhen's design industry and for Shenzhen winning the title of "City of Design" in the program of global creative city network. The main findings indicate that universities are significant players in the development of "City of Design", while most of those universities are not local. Furthermore, compared with other actors such as the government and the professionals, universities are mainly passively involved in the design industry without a significant role of being a middleman or a bridge connecting other actors in the network. The paper finally discusses the significance of the findings

作者简介
李蕾蕾、谢丹、阎评，深圳大学传播学院。

摘 要 本文将网络思想及其社会网络分析技术和软件引入到大学、文化产业与创意城市的讨论议题中，通过选取对深圳“设计之都”的形成产生重要作用的关键行动者——深圳市平面设计协会（SGDA）——1992～2011年编录的大事记，作为量化分析的数据来源，运用UCINET软件，将深圳平面设计行业发展进程的行动者网络及其地理网络可视化，并进行相关网络指标分析。结果表明：大学和科研机构是深圳平面设计行业、深圳“设计之都”建设的重要参与者，不过，这些大学和科研机构并非立足于深圳本地，而多来自于其他城市或国家；此外，大学相对于政府、业内人士等行动主体而言，其作用主要是边缘性的、被动性的参与。文章最后初步探讨了这一发现对于理解大学、文化与城市的关系以及未来进一步研究的意义。

关键词 深圳“设计之都”；深圳平面设计协会大事记；社会网络分析；大学

1 引言：理论与方法

有关大学、文化与城市之间关系的讨论，在文化创意产业和创意城市的研究文献中，有少量涉及，通常认为创意集群或创意园区的形成，往往依托于临近的大学和科研机构，分布于城市特定区域。大学为创意城市提供人才资源，具有创新孵化的功能。国外有关艺术产业的研究也发现了艺术、城市与大学的关系，例如，纽约在1970年代以后，文化经济相对而言有所衰落，一方面是因为作为大都

to the current understanding of the relationship between university, culture, and city as well as that for further studies in the future.

Keywords Shenzhen's "City of Design"; chronicle of events of Shenzhen Graphic Design Association (SGDA); social network analysis; university

市的纽约开始将部分文化产业或相关环节分包到其他廉价地区，另一方面则是由于纽约以外地区中小城市的文化设施得以发展，包括各类设计学校的纷纷成立和大学的吸引力（朱克英著，张廷佺等译，2006）。不过，上述研究多属于以访谈、实地调研为基础的质性分析，鲜有量化分析检验相关观点。本文将社会网络思想及其量化分析技术引入到大学、文化与城市的讨论议题中。我们认为大学本身可以作为一个独立主体，因此，特别适合基于社会网络思想来研究这一主体与其他主体的关系及其对创意城市和文化创意产业的作用。

社会网络思想的哲学基础是关系本体论（relational ontology）[①]和关系主义（relationalism）（Tsekeris，2010）。强调世界或社会实在（social reality）是由不同主体之间或强或弱的联系形成的网络，通过考察联系（associations）、关系（relationships）、连接性（connections）及其构成的网络（networks），理解和研究社会实在。因此，基于网络思想的社会学是"关系社会学"（sociology of associations），而不是"社会社会学"（sociology of the social）（吴莹等，2008）。在坚定的网络思想者看来，社会已然是一网络社会（networked society）（卡斯特主编，周凯译，2009），经济已然是一网络经济（networked economy），政治也当是一网络政治，文化则是网络文化（culture as network）（李蕾蕾，2012）。例如，纽约文化艺术产业的发展得益于拍卖行、画廊、博物馆、文化艺术产品生产者以及众多社会名流构成的庞大关系网，这一网络的某些国际知名主体，对保持纽约文化之都的国际声誉发挥了重要作用（朱克英著，张廷佺等译，2006）。当然，单个城市的发展也处于全球城市网络的结构中，城市地理学"关系取向"（relational approach）的研究前沿，在我们看来可归属于网络思想的一部分。

网络构成的主体或社会单元可以是个人、组织、社区、城市、民族、国家等等，主体之间的联系形式既可以表现为贸易往来或经济联系、政治关系、交通联系，也可以是普通的信息与沟通联系、情感关系等等。因此，虽然网络中主体之间的联系模式及其构成的网络可能极度复杂，但主体之间的联系却是简单和明确的。通过对关系网络进行质化和量化分析，能够揭示潜藏深处的结构秘密（鲁尔著，郝名玮、章士嵘译，2004）。

以社会网络分析方法（Social Network Analysis）（罗家德，2005；刘军，2009）为核心的技术支持，为网络思想的可视化及其广泛应用和经验研究，提供了比较成熟的量化分析工具。网络思想在20世纪最后十年的发展，不仅达到结构功能主义高峰时期的思想魅力，而且成为一种方法论和方法工具，代表着知识进步的最新水平（鲁尔著，郝名玮、章士嵘译，2004），催生出大量新型交叉学科的勃勃生机，如经济社会学（斯梅尔瑟、斯威德伯格主编，罗教讲等译，2009）以及更广义的"网络科学"。

需要说明的是，网络中的构成主体或成分，也被延展到非人类（non-human）、非社会的力量和存在，如机器设备、技术标准、空间环境（如产业园区）等等，这一点正是行动者网络理论（Actor/Agent Network Theory，ANT）（Latour，2006）的关键主张之一，也是本文所指的网络思想的理论来源之一（李蕾蕾，2012）。

从地理学视角来看，网络不仅是主体之间构成的关联网络，而且由于网络主体或节点皆有其存在或来自的地理位置，所以任何一个主体关系网络也必然隐含着一个对应的、由主体地点或位置构成的地理关系网络（李蕾蕾，2010、2012），本文称之为"社会地理网络"。不过，主体关系网络与其对应的地理关系网络并非完全等同，从现代人文地理学特别是社会地理学的视角来看，地点或地理本身就是社会—历史—地理或属性—时间—空间构成的三元辩证概念（苏贾著，王文斌译，2004），社会地理网络的内涵远比社会学的主体关系网络复杂。地理关系网络是主体关系网络的空间化表现，有的社会关系网络主要是由本地主体构成的，有的可能是由跨地域的、全国的甚至全球的主体构成的。网络的地理尺度和地域范围的大小，意味着资源调动与整合能力的大小。当然，网络本身也是不断变化的，网络中主体的退出和进入，意味着网络本身的动态变化。因此，网络是主体构成的"时空网"，是地理、历史与社会构成的三维产物，社会地理网络就是这种"三元网络"。

本文关注的正是社会—地理（—历史）网络概念所说明的网络思想。这一思想显著区别于相对缺乏地理思维或空间概念的传统社会学或经济社会学对社会关系网络的看法，传统的社会关系网络思想忽视了地理网络的作用。事实上，不论是单个企业，还是一个行业，甚至一个城市、地区或国家的经济、文化、政治等的发展，都处于特定的地域关系网络，深受来自本地和外地各种因素的影响。本文从经济社会学与经济地理学相结合的跨学科视角，使用社会关系网络分析技术，将经济活动的地域关系网络可视化，试图揭示社会地理网络的存在。具体来说，我们在下面的实证研究中，通过展示平面设计产业的关键主体及其地理来源所构成的社会地理网络，说明大学与文化创意产业（本文主要指设计产业）和创意城市（本文主要指深圳"设计之都"）的关系。

2 实证个案：深圳"设计之都"的社会地理网络

本案例立足于"设计之都"深圳，讨论大学、城市与文化产业的关系。深圳是我国第一个于2008

年被联合国教科文组织授予的"全球创意城市网络"[②]（Global Creative Cities Network）中"设计之都"（City of Design）称号的城市[③]。全球创意城市网络计划是联合国教科文组织基于文化多样性理念，于2004年开始实施的一个强调文化产业和创意城市的发展需要，基于开放性以及城市之间的合作网络从而释放和实现城市创造力的计划。这是一个以网络思想为理论来源的计划。这一计划主张任何城市都可依据自身在文学、电影、音乐、手工艺和民间艺术、设计、媒体、饮食文化七个方面的某一优势文创资产进行申报，加入全球创意城市网络，从而形成一个连接并催生全球关联的城市网络。例如，埃及的阿斯旺和美国的圣达菲为该网络中的"手工艺和民间艺术之城"；哥伦比亚的波帕扬和中国成都为"饮食文化之城"；英国爱丁堡、爱尔兰都柏林为"文学之城"；意大利的博洛尼亚和西班牙的塞维利亚为"音乐之城"；德国柏林、阿根廷布宜诺斯艾利斯、加拿大蒙特利尔、日本名古屋、神户、法国圣埃蒂安以及中国上海，都和深圳一样，属于"设计之都"。

深圳被授予"设计之都"，固然与其发达的平面设计、工业设计、建筑设计、动漫设计、软件设计等10多个领域的设计产业密切相关，不过，平面设计可以说是深圳设计产业中发展最早、知名度最高的分支部门，主要包括视觉形象设计（VI设计）、标志logo设计（如公司logo、会徽、节日logo、赛事logo、展览logo等）、书籍与型录设计（如政府报告、作品集、画册、年鉴、杂志、场刊、例刊、校友录等）、海报、平面广告、产品与包装设计、环境与空间设计（如室内设计、导视系统设计、外墙设计、展厅设计、橱窗设计等）。此外，还包括请柬设计、字体装置艺术、字体设计、吉祥物设计、摄影、台历设计、挂历设计、形象设计、奖杯设计等。显然，平面设计的应用很广，很多随后发展和独立出来的广告、策划、建筑、室内、产品及动漫影视等创意设计分支，都与深圳早期的平面设计师和设计公司有关，而深圳平面设计行业的发展又与"深圳市平面设计协会"（SGDA，以下简称"平协"）[④]密切相关，"平协"成立于1995年，是我国首个非营利的平面设计专业组织，旨在推动社会对设计的关注和平面设计的发展。早在1992年"平协"创立者就发起了中国第一个平面设计专业大展"平面设计在中国展"，成为代表中国设计兴起的标志性展览。此外，"平协"还开办和组织了双年竞赛展项目、沟通海报展、in China邀请展、法国当代设计展、X展以及改革开放30年创作展等各类展览和学术交流活动，还涉及画册、年鉴和刊物的出版。"平协"先后与美国、德国、法国、英国、日本、意大利、丹麦、韩国等国家进行交流和展览，推动中国的设计走向世界，塑造深圳"设计之都"的形象。正是因为"平协"对深圳的平面设计产业产生了重大影响，我们将"平协"记录的相关资料作为了解和分析深圳"设计之都"和设计产业发展历程的关键资料。

2.1 数据来源

我们通过多种渠道[⑤]收集到1992～2011年"平协"组织或参与的191条重大事件。通过整理，将这些大事划分为9个类别：展览、交流、荣誉、政府项目、设计竞赛、出版、教育、内部活动和其他。其中，"展览"类主要指设计艺术类展览，包括国内与国外展览，国内与国外的界定主要是依据展览展出的所在地，比如第一条大事记"平面设计在中国92展举行"；"交流"类主要是指协会或协会会员参与会议、讲座、交流沟通会、与其他设计行业协会互动等活动，如“SGDA参加AGI北京大会”；“荣誉”类主要是指协会或协会会员获得政府、组织颁发的各类奖项，被选为担任某竞赛或展览评委，设计作品被选中或者是政府给予特殊荣誉、设计项目，协会或会员加入世界知名设计组织等等，如“SGDA成员韩家英先生出任‘第五届亚太市长峰会海报邀请赛’评委”；“政府项目”主要是指由政府委托或邀请协会或协会会员参与其中的项目，如“2006年9月，应深圳政府的邀请，SGDA协助政府相关部门设计‘深圳政府在线’网站”；“内部活动”主要是指协会内部的理事会议、选举、会员招募、招聘等活动，如“深圳市平面设计协会2009会员大会暨新一届理事会选举会议2009年2月13日下午2：00在深圳文联九楼会议厅举行”；“出版”主要是指由协会作为主要发行机构出版的刊物等，如“《平面设计在中国05展》作品集出版”；“设计竞赛”主要是指由协会或会员组织参与的竞赛，如“SGDA会员积极参与教科文组织‘设计之都’海报竞赛活动”；“教育”主要指协会参与的与教育有关的活动，如“深圳市平面设计协会2009届SGDA奖学金在清华美院颁发”；“其他”主要是那些无法归于以上任何一类的活动，如“SGDA团体会员设计在线网站参与多项重大活动”。

图1为各类别大事的分布频次。显然，深圳平面设计行业的发展历程与设计展览、交流、获奖荣誉等密切相关，不过承接政府项目也是平面设计行业发展的重要组成部分，这也充分说明了中国目前的平面设计行业具有特殊的角色和价值观，即作为与政府关系密切的设计专业组织。政府因举办或介入各类公益或半公益的活动，往往需要“平协”参与，政府成为设计行业的重要客户。设计师或设计公司如能承担政府的设计项目，反过来又可提升“平协”及其设计师会员和设计公司的影响力。

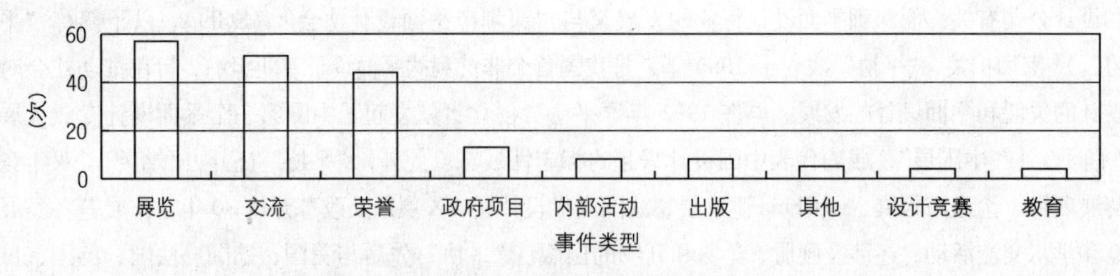

图1　深圳平面设计行业重大事件类型分布频次（1992～2011年）

资料来源：作者依据191条大事记材料编码整理。

2.2　关系数据与关系网络

我们对191条大事文本进行内容分析和编码，主要统计每一条大事文本中提到的参与主体以及参与者所来自的地方。最终发现深圳平面设计行业的参与主体共有227个，分布在47个城市或国家。这227个参与者又可划分为13个类别：政府、设计机构、业内人士（个人）、设计行业协会、其他行业协会、文化艺术场馆、设计展/设计竞赛组委会、赞助与支持性企业、媒体支持单位、设计制作配套单位、科研院所/高校、产业园和深圳市平面设计协会[6]。

"政府"作为参与主体，包括国内外政府，如国家级、省级、地方政府，以及一些因特殊项目或赛事组合起来的临时政府部门。北京申奥委、宣传部、邮政局、规划局、领事馆、文化局、文联、劳动局、广电、新闻出版总署、市委、人事局、联合国教科文组织、商务部、文产办等都被归于政府类别。由此可以看出与设计产业有关联的政府部门并不仅仅局限于文化类型的政府部门。"设计展/设计竞赛组委会"主要是指因某设计展/设计竞赛组成的临时委员会，但是这些组委会的性质又是非政府的，如文博会组委会、纽约国际广告节组委会、深圳大百科全书组委会、2010 年世博会上海国际海报大赛组委会等。

"设计机构"是指参与该事件的设计公司、创意公司、设计中心、传播文化公司等与创意有关的公司或者工作室，比如深圳市言文设计有限公司、深圳市柠檬传播、法国爱师豪乐平面设计中心、鼎典品牌设计顾问机构、OMD 当代设计中心、字态工作室、CBX 设计公司等都属于此类。"业内人士"是指事件中涉及的相关个人，比如王粤飞、陈绍华、韩家英、董小明、何见平等都属于此类，这些业内人士包括设计师、策展人、展览参与者以及参与设计竞赛的核心人物等等。"设计行业协会"专指事件涉及的设计类行业协会，包括国内外平面设计协会、广告协会、美术家协会、设计联盟、设计联合会等与艺术设计相关的组织机构，但不包括单列的深圳"平协"。国际平面设计联盟、宁波平面设计师协会、中国广告协会、香港设计中心等都属于此类。"其他行业协会"是指除设计行业协会之外的行业协会或组织，如中华集邮联合会、全国工商联、中国创造学会、国际管理学会、深圳工艺礼品行业协会等。"设计制作配套单位"主要是指材料、设备、印刷、纸张供应商以及出版社等与设计产业链后期制作相关的企业，如深圳市国际彩印有限公司、大连理工大学出版社、深圳康戴里贸易有限公司、大日本印刷公司、法国 T&C 公司、大德竹尾花纸有限公司、深圳平日纸业等。

"赞助与支持性企业"主要是指支持创意活动的赞助性公司或者机构。比如广东五叶神实业公司、斯达高瓷艺公司、华侨城地产、迪赛纳图书、深圳书城中心城等都属于此类。"媒体支持单位"是指事件的支持或赞助媒体，包括报纸、电视、杂志等传统媒体以及网媒等新媒体，如深圳广播电影电视集团、《深圳商报》、《Design 360°》观念与设计杂志、《南方都市报》、设计在线、《包装与设计》杂志以及中国设计之窗等。

"科研院所/高校"主要是指事件中涉及的研究机构、培训机构、高校等，如清华大学美术学院、德国歌德学院、澳门理工学院、德国国立奥芬巴赫造型艺术大学、汕头大学长江艺术与设计学院等都属此类。

"产业园"主要是指与文化创意产业相关的产业集群和园区。如深圳 OCT LOFT 创意产业园、广州 1851 创意园等。"文化艺术场馆"主要是指美术馆、艺术馆、艺术中心、博物馆等与艺术相关的管理机构及其展览场所，如深圳关山月美术馆、拉斯维加斯东区艺术区美术馆、广东省博物馆、圆筒艺术中心、深圳何香凝美术馆等都属于此类别。

我们依据以上13类共227个参与主体及其47个来源地，建立主体关系数据库和地点关系数据库。这两类关系数据库的建立主要基于以下对于“关系”的界定：如果两个（或以上）不同主体同时出现或参与同一条“大事”，我们认为这两个（或以上）主体存在某种潜在的“关系”；同样，如果来自两个（或以上）不同地点的主体都出现在同一条大事文本中，我们认为这两个地点存在某种潜在的“关系”。如此，可以形成以“行”为各条事件、以“列”为事件参与主体或事件参与地点的两个矩阵数据库：事件—主体数据库、事件—地点数据库，然后，进一步通过社会网络分析方法中的“事件导出法”（刘军，2009），形成两个关系数据矩阵：主体之间的关系数据矩阵、地点之间的关系数据矩阵。在此基础上，可借助UCINET⑦软件，分别制作出主体之间的关系网络图⑧、13类主体类别之间的关系网络图（图2）以及参与主体所在来自47个地点的地理关系网络图（图3）。

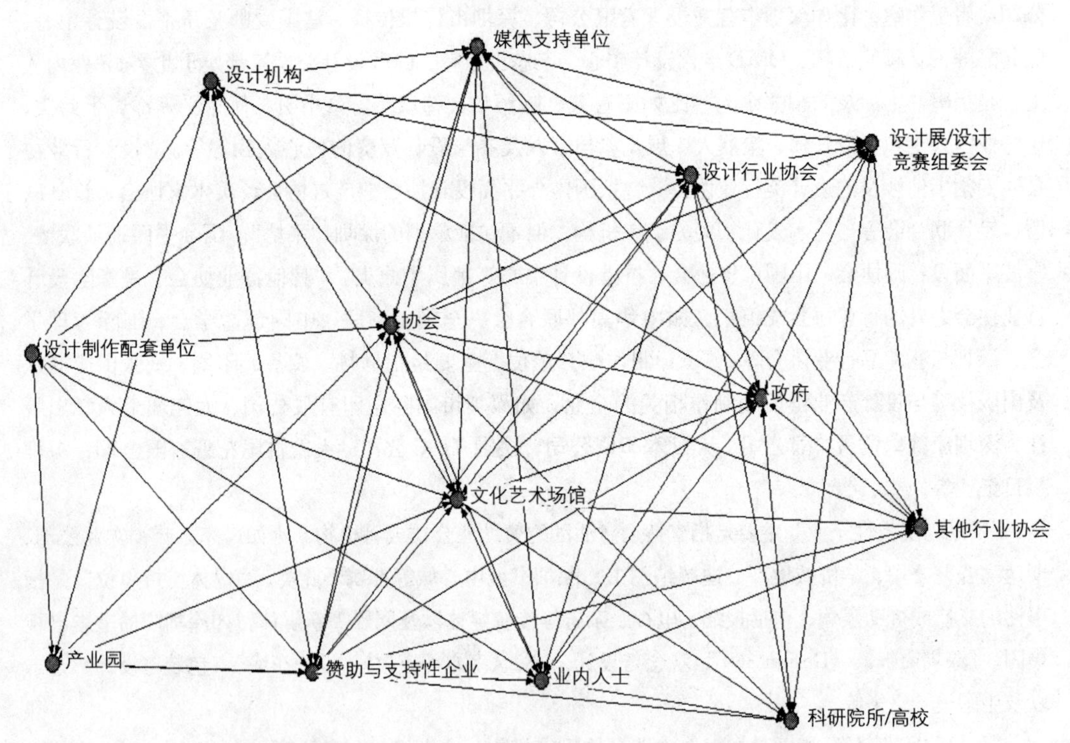

图2 深圳平面设计行业的13类参与主体及其社会关系网络

资料来源：作者依据191条大事记材料整理。

2.3 关系网络图的指标分析

这里主要分析两个指标：度数中心度（degree）和中间中心度（betweenness）。其中，度数中心

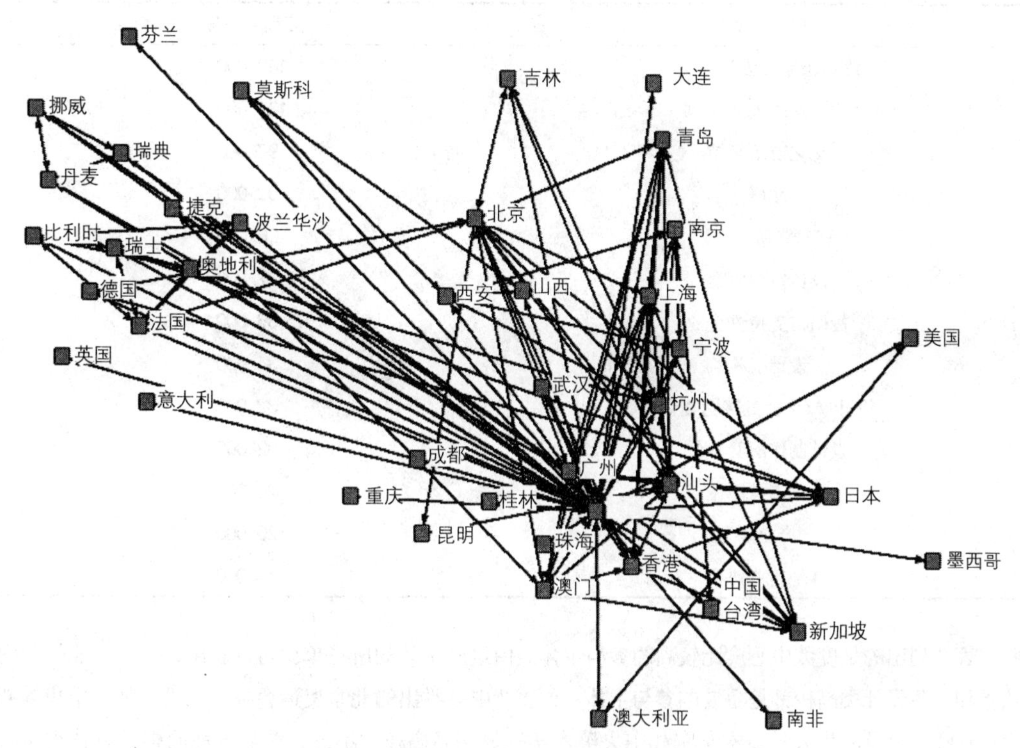

图3 深圳平面设计行业参与主体的地理关系网络⑨

资料来源：作者依据191条大事记材料整理。

度反映的是网络图中各个节点与其他节点直接相连的数量，值越大，说明节点在网络中具有更大的联系能力、重要的地位和权力。中间中心度测量的是在一个网络中行动者的沟通能力，也就是作为“桥”的功能连接其他行动者或控制他人之间交往的能力，如果一个节点的中间中心度为0，意味着该点不能控制任何行动者，处于网络的边缘；如果一个节点的中间中心度为1，意味着该点可以百分百地控制其他行动者，它处于网络的核心，拥有很大的权力（刘军，2009）。

表1列出了设计行业13类主体在其关系网络图（图2）中由大到小排序的度数中心度。除了“平协”的值（180.000）最高以外，业内人士、文化艺术场馆、政府、科研院所/高校和设计行业协会等主体类型，对于深圳设计产业和设计之都的建设，都具有较为重要的作用，而我们经常提到的产业园或文创园区的值却很低，作用并不显著⑩。科研院所/高校机构的重要性，从度数中心度来看，高于行业协会、企业、设计制作配套单位、设计展/设计竞赛组委会、媒体支持单位等。

表1 深圳平面设计行业13类参与主体的度数中心度

参与主体类型	度数中心度
深圳市平面设计协会	180.000
业内人士	121.000
文化艺术场馆	97.000
政府	90.000
科研院所/高校	56.000
设计行业协会	47.000
赞助与支持性企业	36.000
设计机构	34.000
设计展/设计竞赛组委会	33.000
设计制作配套单位	32.000
媒体支持单位	26.000
产业园	20.000
其他行业协会	14.000

表2列出的是度数中心度比较高的参与主体。由这些主体的所在单位可以看出，设计行业的业内人士和一些设计类高校都是重要的参与主体。如表2中列举出的北京奥运会标志的设计师陈绍华等知名设计师，以及清华大学美术学院和中央美术学院等知名高校。不过，深圳本地的相关设计类学院（如深圳大学设计学院等）并未出现在表2中。

表2 深圳平面设计行业主体关系网络的度数中心度（“值”比较高的主体）

参与主体	度数中心度
深圳市平面设计协会	279.000
毕学峰	166.000
王粤飞	157.000
韩家英	152.000
张达利	138.000
韩湛宁	137.000
柏志威	66.000
陈绍华	59.000

续表

参与主体	度数中心度
吴勇	56.000
关山月美术馆	47.000
黑一烊	46.000
清华大学美术学院	45.000
深圳市文化局	41.000
高鸣	38.000
深圳市委宣传部	38.000
张晓明	38.000
华·美术馆	37.000
李坚	37.000
杨振	37.000
《Design 360°》观念与设计杂志	36.000
曾军	36.000
徐岚	32.000
冯志锋	31.000
鼎点品牌设计顾问机构	30.000
梁小武	30.000
马深广	30.000
吉林艺术学院动画学院	29.000
中央美术学院	28.000
夏文玺	28.000
深圳康里贸易有限公司	28.000

表3显示的是中间中心度的排序。显然，深圳市平面设计协会和文化艺术场馆的中间中心度最高，均为3.117，其次为业内人士、赞助与支持性企业、设计机构、媒体支持单位。值得关注的是，科研院所/高校在网络中的中间中心度的值比较低，与产业园和其他类型的行业协会的度数中心度等值，处于排序的最后位。这一点说明科研院所/高校对平面设计行业的控制力较小，属于网络的边缘。的确，深圳平面设计行业的很多展览、竞赛、活动和设计项目，都是由"平协"、政府、文化艺术活动场馆、媒体等主动发起和积极配合的，而高校的介入则相对比较被动，往往受邀后才参与，处于配角地位。

表3 深圳平面设计行业各参与主体类型的中间中心度

参与主体类型	中间中心度
深圳市平面设计协会	3.117
文化艺术场馆	3.117
业内人士	2.697
赞助与支持性企业	2.556
设计机构	1.461
媒体支持单位	1.098
设计行业协会	0.817
政府	0.817
设计展/设计竞赛组委会	0.706
设计制作配套单位	0.278
其他行业协会	0.111
科研院所/高校	0.111
产业园	0.111

2.4 地理网络图的指标分析

从图 3 的地理网络图中，我们可以看出深圳市平面设计行业重大事件的地理结构，是以深圳为中心向四周辐射。同时可以看到网络图中既有单向性的地点之间的联系，又有双向性的地点之间的联系，反映了各地点之间进行合作的可能性较大，且不仅限于两个城市之间的合作。可从图 3 中分辨出一些子网络，例如以香港、北京、澳门、日本、汕头、杭州所在的这一簇网络显示出一个子网络的形态，相互之间的联系比较紧密，北欧和西欧国家也出现相应的子网络，说明这些国家往往以子网络的方式即以一个群体的方式，同时与深圳发生关联。

通过计算图 3 各个节点的度数中心度，可以发现，度数中心度较高的国内城市除深圳（143.000）外，主要为北京（51.000）、汕头（30.000）、广州（23.000）、香港（18.000）、杭州（15.000）、上海（13.000）、澳门（12.000）、西安（9.000）等地，说明这些城市对于深圳“设计之都”的建设比较重要。这些城市大多具备知名的或者活跃度较高的设计艺术类院校，例如汕头的长江艺术与设计学院十分有名，而西安美术学院培养了大批在深圳从事设计行业的知名设计师。如果没有相关艺术和设计院校，汕头和西安在网络图中的度数中心度可能不会这么大。此外，港澳地区的度数中心度也比较高，对深圳“设计之都”的发展有利，这一点并不令人意外。港澳地区的设计产业发展较早、较成熟，有较多知名设计师，加之与深圳地理临近，相互之间的交流与合作的可能性很大。国外参与城市和国家中度数中心度比较高的为日本（20.000）、瑞士（13.000）、法国（12.000）、新加坡（8.000）、美国（8.000）。这些国家与深圳“设计之都”的建设联系较多。从中间中心度来看，各个国家和城市的排序与度数中心度的排序差别不大。总之，通过对地理关系图的度数中心度和中间中心度的分析，在一定程度上佐证了高校（设计学院）对于深圳“设计之都”、设计产业的发展具有不可忽视的作用和影响。

3 结论、启示与讨论

通过以上基于社会网络思想及其量化的社会网络分析方法和软件，结合深圳“设计之都”平面设计产业的研究，我们可以认识到社会网络分析方法是一个值得尝试并可用于讨论大学、城市和文化产业相互关系这一普遍议题的可行方法。我们可以得出以下有关大学与城市、与文化创意产业之关系的实证结论。

首先，创意城市、“设计之都”的发展以及相关设计产业、文化产业的参与者和行动者，来自不同领域，彼此之间存在着一个相互关联的关系网络和结构，大学是文化产业、创意城市建设的多元参与主体之一；在中国目前的情况下，政府和业内人士的作用最大，大学其次，主要原因是政府仍然是我国设计行业甚至更广泛的文化创意产业的重要客户之一，而大学的作用主要体现在参与和组织设计竞赛、评选、展览、人才输出等方面，大学对创意城市的作用，高过支持性企业、媒体和产业园等主体。

其次，大学作为行动者网络中的参与者，具有较高的度数中心度、较低的中间中心度，说明大学尽管与政府、业内人士都属于对于创意城市和文化产业的发展比较重要的参与者，但是，大学对“设计之都”的参与性质不具有独立性和控制性，属于网络边缘中的参与者。也就是说，大学主要是被动参与“设计之都”的建设，多是在核心行动者如“平协”的带动和邀请之下，参与到“设计之都”的建设，而且除了与主要的行动者发生合作关系以外，大学对于网络中的其他行动者的影响力微弱，合作关系比较少，“桥接”能力有限。大学在产学研合作中还需提升主动性和积极性，大学在对当地的影响力方面仍然有很大的提升空间。

第三，通过对参与者主体的地理网络分析可以发现，对于“设计之都”深圳而言，具备设计和艺术类高校或学院的城市，往往与“设计之都”的建设发生比较密切的联系，构成深圳“设计之都”和设计产业关系网络中的重要节点；不过，大学的作用主要表现为外地大学与科研机构的参与度和影响力相对比较大，而深圳本地大学的作用相对较小，在一定程度上说明了深圳平面设计产业的去本地化或非根植性的特点。的确，在访谈中我们得知深圳的很多设计业务来自于外地，甚至不少设计公司开始在外地设立分支机构。

最后，需要指出的是，通过实证研究，我们或许可以得到一些启示性的思考：在全球化时代，创意城市的建设可以动员本地以外的全球资源，包括大学资源，但本地大学的参与程度过低，可能并不利于长期发展；因此，文化产业的发展和创意城市的建设需要有本地—全球相互关联的空间策略和思维。例如，可在初期借助全球资源，但后期应回归到本地，形成全球在地性关系（glocalization）；这一观点刷新了过去考察大学与城市的关系议题时，多聚焦于本地大学与本地城市的局限性视野。此外，要充分认识到不论本地还是外地的大学，对于创意城市的作用存在一定的局限性，大学主要表现为某种依附于政府和行业主体的特性，大学如何从依附边缘走向控制核心，是一个需要进一步探讨的问题。

当然，以上来自实证研究的几点结论，主要是基于深圳这一特定地域以及平面设计行业这一特定文化创意产业门类做出的，未来需要进一步通过横向空间的对比研究，检验本研究基于深圳的个案结论是否具有普适性，也需要开展大学对于其他文化创意产业门类的作用究竟如何的横向比较研究。事实上，对于先锋意识和社会批判意识比较强的文创产业门类，如当代艺术产业，大学和高校的作用比其对商业性设计产业的作用更大，这一结论我们在自己的相关研究已有发现。总之，如何进一步具体展开和揭示大学与创意城市、与文化创意产业的更细致的关系，从而促进彼此的关联性，设计有效的政策框架，有赖于使用网络思想和社会网络分析技术，开展更多的、基于实证的跨地域和跨部门的多案例比较研究。

致谢

本文为国家自然科学基金资助项目（编号为：41071087）的部分成果。

注释

① Moses Boudourides, The Relational Ontology of Social Network Theories. Retrieved from http://nessie-philo.com/Files/moses_boudourides_the_relational_ontologyof_social_network_theories.pdf.

② The Creative Cities Network. Retrieved from http://portal0.unesco.org/culture/admin/ev.php? URL_ID = 24544&URL_DO=DO_TOPIC&URL_SECTION=201&reload=1191657808.

③ "深圳成为全球创意城市网络成员　获'设计之都'称号"，2008年。资料来源：http://unn.people.com.cn/GB/14748/8473832.html。

④ 有关"平协"的详细介绍可参见其官网：http://www.sgda.cc/about/。

⑤ 数据来源于2012年4月深圳市平面设计协会网站（http://www.sgda.cc/）及协会会员的博客，例如韩湛宁的博客（http://hanzhanning.blog.sohu.com/）以及协会提供的协会大事记电子文件。

⑥ 因本数据库是基于深圳市平面设计协会的大事记建立的，所以将深圳市平面设计协会也单独作为一个类别。

⑦ UCINET（University of California at Irvine NETwork），最初是由加州大学欧文（Irvine）分校的林顿·弗里曼（Linton Freeman）编写的，后被扩展，目前作为社会网络分析的专用软件之一。

⑧ 本文将不对227个主体之间的关系网络图进行分析，重点关注13类主体类型之间的关系网络图。

⑨ 深圳大学传播学院2012级研究生李艺琴同学调试绘制了此图，特此致谢。

⑩ 园区对于平面设计行业的作用不大，我们推测或许是因为相关园区尚未成熟，尽管在访谈中我们发现工业设计、动漫设计等行业主体仍然认为园区的作用比较大。这一差异，主要是因为平面设计与其他类别的设计有所不同，

平面设计的行业主体的构成主要是大量分散而非集聚于园区的独立设计师。

参考文献

[1] Latour, B. 2006. *Reassembling the Social: An Introduction to Actor-Network-Theory*. New York: Oxford University Press.

[2] Tsekeris, C. 2010. *Relationalism in Sociology: Theoretical and Methodological Elaborations*. Facta Universitatis (Series: Philosophy, Sociology, Psychology and History), Vol. 9, No. 1.

[3]（美）卡斯特主编，周凯译：《网络社会》，社会科学文献出版社，2009年。

[4] 李蕾蕾：“文化经济地理学进展与‘项目网络地理学’的提出”，《人文地理》，2010年第2期。

[5] 李蕾蕾：“基于社会网络思想探讨文化创意产业和创意城市的发展策略：兼及深圳个案”，《深圳文化蓝皮书2012：城市文化自觉与文化深圳建设》，中国社会科学出版社，2012年。

[6] 刘军编著：《整体网分析讲义：UCINET软件实用指南》，格致出版社，2009年。

[7]（美）鲁尔著，郝名玮、章士嵘译：《社会科学理论及其发展进步》，辽宁教育出版社，2004年。

[8] 罗家德：《社会网分析讲义》，社会科学文献出版社，2005年。

[9]（美）斯梅尔瑟、（瑞典）斯威德伯格主编，罗教讲、张永宏等译：《经济社会学手册》，华夏出版社，2009年。

[10]（美）苏贾著，王文斌译：《后现代地理学：重申批判社会理论中的空间》，商务印书馆，2004年。

[11] 吴莹等：“跟随行动者重组社会——读拉图尔的《重组社会：行动者网络理论》”，2008年，http://www.sa-china.edu.cn/Htmldata/article/2008/12/1643.html。

[12]（美）朱克英著，张廷佺、杨东霞、谈瀛洲译：《城市文化》，上海教育出版社，2006年。

南京市广告业的空间集聚与分散

姚 磊 张 敏

Spatial Agglomeration and Differentiation of Advertising Industry in Nanjing

YAO Lei, ZHANG Min
(School of Architecture and Urban Planning, Nanjing University, Nanjing 210093, China)

Abstract This paper studies the features of spatial evolution and the process of spatial differentiation of Nanjing advertising enterprises through kernel density analysis. The overall characteristics of the spatial distribution of Nanjing advertising enterprises is found to be high-level central agglomeration with development along the main axes, which is shaped through the process from dispersed distribution of separate spots to agglomeration in certain area. At the same time, enterprises on different residential and official territories have shown different characteristics and spatial process respectively.

Keywords Nanjing; advertising industry; spatial agglomeration; spatial differentiation; kernel density

摘　要　本文运用核密度分析，研究南京市广告业企业的空间集聚与分化特征及过程。结果表明，南京市广告业企业空间分布表现为高度中心集聚并伴以轴向发展的特征；其空间演化呈现出由点状分散到面状集聚的过程。同时，广告业企业具有以分布于办公空间与居住空间为主的邻域分化现象。

关键词　南京；广告业；空间集聚；空间分化；核密度

1　引言

近年来，发展文化创意产业成为西方国家振兴城市与地方经济、扭转去工业化带来的社会经济问题的重要手段，同时，其也受到国内城市的追捧。一方面，将其作为城市产业结构调整、城市空间“退二进三”的内容；另一方面，将其与“创新”、“提升核心竞争力”、“文化复兴”等国家宏观战略语境结合在一起。因此，也推动了相关研究的开展。广告业作为创意产业中发展较快也较为普遍的行业，对其空间特征、演化与机制的研究有助于理性引导城市产业空间发展战略与规划的制订。大多数研究认为，创意产业具有空间集聚性，还认为创意产业集聚空间会发生转移或变化，如美国休斯敦以南地区和纽约东区等。国内有关广告业的研究也认为，存在空间分布的集群和不同的集群模式，在特定城市，广告业演化表现出由分散向集中发展的趋势，产业集聚发展特征明显。

近年来，南京市广告业发展迅速，企业数量日益增多，市场日趋成熟。截至 2008 年年底，南京市主城区广告业样本企业数量占总创意产业样本企业数量的 63.2%。本研究

作者简介
姚磊、张敏，南京大学建筑与城市规划学院。

采集了南京市主城区 626 家样本广告业企业三个时间段的空间数据和属性数据，探讨其空间演化特征与空间分化过程。特别针对不同功能区导向的企业，即办公区的企业与新近出现的居住区的企业，比较分析两者间的分布、演化过程和机制上的差异，并试图揭示以广告业为代表的创意产业与城市其他功能空间的融合性。这对于引导城市功能空间由机械分区走向有机融合，倡导城市建设与规划的混合分区具有一定的实践意义。

2 研究对象与研究方法

2.1 研究对象基本特征与研究范围

本文研究范围为南京市主城区，主要包括鼓楼区、白下区、玄武区、建邺区等行政区，不涉及江宁区、浦口区、仙林区等城市近郊区。南京市区广告业发展态势良好，注册企业数量总体呈现出较快增长的趋势（图 1）。鼓楼区、白下区、玄武区和建邺区四个区集聚了绝大部分广告业企业，占到总样本数量的 90.26%，其中以白下区和玄武区最多，占 60.06%，其他地区企业占总样本数不到 10%（图 2）。因此，研究区的选择基本能够涵盖南京广告业的空间特征。

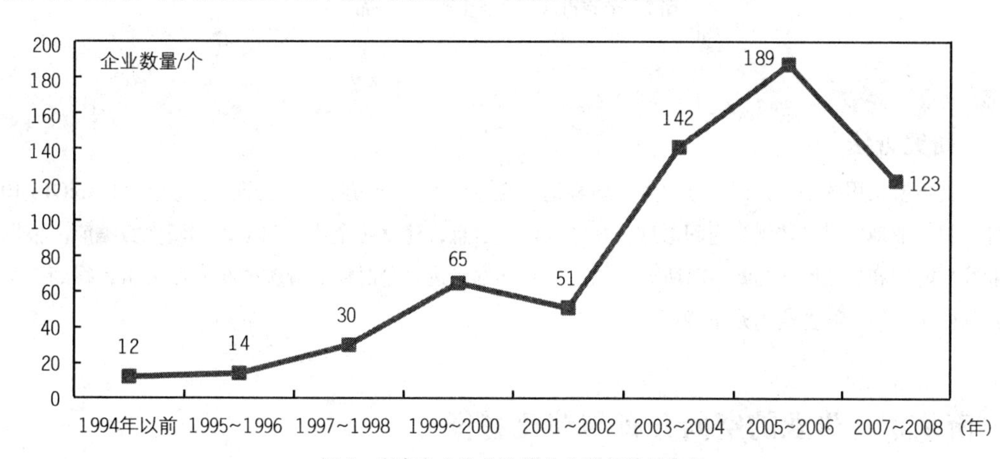

图 1 南京市广告业注册企业增长数量变化

2.2 数据来源

本文所采用的数据来自南京市工商局《南京工商企业信息大全》（2009），结合南京市电信黄页与网上检索数据，排除重复出现的公司，采集在南京市工商局和江苏省工商局注册的广告公司的基本信息。采集信息包括企业地址、注册资本、企业类型、经营范围、联系电话等。本文所选取的广告业企业为具有核心创意价值的企业，即从事广告设计的企业，并不包括单纯从事广告制作的企业，最终得到企业样本626个。依据样本企业的注册时间，分为三个时段进行企业空间分析，即2000年以前、2001～2004年和2005～2008年。根据南京市广告业企业数量增长态势，这三个时段大体分别代表了南京市广告业发展的起步阶段、快速增长阶段和稳定增长阶段（图1）。

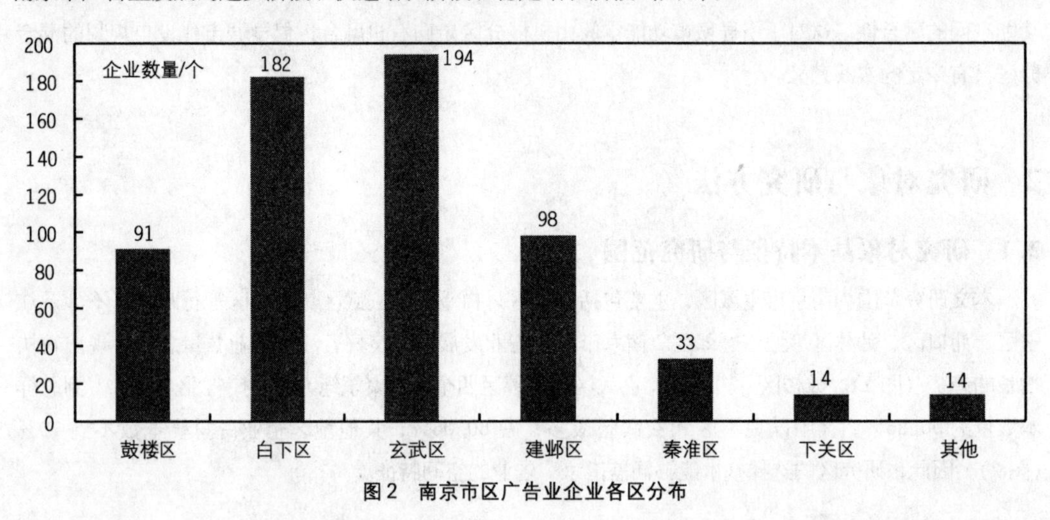

图2　南京市区广告业企业各区分布

2.3　研究方法

本文主要采用核密度分析的方法直观地表达出企业的空间分布特征和集聚程度。运用ArcGIS 10软件，将企业地址信息转化为空间信息，并导入属性信息，建立起企业空间位置和属性数据库。根据企业注册时间和邻域属性判断，对所获得的广告业样本点进行分时段、分类的核密度分析，得到三个时段和两类功能空间企业的分布特征。

3　南京市广告业的空间分布与演化特征

南京市广告业总体上呈现出高度的中心集聚与轴向发展的特征，演变过程则呈现出以向心集聚为主的分化趋势。

3.1　空间分布总体特征

南京市广告业空间分布总体呈现出明显的集聚性。位于城市商务中心区边缘的北门桥地区，构成南京市广告业的集聚中心。此外，还出现了一些外围新兴集聚区，各集聚区的中心沿中山路、中山北路和水西门大街等主要街道轴线串联成一体。为此，根据广告业的空间集聚程度，将广告业集聚中心分为三个等级（表1）。

表 1 南京市广告业空间集聚中心等级划分

等级	集聚中心
一级集聚中心	珠江路（北门桥）
二级集聚中心	新世纪广场
	新街口
	百子亭
三级集聚中心	南湖路
	长虹路
	富丽山庄（苜蓿园大街）
	江东南路，应天大街

上述集聚特征，体现出该产业分布的市场导向和环境导向的叠合。一方面，中小型广告企业对大型传媒企业依赖性较强，与广告主和传媒企业等的空间邻近促使广告企业向城市中心区集聚；另一方面，城市中心区良好的市场接入和便捷的交通条件对其构成强大的引力。二、三级集聚区中心主要分布在公共设施完善、商业用地相对集中的地区和高校科研用地附近，并沿主要城市道路轴向分布，反映了高教科研地区的人文环境与日益良好的基础设施条件对广告企业的吸引力。

3.2 空间演化过程

南京市广告业空间演化总体过程依次由低集聚度的相对分散点状发展，到各点黏合连片，形成集聚区；进而，各集聚区内部孕育形成集聚中心；最后，集聚中心分化，高强度一级集聚中心形成，并伴随空间扩散，在主城内出现连片分布态势。

3.2.1 空间扩展与集聚增强并存

2000～2008 年，企业空间布局总体呈现出由分散向集聚的演化过程，逐渐在城市中心区形成了中心集聚区。同时，中心集聚区覆盖范围不断扩大，外围各分散据点逐步黏合形成新集聚区，且各集聚中心的集聚强度不断提高。集聚强化还表现在中心集聚区的单极化趋势。发展初期，广告业的中心集聚区包含三个集聚强度类似的中心，分别为珠江路（北门桥）、新街口和新世纪广场。此后，在中心集聚区不断壮大的同时，企业进一步向珠江路（北门桥）集聚，促使一级中心集聚强度不断提高，即由 2000 年的三足鼎立，演化为 2008 年以珠江路（北门桥）为核心的一枝独秀。

3.2.2 集聚重心逐步向北转移

随着珠江路（北门桥）集聚强度不断提升，以及百子亭集聚中心的逐步形成，空间集聚重心已经逐步向北转移。这反映了在广告业企业发展日趋小型化以及 CBD 新街口地区空间竞争趋势加剧的情形下，一些中小广告企业难以承受 CBD 高额的租金，集聚核心逐步转移到地租相对较低的城市中心边缘区。

3.2.3 外围新的集聚核心出现

2000年，中心集聚区外围企业空间分布较为分散。此后，外围各分散据点逐步黏合，同时出现了一些新据点，外围集聚区初步形成。以百子亭、锁金村、富丽山庄和长虹路等为代表的外围集聚极核初步显现。其中，以河西地区广告业企业集聚速度最快，已经形成了以水西门大街为主轴，串联起长虹路、南湖路和云锦路三个集聚极核的绵延区域。城市东翼紫金山南部的富丽山庄一带也形成了一个新的极核和集聚片区。这说明，随着城市的发展，城市空间不断向外拓展，外围地区日益完善的公共设施、便捷的交通条件和良好的城市环境等，为广告业在城市中心区以外地段的发展提供了支撑条件(图3)。

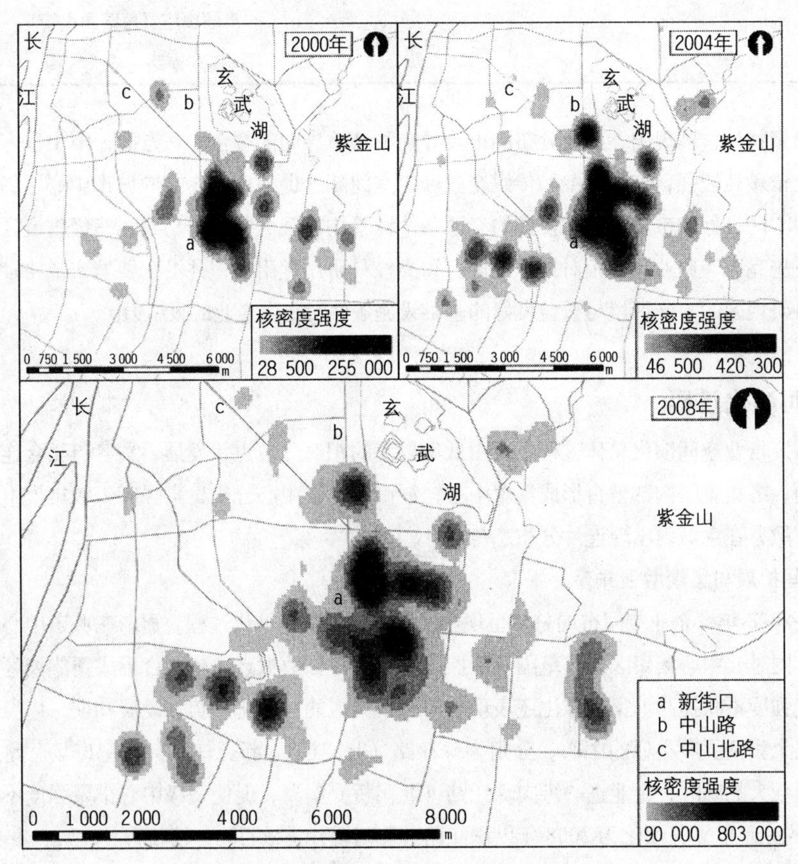

图3 南京市广告业企业空间演变核密度分析

4 南京市广告业空间的分化与扩散

通过对企业空间位置的属性分析，发现南京市广告业空间呈现分化倾向，突出表现在一部分广告业企业正逐步向居住区扩散。并且，这一态势近年来愈加明显。分布于居住区的广告业企业数量逐年增加，2000年前仅27家，只占总样本企业的22.31%，至2008年年底已经达到219家，占到样本企业总数的34.98%（表2）。为此，本研究进一步对比分析办公区广告业与居住区广告业的空间演化特征。

表2 南京市广告业居住办公空间企业增长数量变化

年份	新增居住办公空间企业数量	百分比
2000年以前	27	22.31%
2001～2002	17	33.33%
2003～2004	42	29.58%
2005～2006	71	37.57%
2007～2008	62	50.41%

4.1 办公区广告业的空间演化过程

办公区的广告业企业体现出了更明显的向心集聚的特征。空间演化主要表现为由分散到中心集聚，并伴以外围集聚中心的逐步壮大（图4）。2000年以前，企业空间分布表现出较明显的分散分布的特征，集聚度较高的集聚点主要集中在新街口周围地区，外围据点集聚度低且分布分散。随后，各集聚点进一步壮大并在城市中心区黏合连片发展。目前，已经形成了以珠江路（北门桥）为核心的中心集聚区。由于总体上分布在办公区的广告业企业仍占较高比重，因此，这类广告业企业的空间分布与演化过程在一定程度上代表了广告业总体特征。

通过进一步分析企业属性数据，发现办公区企业大多起步较早，规模较大。从而，对中心地区较高的租金承受能力较强，在城市中心区集聚较为明显。

4.2 居住区广告业的空间演化过程

居住区的广告企业近年来增长较快，其空间演化过程主要表现为由大分散到多据点，进而出现由多个相邻据点黏合成片的态势。目前，形成了围绕新街口中心边缘的多点集聚片区，以及在城市东、西、北翼集中居住区内形成的富丽山庄—苜蓿园大街（东翼）、江东南路—应天大街（西翼）和锁金村（北翼）集聚核。其中，又以富丽山庄—苜蓿园大街一带集聚最快，集聚度最高。2000年以前，这

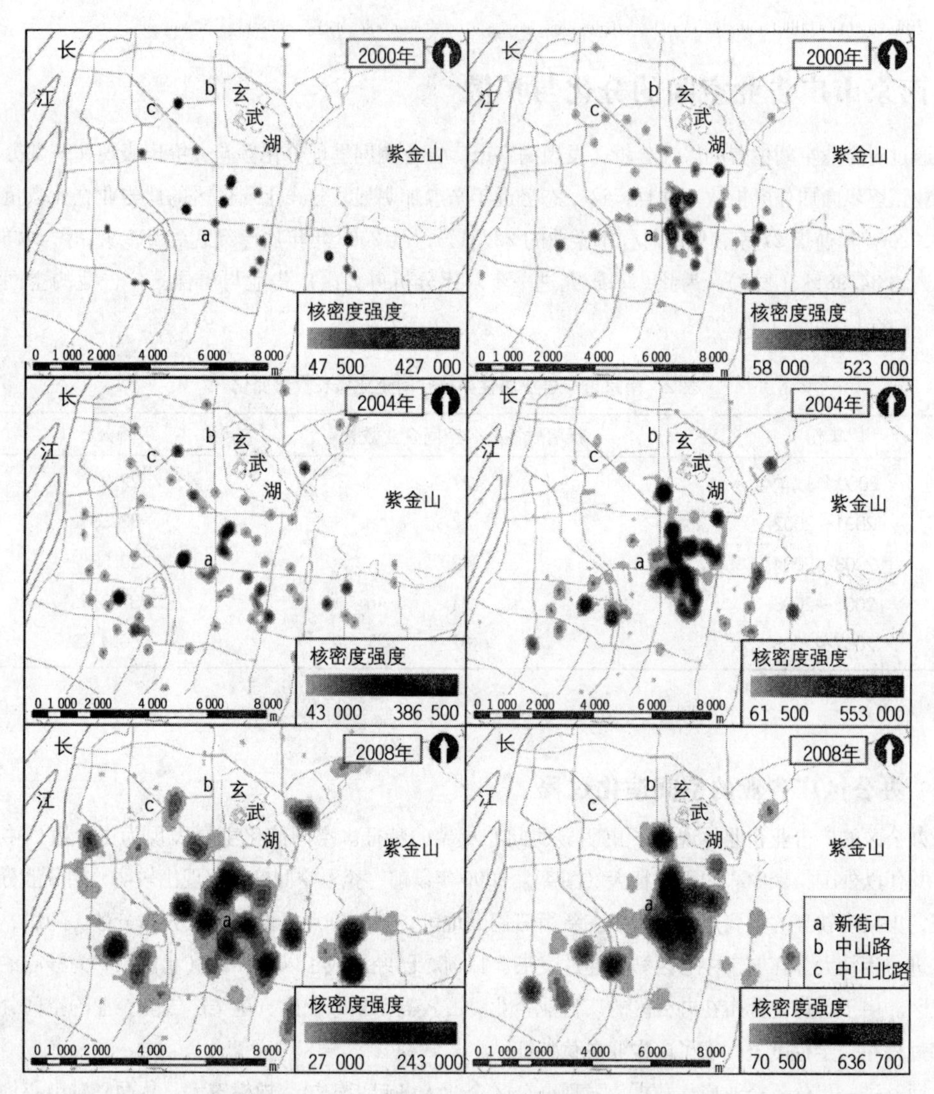

图4 基于不同位置属性的广告业企业空间演变核密度分析（左：居住区；右：办公区）

类企业数量较少，并分散分布在城市中。此后，随着该类企业数量逐年增加，出现了许多新的小型据点密集分布在市区，并逐渐向城市外围地区扩散，并且在外围出现几个次级集聚中心（核）；目前，整体空间布局仍然呈现出分散分布的态势，但已形成几个比较明显的集聚中心，并呈现出连片黏合逐步形成集聚区的趋势。

伴随着上述的空间转化过程，南京市广告业发展呈现出小型化的趋势，即小规模企业的比重增加。从表3可以看出，近年来广告业企业主要以50万元以下的小企业为主，且其平均注册资本逐年下降。其中，居住区广告业企业中小企业占85.39%，办公区广告业企业中小企业占78.62%。按照注册资本多少，绘制南京市广告的企业分布核密度图（图5）。发现大型企业集聚核心主要位于城市中心区，并大致与办公区企业集聚核心相吻合；注册资本低于50万元的广告业企业，除了在珠江路（北门桥）地区存在集聚核心外，在城市外围地区形成的次级集聚核主要分布在居住区内，从图中可以看到，这些极核与居住区广告业集聚核心较为吻合。这说明，小企业分布呈现出更加显著的居住区导向。

表3 南京市广告业企业注册资本变化（万元）

年份	0～10	10～50	50～100	100～500	500以上	平均注册资本
2000年以前	7	81	27	4	2	66.54
2001～2002	1	42	6	2	0	65.00
2003～2004	11	119	8	4	0	52.71
2005～2006	51	93	38	7	0	48.12
2007～2008	47	52	21	3	0	41.87

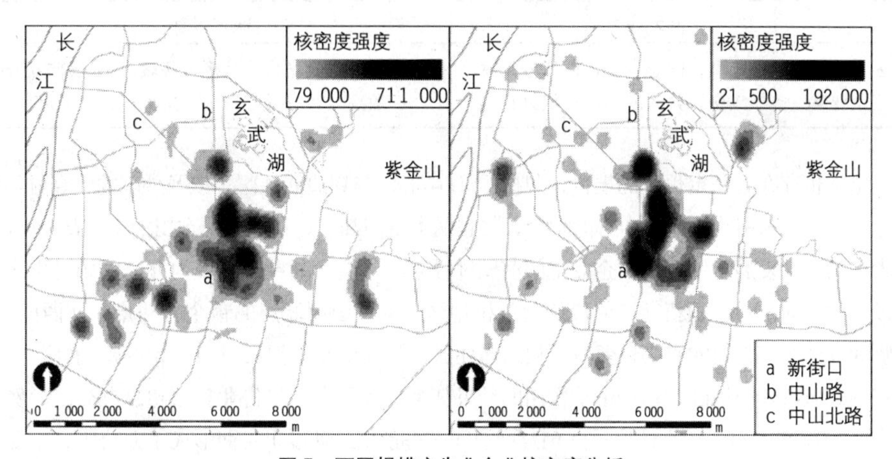

图5 不同规模广告业企业核密度分析

（左：注册资本50万元以下企业；右：注册资本50万元以上企业）

4.3 空间分布演化差异与耦合

两类广告业企业空间分布与演化特征表现出明显的差异，居住区企业呈现出明显的分散分布特征，办公区企业则呈现出向心集聚发展的态势。由图4可以看出，居住区企业呈点状集聚分散分布，而办公区企业则表现出高度中心集聚的面状分布，相比办公区企业，居住区企业集聚点分散且更多，但集聚度普遍较低（表4）；在演化过程上，两类广告业企业也体现出不同的特征（表5）。

表4　两类广告业企业空间集聚中心等级划分

等级	传统办公空间集聚中心	居住办公空间集聚中心
一级集聚中心	珠江路（北门桥）	
二级集聚中心	百子亭	
	新街口	
	新世纪广场	
三级集聚中心	长虹路	富丽山庄—苜蓿园东街
	江东南路	
其他集聚点	南湖路、苜蓿园大街、北京东路、板仓街	拓园、露园、怡景花园、珠江路—丹凤街、江东北路、瑞金北村、石鼓路、户部街、东渡丽舍、白菜园、锁金村、三条巷、宏景公寓、文体村

表5　两类广告业企业空间分布与演化差异

类型	空间分布模式	演化过程
办公区企业	中心集聚，向心发展，面状分布	多核分散分布—黏合连片形成集聚区—集聚中心形成
居住区企业	多核集聚，分散发展，点状分布	散点分布—核心形成—集聚区初步形成

两类空间也存在着一定程度的耦合，包括CBD中心区与周边居住区，以及外围的锁金村与紫金山动漫1号、河西江东南路等集聚中心的吻合，并且两类空间都一定程度上呈现出沿中山路和中山北路、水西门大街的轴向发展。结合两类企业空间演化过程来看，这一耦合又表现为办公区相对于居住区在时间阶段上的超前一步，如新街口北段的北门桥地区、紫金山西北麓的锁金村一带、河西南地区等，可以理解为办公区广告业的空间集聚对于周边居住区广告业出现和聚集具有一定的带动性。而在个别地区，特别是城市外围地区，这种带动作用的结果甚至导致居住区广告业集聚超越办公区。例如在锁金村一带，2000年左右，由于政府设立创意产业园——紫金山动漫1号而形成了办公区，主要是紫金山动漫1号的广告业企业汇聚；2004年之后，邻近的居住区广告业开始集聚；到2008年前后，则呈现居住区的广告业集聚进一步加强，超过了办公区的集聚度。

5　结论

本文运用核密度分析方法，对南京市区广告业企业空间分布与演化特征及空间分异过程进行研究，发现南京市广告业企业空间演化总体呈现出向心集聚并伴以外围核心初显的特征。同时，广告业企业呈现出向居住空间渗透的态势。具体结论如下：

(1) 南京市区广告业企业空间格局总体呈现出高度向心集聚与外围新兴核心相结合的特征，其演变过程大致呈现由相对分散到集聚、集聚与扩散相伴的特征。

（2）南京市区广告业空间分布表现出明显的空间分化，处于起步阶段的小企业在居住空间聚集；主要由于小企业承租能力较弱，加之信息技术的运用弱化了企业的区位约束。这不仅反映广告业企业的空间取向正发生变化，也一定程度上显示了文化创意产业总体上对交通和区位条件的依赖有所减弱，体现了城市功能空间趋于叠合与模糊的趋势，居住空间转变为居住办公混合性空间，预示着城市功能空间结构在新的产业和文化导向下将有可能进一步重构。

（3）两类邻域空间上的广告业企业发展演化呈现一定的耦合性，办公区对于邻近居住区广告业企业的集聚具有带动性。表明在新产业空间的发展中，通过有意识地引导，能够形成一定的集聚和辐射效应。就目前中国城市而言，这对于如何借助政策导向的创意产业园的战略部署，更好地引导城市新兴创意产业的空间发展具有积极意义。

参考文献

[1] Caves, R. 2002. *Creative Industries: Contracts between Art and Commerce*. Cambridge, MA: Harvard University Press.

[2] Connor, O. Justin 2006. Art, Popular Culture and Cultural Policy: Variations on a Theme of John Carey. *Critical Quarterly*, Vol. 48, No. 4.

[3] Currid, Elisabeth 2006. New York as a Global Creative Hub: A Competitive Analysis of Four Theories on World Cities. *Economic Development Quarterly*, Vol. 20, No. 4.

[4] Fan, C. Cindy and Scott, J. Allen 2003. Industrial Agglomeration and Development: A Survey of Spatial Economic Issues in East Asia and a Statistical Analysis of Chinese Regions. *Economic Geography*, Vol. 79, No. 3.

[5] Huber, Franz 2012. Do Clusters Really Matter for Innovation Practicesin Information Technology? Questioning the Significance of Technological Knowledge Spillovers. *Journal of Economic Geography*, Vol. 12, No. 1.

[6] Hutton, A. Thomas 2006. Spatiality, Built Form, and Creative Industry Development in the Inner City. *Environment & Planning*, Vol. 38, No. 10.

[7] Hutton, T. 2000. Reconstructed Production Landscapes in the Postmodern City: Applied Design and Creative Services in the Metropolitan Core. *Urban Geography*, Vol. 21, No. 4.

[8] Markusen, A. and King, D. 2003. The Artistic Divided: The Arts' Hidden Contributions to Regional Development. Project on Regional and Industrial Economics, Humphrey Institute of Public Affairs. University of Minnesota.

[9] Nylund, Katarina 2001. Cultural Analyses in Urban Theory of the 1990s. *Acta Sociologica*, Vol. 44, No. 3.

[10] Scott, J. Allen 2010. Cultural Economy and the Creative Field of the City. *Human Geography*, Vol. 92, No. 2.

[11] Scott, J. Allen 2010. The Cultural Economy of Landscape and Prospects for Peripheral Development in the Twenty-first Century: The Case of the English Lake District. *European Planning Studies*, Vol. 18, No. 10.

[12] Scott, J. Allen 2001. Capitalism, Cities, and the Production of Symbolic Forms. *Transactions of the Institute of British Geographers*, Vol. 26, No. 1.

[13] Scott, J. Allen 1999. The Cultural Economy: Geography and the Creative Field. *Media Culture & Society*, Vol. 21, No. 6.

[14] Scott, J. Allen 1997. The Cultural Economy of Cities. *International Journal of Urban and Regional Research*, Vol. 21, No. 2.

[15] Scott, J. Allen 1996. The Craft, Fashion, and Cultural-Products Industries of Los Angeles: Competitive Dynamics and Policy Dilemmas in a Multi-sectoral Image-Producing Complex. *Annals of the Association of American Geographer*, Vol. 86, No. 2.

[16] Turok, Ivan 2003. Cities, Clusters and Creative Industries: The Case of Film and Television in Scotland. *European Planning Studies*, Vol. 11, No. 5.

[17] Wu, Weiping 2005. Dynamic Cities and Creative Clusters. *World Bank Policy Research Working Paper* 3509.

[18] 褚劲风："上海创意产业空间集聚的影响因素分析"，《经济地理》，2009 年第 1 期。

[19] 褚劲风："上海创意产业园区的空间分异研究"，《人文地理》，2009 年第 2 期。

[20] 褚劲风、高峰："上海苏州河沿岸创意活动的地理空间及其集聚研究"，《经济地理》，2011 年第 10 期。

[21] 黄斌："北京文化创意产业空间演化研究"（博士论文），北京大学，2012 年。

[22] 黄江、胡晓鸣："创意产业企业空间分布研究——以杭州市为例"，《经济地理》，2011 年第 11 期。

[23] 李蕾蕾、张晓东、胡灵玲："城市广告业集群分布模式——以深圳为例"，《地理学报》，2005 年第 2 期。

[24]（美）理查德·E. 凯夫斯：《创意产业经济学》，新华出版社，2004 年。

[25] 钱紫华、闫小培、王爱民："城市文化产业集聚体：深圳大芬油画"，《热带地理》，2006 年第 3 期。

[26] 汪毅、徐昀、朱喜钢："南京创意产业集聚区分布特征及空间效应研究"，《经济地理》，2011 年第 10 期。

[27] 薛东前、刘虹、马蓓蓓："西安市文化产业空间分布特征"，《地理科学》，2011 年第 7 期。

[28] 杨松："北京创意产业集聚特征分析和启示——以出版业为例"，《多元与包容——2012 中国城市规划年会论文集》，2012 年。

[29] 张毛毛："西安市广告产业的时空格局与演化机理研究"（硕士论文），陕西师范大学，2011 年。

[30] 周春山、冯莉莉："广州创意产业的发展与布局"，《城市观察》，2009 年第 3 期。

[31] 周尚意、姜苗苗、吴莉萍："北京城区文化产业空间分布特征分析"，《北京师范大学学报》，2006 年第 6 期。

户籍制度、资本积累与城市经济增长

李　郇　洪国志

Huji System, Capital Accumulation, and Urban Economic Growth

LI Xun[1], HONG Guozhi[2]
(1. Geography and Planning School, Sun Yat-sen University, Guangzhou 510275, China; 2. The Center for Studies of Hong Kong, Macao and Pearl River Delta Key Research Institute of Humanities and Social Sciences, Sun Yat-sen University, Guangzhou 510275, China)

Abstract　Huji (i. e. household registration) system reform has always been an important issue in the process of urbanization. Huji system as a sifting mechanism plays important roles in both welfare allocation and economic growth. This paper holds that the essence of different Huji policies is the combination difference between physical capital and human capital. Meanwhile, from the perspective of classic economic growth theory, the paper analyzes the influence that loosening Huji limitations has on the equilibrium of per capita output. The paper finds that local governments will reform the Huji system only when they have the inspirations, e.g., local economy can gain resource relocation benefit from population mobility, which aims at promoting local physical capital and human capital accumulation rather than reducing the capital per capita. The paper also finds that Huji system has certain impacts on the economic restructuring speed.

作者简介
李郇，中山大学地理科学与规划学院；
洪国志，中山大学港澳珠江三角洲研究中心。

摘　要　户籍制度改革一直是中国城镇化过程中的重要问题。但是在以经济增长为目标的背景下，户籍制度作为一种筛选机制，一直是促进城市经济增长的重要工具。本文认为不同户籍政策的实质是物质资本和人力资本组合的差异，并从经典的经济增长理论出发，分析了放开户籍限制对城市人均产出的稳态水平的影响，发现城市政府户籍政策改革的激励来自于从人口迁移中获得的资源重新配置效益，即目的在于提升本地区的物质资本和人力资本积累，而不是“稀释”城市的人均资本量。本文同时发现户籍制度对经济调整速度有一定的影响，当稳态水平对户籍制度变化足够敏感时，放松户籍限制可能放缓收敛速度。实证表明，户籍制度越松，经济增长速度越慢，同时放开户口，则降低收敛速度，稳态水平对于户籍制度相当敏感。对于东、中、西部地区，户籍制度变化对经济增长的影响以及影响路径存在差异，本文的政策含义在于在新型城镇化下，单纯的户籍改革不可能解决城乡分割问题，核心在于提高迁移人口所拥有的物质资本和人力资本量。

关键词　户籍制度；资本积累；经济增长；收敛速度

1　引言

户籍是中国城乡二元结构的典型制度安排，从1990年代初开始，户籍制度改革就一直是推动城镇化进程的重要举措，在国家提出新型城镇化的战略中特别强调取消城乡二元户籍制度，实现城乡一体化。但是，综观改革开放以来制度改革的历程，户籍制度在不断受到诟病的同时，并没有出现真正改革的迹象。相反的是，户籍制度总是成为

Loosening Huji limitations may reduce the economic convergence speed when the equilibrium is sensitive to the changes of Huji system, which is another reason affecting the Huji system reform. Empirical results indicate that in the condition that the less limitations the Huji system has and the slower the economic growth speed is, the convergence speed will slow down when the Huji limitation is abolished, which shows that the equilibrium is highly sensitive to Huji system. As for the eastern, central, and western regions, there is a difference in the impacts and impact paths that Huji system changes have on the economic growth. The policy implications of this paper lies in that amid the new type of urbanization, the single Huji system reform cannot solve the urban-rural segmentation, and the key is to improve the physical capital and human capital carried by the migrant population.

Keywords Huji system; capital accumulation; economic growth; convergence speed

城市管理和宏观经济调控的工具，如控制城市规模、维护社会治安、吸引人才、调节房地产价格、治理交通等（黄锟，2009）。特别是2010年，面对快速上涨的房地产价格，北京、上海、广州等大城市纷纷出台以户口为门槛的限购政策，再次使户籍回到人们日常生活。但在十八大以后，国家再次强调推动户籍制度改革以实现新型城市化。因此，有必要反思为什么在改革开放30年后，我们仍然摆脱不了户籍的约束？城市政府通过户籍政策达到了什么样的目标？

本文认为户籍制度不仅仅是一个福利的城乡分割问题，其实质还是城市经济增长问题。由于人口是物质资本和人力资本的载体，户籍作为政府制定的政策一直就是经济宏观调控的工具，通过对城市的人均资本量的调节，保持了城市经济的快速增长。本文将在经济增长理论的框架下，构建户籍对城市经济增长影响的分析模型，从生产要素配置的角度研究户籍制度对经济增长、经济收敛速度的作用以及城市政府放开户籍制度的激励条件，并采用《中国城市统计年鉴》（1991～2008年）的数据进行实证分析，发现户籍制度越松，经济增长速度越慢，若放开户口，则降低经济增长的收敛速度。

本文的发现是有意义的，无论是计划经济时代还是经济转型时期，户籍制度是中国人口迁移的基础制度，在促进新型城镇化过程中，有必要重新审视户籍改革遇到的障碍，探讨城市政府户籍改革的激励机制，这有利于户籍制度改革的深化。

2 简要的研究综述

户籍制度研究是经济转型时期制度研究的热点，从现有的文献来看，户籍制度的研究大多都集中在福利分配方面。大多数学者把户籍作为福利分配的工具。户籍制度的出现是在计划时期的公共产品短缺时代，户籍制度除了被用于居住登记管理之外，还被城市政府用于界定公共服务对象，成为有选择性地配置公共资源的简单、直接的筛选机制（吴开亚、张力，2010），通过差异化的分配制度（夏纪军，2004），使有限的公共产品，如医疗、社保、教育等集中于城市居民，这种分配制度一直延续到现在。例如农民工在工资、养老保险、医疗保险、失业保险以及工会参与等方面均遭到户籍歧视（姚先国、赖普清，2004）。大多数学者认为户籍制度的福利分配功能是导致城乡差距扩大和众多社会不公平现象的根源，因此，有学者提出户籍改革的思路之一是剥离户籍制度的福利分配功能，恢复其本身的管理功能（黄锟，2009）。

户籍制度的另外一个功能就是生产要素配置。在计划经济时代，户籍制度服从于实施工业化战略的需要（蔡昉等，2001；樊小钢，2004），成为工业快速积累的组织保证（陆益龙，2002），是限制城乡人口迁移的政策措施，对通过城乡人口的计划配置有效实施国家快速工业化战略起到了决定性的作用（Cheng and Selden，1994；Chan and Zhang，1999）。

对于户籍制度的改革，城市政府的改革动机通常取决于两个条件：一是城市户口所包含的社会福利；二是城镇的发展已经或者期望从劳动力流动中获得资源配置效益。如果户口包含的社会福利较低或没有，则增加城市人口规模不会加重城市政府的财政负担，户籍制度就可能获得较深入的改革（蔡昉、都阳，2003；Cai and Wang，1999）。

但本文谈到户籍改革举步维艰的时候，更多关注的是户籍制度社会福利分配功能，在政策设计的时候往往是采用“去福利化”的改革思路，本文认为现有户籍制度改革路径行不通的重要原因是忽略了户籍制度的生产资源配置功能。事实上，促进经济增长从一开始就是户籍制度设计的重要激励，改革开放后，地方官员存在政治晋升锦标赛竞争（周黎安，2004），延续了这种激励的继续存在。从我国政治经济体制来看，上级对下级政府进行政绩考核而任命升迁，形成压力型政治体制，尽管考核指标包括 GDP、财政收入、社会治安、社会福利等，但是所有这些指标最终都体现在经济增长，特别是在官员任期内最直观的体现就是 GDP 的增长。而城市政府通过调节户籍政策可以有效控制城市的人均资本量，保证城市最优规模的效率。城市政府具有在人口流动中获得资源重新配置最大化效益的动力，这正是本文的切入点。

本文以下内容安排如下：第三部分通过一个理论模型讨论户籍制度在城市经济增长中的作用，各种情景下城市政府放开户籍制度的激励条件，以及户籍制度对经济收敛速度的影响；第四部分是基于 240 个城市的实证分析；最后是结论和政策讨论。

3 理论模型分析

一个城市的经济增长依赖劳动力、物质资本和人力资本的投入以及技术进步。户籍制度的内涵是对人口迁移的管理，由于人口本身就是劳动力，同时也是人力资本和物质资本的载体。因此，户籍制度的变化影响到生产要素的流动，进而影响到城市的经济增长。

本文生产函数的投入要素包括劳动力、物质资本和人力资本，技术进步外生，$L(t)$ 为城市户籍人口，A 为技术因子，为分析和表述简单，不考虑技术进步，设定其增长率为 0，$K(t)$、$H(t)$ 分别为城市的物质资本和人力资本，在城市经济体系中，产出的 s_k 部分用于物质资本积累，s_h 用于人力资本积累。生产函数为柯布一道格拉斯函数：

$$Y = F(A, K, L, H) = AK^{\alpha}H^{\beta}L^{1-\alpha-\beta}$$

$$y = f(A, k, h) = Ak^{\alpha}h^{\beta} \tag{1}$$

$y=\frac{Y(t)}{L(t)}$，为人均产出；$k=\frac{K(t)}{L(t)}$，为人均物质资本；$h=\frac{H(t)}{L(t)}$，为人均人力资本。

本文的基本假设是：

(1) 户籍政策由城市政府制定，户籍改革的方向和进程控制在城市政府手中，城市落户准入条件的变化体现了政府对宏观经济调控的取向。

(2) 城市政府以产出最大化为目标，即经济增长是城市政府宏观调控的目标。一方面，城市政府之间比拼投资扩张，追逐财政收入的最大化，经济增长顺理成章地演绎成压倒一切的政府工作重点，并与各种形式的政绩考核挂钩（汪大海、唐德龙，2005；张军、周黎安，2008）。另一方面，在发展资源相对短缺、区域经济竞争日趋激烈的年代，城市政府基于内外部约束条件，总是倾向于最大限度地利用和扩充自主性空间，以实现能被政绩显示的各种地方目标（ 张军、周黎安，2008）。因此户籍制度是城市政府实现经济增长目标的自主政策空间。

(3) 城市劳动力市场存在户籍人口和外来人口的分割。首先，政府关心的是总人口的产出，即城市的 GDP 是城市中户籍人口和外来人口创造。其次，城市政府关心户籍人口的福利比关心外来人口的福利要强很多，也就是说城市政府更加关心户籍人口的 GDP，只有把研究的对象设定为户籍人口，这样才能够体现新增户籍人口对物质资本和人力资本积累的影响。并且，政府关心的是户籍人口产出水平，这是因为，户籍人口具有比外来人口更高的人力资本，对城市的资本积累影响较大；另外，在我国政治体制中，非户籍人口没有就业地的选举权，目前的人民代表大会制度，是在城市区一级实行直接选举人大代表，下一级人大代表投票选举高一级人大代表，每一级人大投票选举同级人民政府组成。因此，地方政策越来越倾向于对本地居民利益负责（蔡昉等，2001）。再次，在户籍制度下，中国的城市劳动力市场包含了外来劳动力和本地居民两大部分，本地居民主要就业于由大企业等组成的正规部门或公共部门，而外来劳动力则主要在非正规部门谋生（严善平，2007），正规部门和公共部门往往是一个城市主要的经济部门，通常集中在城市的市区[①]。此外，在市场化程度较高的东部地区，户籍仍然是行业进入的限制因素（陈钊等，2009）。

因此，本文在模型构建中生产函数 $F(A, K, L, H)$ 关注户籍人口的变化，这样也可以使模型分析简化。设户籍人口自然增长率为 n，每年有 $M(t)$ 外来人口成为户籍人口，称为迁入户籍人口，则：

$$\frac{\dot{L}}{L} = n + \frac{M(t)}{L} = n + m(t) \tag{2}$$

m（t）表示外来人口进入户籍人口的人数占本地户籍人口的比例，是政府可以控制的变量，因此 m 在模型中可以看成是户籍限制，m 越大则表示户籍制度越放松，m 越小则表示户籍制度越严格。

物质资本 K 的动态：

$$\dot{K}=s_k Y-\delta K+\bar{k}M \tag{3}$$

其中，$\bar{k}$ 为迁入户籍人口携带的资本，M 为新增户籍人口，这里为书写方便省略时间 t。

$$\dot{k} = s_k A k^{\alpha} h^{\beta} - (\delta + n + m)k + m\bar{k} \tag{4}$$

同理，对于城市人力资本 H 的动态方程写成人均形式：

$$\dot{h} = s_h A k^{\alpha} h^{\beta} - (n + m + \delta)h + m\bar{h} \tag{5}$$

其中，这里假设物质资本折旧率与人力资本折旧率相等，即 $\delta_k = \delta_h = \delta$，$\bar{h}$ 为迁入户籍人口携带的人力资本。

为分析经济的平衡状态，令 $\dot{k}=0$、$\dot{h}=0$，解得：

$$h = \left[\frac{(\delta + n + m)k - m\bar{k}}{s_k A k^{\alpha}}\right]^{1/\beta} \tag{6}$$

$$k = \left[\frac{(\delta + n + m)h - m\bar{h}}{s_h A h^{\beta}}\right]^{1/\alpha} \tag{7}$$

可以通过（k，h）的相位图来求解经济均衡点，由 $h=\left[\frac{(\delta+n+m)\ k-m\bar{k}}{s_k A k^{\alpha}}\right]^{1/\beta}$，$\frac{\partial h}{\partial k}>0$，$\frac{\partial^2 h}{\partial^2 k}>0$，在（$k$，$h$）相图中作出 $\dot{k}=0$ 的图线如图 1，同理可以作出 $\dot{h}=0$ 的轨迹，其均衡点为 E。

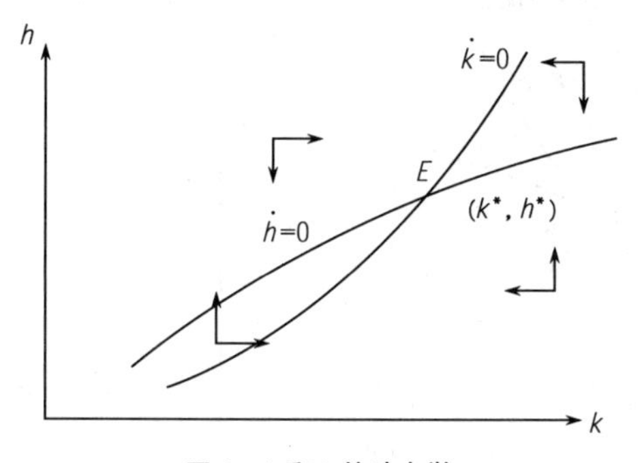

图 1　k 和 h 的动态学

3.1　户籍制度与经济增长

新增户籍人口相对于本地户籍人口所具有的资本优势存在不同的情况，因此，有必要针对不同情景分析户籍制度的变化对经济增长的影响。若放松户籍限制，即 m 变大，带来地方经济发展水平提升，那么城市政府就有放松户籍限制的激励。

情景 1　$\bar{h}<h$，$\bar{k}>k$，投资移民是该情景的代表。放松户籍限制，即 m 变大，$\dot{k}=0$ 向下移动，$\dot{h}=0$向下移动，均衡点由 E 变成 E^*，均衡时人均物质资本上升，但人均人力资本下降（图 2），人均产出是变大还是变小难以直接判断，可以通过对 m 的导数$\frac{\partial y}{\partial m}$来分析（推导过程参见附录 A）。结果是，如果要使均衡时的人均产出上升，$\frac{\partial y}{\partial m}>0$，满足$\frac{h-\bar{h}}{s_h A k^{\alpha} h^{\beta}}+\frac{k-\bar{k}}{s_k A k^{\alpha} h^{\beta}}>0$，即$\frac{\bar{k}-k}{h-\bar{h}}<\frac{s_k}{s_h}$的条件，其意义是新增户籍人口与原户籍人口在物质资本差值和原户籍人口与新增户籍人口人力资本之间的差值比例小于物质资本积累与人力资本积累的比时，才能使人均产出增加，即物质资本增加能够补偿人力资本的降低。其政策含义是单纯以物质资本为标准吸纳户籍人口，如购房附带户口，而忽视人力资本，当新增户籍人口达到一定数量的时候，亦可使得城市均衡人均产出降低。因此，投资移民政策总是不能长久，广州 1999 年开始实施购房可申请“蓝印户口”的政策，由于申请数量较多，到 2001 年该项政策就终止了[②]。

注意到$\frac{s_k}{s_h}$即等于物质资本积累与人力资本积累的比值，若城市经济靠物质资本不断积累，物质积累比例相对较大，那么$\frac{s_k}{s_h}$的值较大，$\frac{\bar{k}-k}{h-\bar{h}}$就有更大的选择空间，也就是户籍门槛有降低的空间。相反，当一个城市人力资本积累较大的时候，$\frac{s_k}{s_h}$值就较小，$\frac{\bar{k}-k}{h-\bar{h}}$的选择空间较低，其结果是，小城市比大城市更加倾向选择实施投资移民的政策。

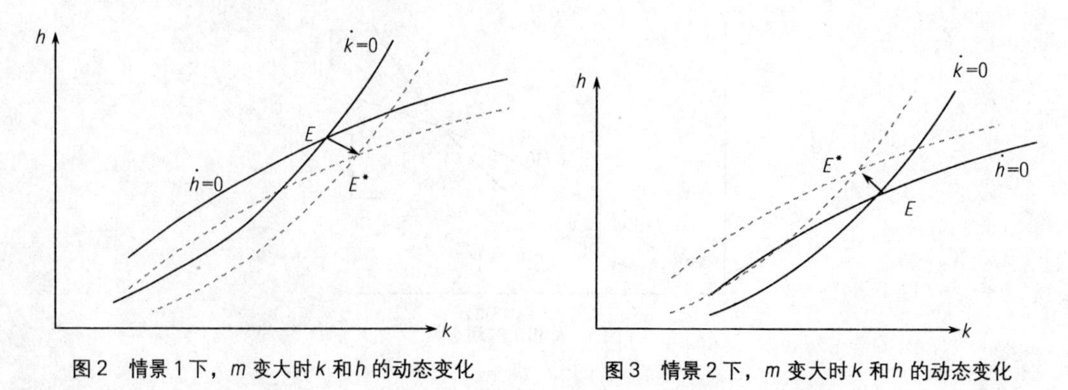

图 2　情景 1 下，m 变大时 k 和 h 的动态变化

图 3　情景 2 下，m 变大时 k 和 h 的动态变化

情景 2　$\bar{h}>h$，$\bar{k}<k$，大学生落户是该情景的典型代表。在此情景下，放松户籍限制，即 m 变大，$\dot{k}=0$ 和 $\dot{h}=0$ 同时向上移动，均衡点由 E 变成 E^*，均衡时人均人力资本上升，但人均物质资本下

降（图3），人均产出的变化同样可以通过对 m 的导数进行讨论，其导数大于0的条件是：$\frac{\bar{h}-h}{k-\bar{k}}<\frac{s_h}{s_k}$。其意义是新增户籍人口与原户籍人口在物质资本差值和原户籍人口与新增户籍人口人力资本之间的差值比例小于人力资本积累与物质资本积累的比时，才能使人均产出增加，即人力资本的增加能够补偿人均物质资本的降低。在这种情况下，降低户籍限制可提高稳态的人均产出。说明各大城市通过优惠政策吸纳优秀人才的合理性，但这部分人口如果不带有物质资本，甚至是负的物质资本，如安家费、解决债务等，虽然人力资本高，亦可能使经济收敛更低稳态。

城市经济发展越依赖于人力资本积累，$\frac{s_h}{s_k}$ 的值越大，户籍门槛选择的空间也越大，这一定程度上说明了为什么大部分城市对于人才都是来者不拒。

情景3　$\bar{h}<h$，$\bar{k}<k$，允许外来务工人员落户是这种情景的代表。在此情景下，放松户籍限制（即 m 变大），$\dot{k}=0$ 向上移动，$\dot{h}=0$ 向下移动，经济稳态收敛于更低均衡点 E^*，均衡时人均物质资本降低，人均人力资本降低（图4），显然均衡人均产出下降。因此，在此条件下放开户籍制度将使经济收敛至更低的均衡点，城市政府没有动机去改革户籍，反而会通过严格户籍门槛限制外来人口进入城市。$\bar{h}<h$ 和 $\bar{k}<k$ 的情况对应于我国改革开放之前的国情，那时迁移人口无论是物质资本还是人力资本都低于城市户籍人口，大量人口迁入城市，除了造成供给紧张外，更深层次的原因是对资本的“稀释”，经济均衡产出大幅降低。在迫切加快经济增长的关键时刻，“释放”部分城市人口上山下乡，从经济增长理论上说是必要的。

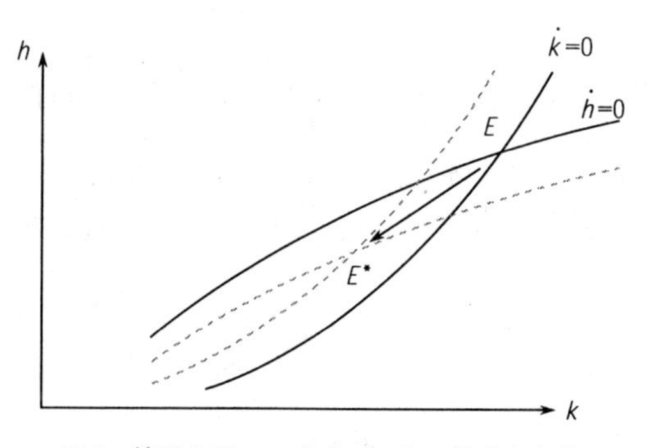

图4　情景3下，m 变大时 k 和 h 的动态变化

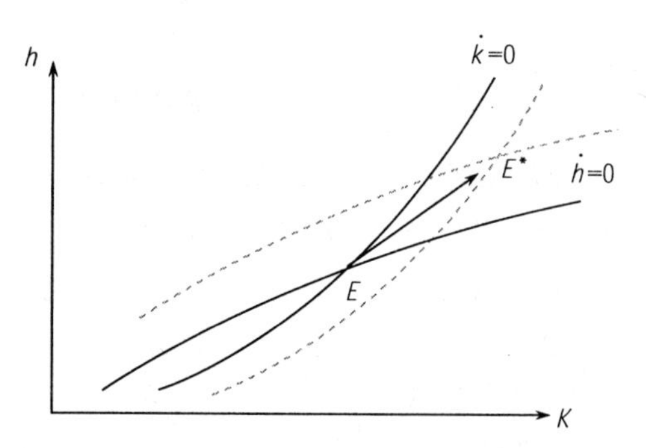

图5　情景4下，m 变大时 k 和 h 的动态变化

情景4　$\bar{h}>h$，$\bar{k}>k$，吸引商业成功人士入户是这种情景的代表。放松户籍限制，即 m 变大，$\dot{k}=0$ 向下移动，$\dot{h}=0$向上移动，经济收敛于更高均衡点，均衡时人均物质资本上升，人均人力资本上升（图5），显然均衡人均产出提高。因此，在这种情景下，放开户籍制度，将提高城市经济发展水平。这部分迁移人口是城市政府最希望引进的人口，不仅具有较高的人力资本，还能带来新的投资，往往是在商业上已经成功的人士，他们跨地区迁移的限制小，是城市政府想引进的人才。对这部分人

口的竞争是地区间竞争的形式之一，而增加公共服务设施供给，完善工作、生活的硬件、软件环境都是提升吸引力的途径。

3.2 经济收敛速度

城市政府所关心的另一个问题是经济调整速度，户籍制度影响经济稳态水平，那么户籍制度如何影响向稳态水平收敛的速度，地方官员关注的是能否在任期内实现预期的经济增长以实现晋升的目标。为分析经济调整速度，我们对动态方程 $\dot{k}=s_kAk^{\alpha}h^{\beta}-(\delta+n+m)k+m\bar{k}$、$\dot{h}=s_hAk^{\alpha}h^{\beta}-(n+m+\delta)h+m\bar{h}$，在 $k=k_*$ 和 $h=h_*$ 处取一阶泰勒级数展开：

$$\dot{k}=\frac{\partial\dot{k}}{k}(k-k_*)+\frac{\partial\dot{k}}{\partial h}(h-h_*) \tag{8}$$

$$\dot{h}=\frac{\partial\dot{h}}{h}(h-h_*)+\frac{\partial\dot{h}}{\partial k}(k-k_*) \tag{9}$$

其中，$\frac{\partial\dot{k}}{k}$、$\frac{\partial\dot{k}}{\partial h}$、$\frac{\partial\dot{h}}{h}$和$\frac{\partial\dot{h}}{\partial k}$均在 $k=k_*$ 和 $h=h_*$ 处取值。由于 k_* 为常数，因此 $\dot{k}$ 等于 $\dot{k-k_*}$（即 $k-k_*$ 的导数）。同理，有 $\dot{h}$ 等于 $\dot{h-h_*}$。由 k 和 h 的动态方程求出各导数，化简变换得 $k-k_*$ 和 $h-h_*$ 的增长率表达式（推导过程参见附录 B）：

$$\frac{\dot{k-k_*}}{k-k_*}=[\alpha s_kAk_*^{\alpha-1}h_*^{\beta}-(\delta+n+m)]+\beta s_kAk_*^{\alpha}h_*^{\beta-1}\frac{h-h_*}{k-k_*} \tag{10}$$

$$\frac{\dot{h-h_*}}{h-h_*}=[\beta s_hAh_*^{\beta-1}k_*^{\alpha}-(\delta+n+m)]+\alpha s_hAh_*^{\beta}k_*^{\alpha-1}\frac{k-k_*}{h-h_*} \tag{11}$$

上两式表明 $k-k_*$ 和 $h-h_*$ 的增长率取决于两者之比。若 k 和 h 的值使得 $k-k_*$ 和 $h-h_*$ 以相同速率下降，则 $k-k_*$ 和 $h-h_*$ 比值未变，$k-k_*$ 和 $h-h_*$ 增长率保持不变，因此经济沿一直线向 (k^*, h^*) 收敛。

用 μ 表示$\frac{\dot{k-k_*}}{k-k_*}$，在$\frac{\dot{k-k_*}}{k-k_*}=\frac{\dot{h-h_*}}{h-h_*}$情况下有：

$$\mu=[\beta s_hAh_*^{\beta-1}k_*^{\alpha}-(\delta+n+m)]+\alpha s_hAh_*^{\beta}k_*^{\alpha-1}\frac{\beta s_kAk_*^{\alpha}h_*^{\beta-1}}{\mu-\alpha s_kAk_*^{\alpha-1}h_*^{\beta}+(\delta+n+m)} \tag{12}$$

利用稳态时 $\dot{k}=0$ 和 $\dot{h}=0$ 的方程，化简（12）得到关于 μ 的二次方程：

$$\mu^2+[(2-\alpha-\beta)(\delta+n+m)+\alpha m\frac{\bar{k}}{k_*}+\theta m\frac{\bar{h}}{h_*}]\mu+(1-\alpha-\beta)(\delta+n+m)^2+$$

$$\beta m(\delta+n+m)\frac{\bar{h}}{h_*}+\alpha m(\delta+n+m)\frac{\bar{k}}{k_*}=0 \tag{13}$$

求解上述方程得到以下两个根：

$$\begin{cases}\mu_1=(\alpha+\beta-1)(n+\delta)-m(\alpha\dfrac{\bar{k}}{k_*}+\beta\dfrac{\bar{h}}{h_*}+1-\alpha-\beta)\\ \mu_2=-(n+\delta+m)\end{cases}$$

有两个负根则表明存在两条经济收敛路径，如图 6 所示，经济沿着收敛路径 1 和收敛路径 2 平滑地向（k^*，h^*）收敛。

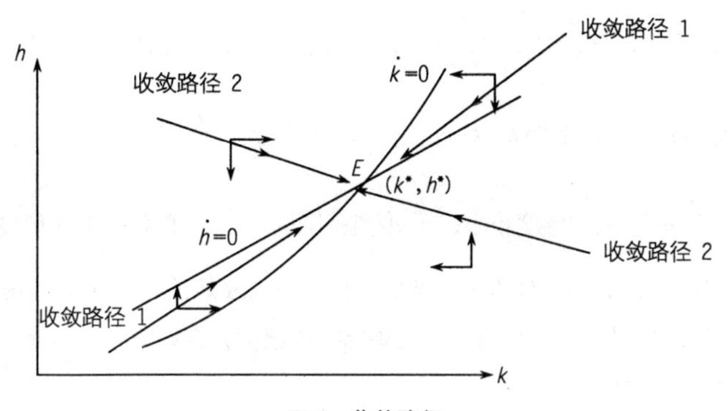

图 6　收敛路径

两个收敛速度中，μ_2 随着 m 增大而变大，而 μ_1 的变化方向并不能直接判断。当 m 变大时，由以上讨论可知，在情景 1 下 k_* 变大，h_* 变小，因此收敛速度是加快还是放缓需要讨论 k_*、h_* 对 m 变化的敏感性。情景 2 的情形类似于情景 1；情景 3 下，稳态降低，k_*、h_* 同时下降，收敛速度提高；尽管情景 4 下 k_*、h_* 上升，但仍然不能判断收敛速度变化方向。以下进行更一般化的讨论。

假设户籍制度放松，即 m 变化量为 Δm（$\Delta m>0$），稳态的人均资本相应变化量分别为 Δk_*、Δh_*（Δk_*、Δh_* 可正可负），则有：

$$\mu_1'=(\alpha+\beta-1)(n+\delta)-(m+\Delta m)(\alpha\frac{\bar{k}}{k_*+\Delta k_*}+\beta\frac{\bar{h}}{h_*+\Delta h_*}+1-\alpha-\beta)$$

$$\begin{aligned}\mu_1'-\mu_1&=m(\alpha\frac{\bar{k}}{k_*}+\beta\frac{\bar{h}}{h_*})-(m+\Delta m)(\alpha\frac{\bar{k}}{k_*+\Delta k_*}+\beta\frac{\bar{h}}{h_*+\Delta h_*})-\Delta m(1-\alpha-\beta)\\&=m\alpha(\frac{\bar{k}}{k_*}-\frac{\bar{k}}{k_*+\Delta k_*})+m\beta(\frac{\bar{h}}{h_*}-\frac{\bar{h}}{h_*+\Delta h_*})-\Delta m(\alpha\frac{\bar{k}}{k_*+\Delta k_*}+\beta\frac{\bar{h}}{h_*+\Delta h_*}+1-\alpha-\beta)\end{aligned}$$

这里我们给出收敛速度变慢的一般条件，因为 $\mu_1<0$，则当 $\mu_1'-\mu_1>0$ 时，经济收敛速度放缓，其需要满足的条件是：

$$\frac{\alpha(\dfrac{\bar{k}}{k_*}-\dfrac{\bar{k}}{k_*+\Delta k_*})+\beta(\dfrac{\bar{h}}{h_*}-\dfrac{\bar{h}}{h_*+\Delta h_*})}{\alpha\dfrac{\bar{k}}{k_*+\Delta k_*}+\beta\dfrac{\bar{h}}{h_*+\Delta h_*}+1-\alpha-\beta}>\frac{\Delta m}{m}\tag{14}$$

不等式的右边是户籍制度的变化率，左边是户籍放松后引起稳态水平人均物质资本、人均人力资本变化而导致的整体变化。当稳态水平对户籍制度变化足够敏感时，收敛速度仍然可以下降，因此需要实证结论进一步检验。在正式转入实证讨论前，我们通过数值方法更加直观地考察在不同条件下户籍制度（m）变化如何影响收敛速度。

取参数 $\alpha=0.45$、$\beta=0.25$、$n+\delta=5\%$，m 的变化范围为［8‰，10‰］，变化梯度为 0.5‰，在情景 1 下，即 $\bar{h}<h$，$\bar{k}>k$，有 $\frac{\bar{k}}{k_*}>1$，$\frac{\bar{h}}{h_*}<1$；当 m 提高时，k_* 上升，h_* 下降，则 $\frac{\bar{k}}{k_*}$ 变小，$\frac{\bar{h}}{h_*}$ 变大，这里假设两种情形，第一种情形 k_* 对 m 变化敏感度较大，$\frac{\bar{k}}{k_*}$ 变化范围为［1.8，1］，变化梯度为 0.2；第二种情形 k_* 对 m 变化敏感度较小，$\frac{\bar{k}}{k_*}$ 取值范围为［1.8，1.4］，变化梯度为 0.1，而 $\frac{\bar{h}}{h_*}$ 都取值为［0.7，0.8，0.85，0.9，1］。代入上述参数，模拟得到收敛速度变化图（图 7），由此可见，当 k_*、h_* 对 m 变化足够敏感时，放开户籍制度则降低收敛速度，否则收敛速度加快，同样的分析适用于其他情景对收敛速度的分析。

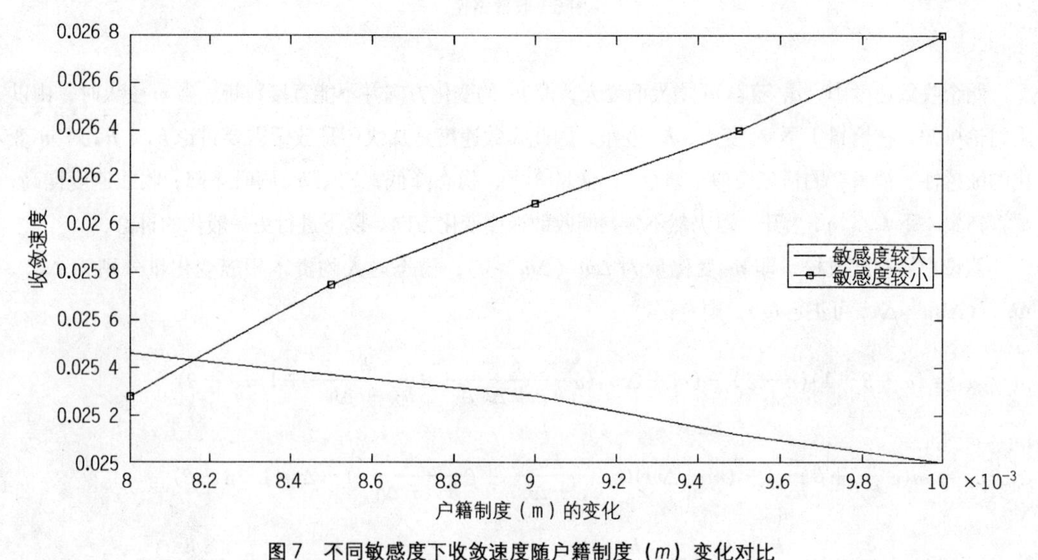

图 7　不同敏感度下收敛速度随户籍制度（m）变化对比

4　实证分析

4.1　计量模型设定

本文的估计模型主要参照 MRW（Mankiw-Romer-Weil model）[③]（1992）的分析框架，文献中常用的计量设定为：

$$\ln y_{t+T} - \ln y_t = \beta_0 + \beta_1 \ln y_t + \beta_2 \ln(s_k) + \beta_3 \ln(s_h) + \beta_4 \ln(n+g+\delta) + \beta_5 \ln(A_0) + \varepsilon \quad (15)$$

上式是条件收敛的估计模型，y_t、y_{t+T}分别表示期初、期末人均GDP，β_1 显著小于0时，则表示不同初始收入的地区存在条件收敛现象。s_k、s_h 分别表示居民收入在物质资本和人力资本上的固定投资比例。我们假设劳动力和技术进步率外生，分别为 n 和 g，这里为了区分户籍制度的影响，n 仅是人口自然增长率，不包括受户籍制度影响的新增户籍人口。对于 g、δ 和 A_0，我们无法直接观察得到，我们令 $\delta+g=0.05$[④]，对于 A_0 的处理，引入地区虚拟变量来减少部分文献直接忽略 A_0 而导致的偏差。

为了讨论户籍制度（m）对经济增长速度和收敛速度的影响，在方程（15）中引入变量 m 以及 m 与 $\ln y_t$ 的交叉乘积项，方程（15）改写成下式：

$$\ln y_{t+T} - \ln y_t = \beta_0 + \beta_1 \ln y_t + \beta_2 \ln(s_k) + \beta_3 \ln(s_h) + \beta_4 \ln(n+g+\delta) + \beta_5 \ln(A_0) + \beta_6 m_{t,\,t+t} + \beta_7 m_{t,\,t+T} \ln y_t + \varepsilon \quad (16)$$

根据本文前面的理论分析，当系数 β_6 为正时，放开户籍制度，则提高经济增长速度或促进稳态人均产出水平，反之则降低；当系数 β_7 为负时，放开户籍制度，则加快收敛速度，反之则收敛速度降低。新古典理论认为物质资本和人力资本投资会促进人均收入水平的增长，即预测系数 β_2 和 β_3 为正，而人口增长会影响个人收入的增加，当 $\delta+g$ 为常数时系数 β_4 为负。

4.2 数据样本和指标设计

对经济增长的实证文献通常采用国家或省域数据，由于户籍制度实施以城市为行政边界，本文研究对象选取中国240个地级市及以上城市，数据全部来源于《中国城市统计年鉴》，时间跨度为1991～2008年。由于1991～2008年间部分城市进行行政区划调整，若某城市在 t 年进行行政区划调整，人均 GDPy_t 用调整后 GDP 与年末总人口的比例计算，人口增长率则通过插值法得到调整当年的数值。

我们用各省消费价格指数将各城市的GDP缩减为1991年价格水平，实际人均GDP增长率定义为 $\ln y_{2008} - \ln y_{1991}$。衡量物质资本的变量 s_k 用时间跨度内固定资产投资与占当年GDP比重的平均值来度量。人力资本指标 s_h 用高等在校人数占年末人口平均比例表示，这些变量存在一定的测量误差，但限于数据局限性，并且本文实证分析侧重于检验户籍制度对增长速度和收敛速度的影响，因此本文仍将使用这些变量进行讨论。本文重点考察的变量是户籍制度 m，本文采用城市人口净迁入率作为户籍制度的代理变量，等于城市总人口增长率减去人口自然增长率，人口净迁入率越大在一定程度上体现了城市户籍制度越松，指标计算公式如下：$m=\frac{\text{年末人口}-\text{年初人口}}{(\text{年初人口}+\text{年末人口})/2}-n$。参照中经网统计数据的划分标准，本文按240个城市所在省份划分为东部、中部、西部3个地区，并设定地区虚拟变量（表1）。

表 1 变量的描述性统计

变量	观测值	均值	标准差	最小值	最大值
$\ln y_{2008}-\ln y_{1991}$	240	1.589 0	0.409 0	0.307 0	2.829 3
$\ln y_{1991}$	240	7.999 7	0.609 0	6.697 9	10.353 2
m	240	0.009 5	0.007 5	−0.007 2	0.051 9
n	240	0.006 0	0.002 4	0.001 5	0.013 1
s_k	240	0.361 9	0.099 6	0.167 0	0.972 4
s_h	236	0.029 2	0.025 6	0.000 04	0.132 9

4.3 估计结果及解释

表 2 报告了计量设定（16）的估计结果，其中模型①是全国样本的非条件收敛的估计结果。系数 β_1 显著为负，表明 1991～2008 年间中国城市经济表现出收敛的特点，收敛速度为：$\beta=-\frac{1}{T}\ln(1+\beta_1)=1.02\%$。模型②是加入控制变量的估计结果，系数 β_1 同样高度显著，条件收敛速度为 1.94%。说明固定资产投资、人力资本投资促进城市经济增长，而人口增长降低人均产出增长，但不显著。代理初始技术效率的地区虚拟变量系数表明，初始技术效率对经济增长的促进作用明显。

模型③是加入户籍制度（m）以及其与初始人均 GDP 的交叉项，结果显示户籍制度对经济增长速度具有不显著的促进作用，对收敛速度也是有不显著的阻碍作用，其他控制变量的解释与模型②解释类似。从全国样本截面估计结果来看，户籍制度对经济增长速度和收敛速度的作用并不显著。

考虑到截面分析是有偏差的，所以进一步采用 1991～1999 年、2000～2008 年两个截面构成的 Pool 数据进行分析，结果报告在表 2 的模型④。重点关注系数 β_6、β_7 的估计结果，β_6 的估计值显著为负，说明在其他条件一定的情况下，城市的户籍制度越松，经济增长速度越慢。城市户籍门槛越低，新增户籍人口携带的资本平均水平越低。实证结果与理论分析一致，当新增户籍人口物质或人力资本或两种资本同时低于城市户籍人口平均水平，都可能导致经济稳态降低。尽管我国采取严格的户籍制度，大部分城市对于新增户籍人口落户条件都有一定限制，或是物质资本或是人力资本，但是由于新增户籍人口都有一定带眷系数，平均资本水平仍然可能低于城市平均水平。系数 β_7 的估计值为 3.786 9，并且在 0.05 水平上显著，表明户籍制度与经济收敛速度负相关，即户籍制度越松，收敛速度越慢。理论分析表明，当稳态水平对户籍（m）的变化足够敏感时，放开户口，则收敛速度变慢。从 β_6 的估计系数来看，m 提高 0.001，则实际人均 GDP 增长降低约 0.035，是户籍制度变化量的 35 倍，可见稳态的人均产出水平对于户籍制度相当敏感，收敛速度降低的实证结论与理论分析相一致。因此，放松户籍限制，降低产出水平和经济收敛速度，在以经济增长为目标的假设下，城市政府改革激励不足，户籍制度难以得到深入改革。

由于我国地区发展差距较大，从东到西，每个城市所拥有的人均资本水平都存在较大差距，因此户籍制度的变化对城市经济的影响存在地区差异。为此把1991～2008年的样本分为东部、中部、西部地区进行分析，结果显示户籍制度对东部城市经济增长产生显著的作用，放开户口可降低增长速度，同时放缓经济收敛速度，且稳态水平对户籍制度变化更为敏感。对于中部地区，系数β_6、β_7的估计结果与东部地区类似，但在统计上不显著。相反，在西部城市中放开户口可提高经济增长速度，显著加快经济收敛速度。需要说明的是，西部地区由于样本较小，估计结果可能存在一定偏差，且系数β_6并未能通过显著性检验。但是，对于户籍制度在东、西城市表现出截然相反的作用的解释是容易理解的。东部地区所处的发展水平较高，整个城市所拥有的人均物质资本、人均人力资本水平也相对较高，一旦放松户口，新增户籍人口的资本水平低于城市平均水平可能性较大，从而降低经济增长速度。这在一定程度上说明了现阶段部分大城市如北京、上海提高落户条件的原因。1990年代大学本科毕业生在这些大城市很容易解决户口问题，但是目前研究生都很难解决户口问题。而相反，西部地区处于较低的人均资本水平阶段，新增户籍人口的物质资本水平和人力资本水平都可能大于或与城市平均水平接近，显然由于不同地区城市的人均资本的水平差异，户籍政策对经济增长的影响也不同。

表2 1991～2008年全国样本和分地区估计结果

被解释变量：$\ln y_{2008}-\ln y_{1991}$							
样本	全国样本				东部地区	中部地区	西部地区
模型	①	②	③	④	⑤	⑥	⑦
常数项	2.864 2***	4.004 8**	3.528 9*	1.111 5	3.489 6	7.360 4*	2.462 7
$\ln y_t$	−0.159 4***	−0.280 5***	−0.308 8***	−0.169 0***	−0.426 9***	−0.407 3**	−0.267 6*
$m\ln y_t$			0.350 8	3.786 9**	11.389 5***	14.334 7	−18.258 9**
m			0.983 9	−35.14**	−105.934 3***	−108.644 5	185.268 0
$\ln(s_k)$		0.221 7**	0.200 4**	0.263 0***	0.008 2	0.251 5**	0.267 6
$\ln(s_h)$		0.064 9***	0.057 7**	0.035 1	0.079 3**	0.085 5	−0.074 8**
$\ln(n+g+\delta)$		−0.060 6	−0.273 2	−0.505 9	−0.737 7	0.727 5	−0.238 4
东部地区虚拟变量		0.314 9***	0.318 2***	0.176 7***			
F	14.21	13.73	9.88	10.12	5.84	2.53	4.24
P	0	0	0	0	0	0.026 7	0
观测值	240	236	236	456	106	90	40
R^2	0.056 3	0.229 9	0.232 7	0.136 6	0.261 3	0.154 6	0.435 1

注：(1) *、**、*** 分别表示在0.1、0.05、0.001水平上显著；估计结果使用White异方差一致调整；下同。

(2) 除模型④外，其他模型都是样本区间为1991～2008年的截面分析，模型④是样本区间为1991～1999年、2000～2008年的Pool模型分析；地区分类来源于“中经网统计数据库”，东部地区：北京、天津、河北、辽宁、上海、江苏、浙江、福建、山东、广东、广西、海南；中部地区：山西、内蒙古、吉林、黑龙江、安徽、江西、河南、湖北、湖南；西部地区：重庆、四川、贵州、云南、西藏、陕西、甘肃、青海、宁夏、新疆。下同。

户籍制度既可以通过降低人均物质资本，也可以通过降低人均人力资本来降低经济增长速度。因此我们有必要检验户籍制度影响经济增长的路径。我们可以在方程（16）中加入户籍变量与物质资本、人力资本变量的交叉项进行检验，得到如下计量模型：

$$\ln y_{t+T}-\ln y_t=\beta_0+\beta_1\ln y_t+\beta_2\ln(s_k)+\beta_3\ln(s_h)+\beta_4\ln(n+g+\delta)+\beta_5\ln(A_0)+\beta_6 m_{t,\,t+t}+\beta_7 m_{t,\,t+T}\ln y_t+\beta_8 m_{t,\,t+T}\ln(s_k)+\beta_9 m_{t,\,t+t}\ln(s_h)+\varepsilon \quad (17)$$

我们重点关注户籍制度变量与物质资本变量、人力资本变量的交叉效应，即系数 β_8、β_9 的估计值。若 β_8 为负，由于 $\ln(s_k)<0$，户籍制度与物质资本的交叉效应为正，则户口制度放开，即 m 越大则促进经济增长，户籍制度通过提高人均物质资本水平促进经济增长；反之，户籍制度通过降低人均物质资本水平阻碍经济增长。同样的分析适用于对人力资本的分析。

表 3 模型①报告了 1991～1999 年、2000～2008 年两个截面构成的 Pool 模型估计结果，系数估计值表明户籍制度与物质资本表现出不显著的正效应，而与人力资本表现出不显著的负效应。进一步，对不同地区样本分别进行估计。表 3 模型②～④是对东部地区的估计结果，从系数估计值可以看出在东部地区户籍制度与人力资本交叉效应为正，因此户籍制度通过提高人力资本水平促进城市经济增长。从不同模型估计结果来看，这种正的交叉效应是稳健的。户籍制度与物质资本交叉效应为负，尽

表3　户籍制度与人均资本水平交叉效应估计

样本	全国（Pool）	东部地区			中部地区	西部地区
模型	①	②	③	④	⑤	⑥
常数项	1.097 2	3.178 4	3.490 4	3.143 9	7.955 1*	3.038 8
$\ln y_t$	−0.167 9***	−0.443 3***	−0.426 7***	−0.447 7***	−0.275 3	−0.295 5
$\ln(s_k)$	0.286 2***	−0.015 9	0.014 6	−0.102 7	0.509 2**	0.180 9
$\ln(s_h)$	0.031 7	0.146 9***	0.079 2**	0.154 0***	−0.011 8	0.040 0
$\ln(n+g+\delta)$	−0.510 8	−0.969 2	−0.738 7	−0.972 7	1.325 7	−0.271 3
m	−36.14*	−135.610 3***	−106.297 3**	−132.944 1***	−5.200 2	152.918 4
$m\ln y_t$	3.728 4**	11.327 0***	11.346 2***	11.904 1***	3.075 6	−19.073*
$m\log(s_h)$	0.268 3	−8.718 2**		−9.366 5**	11.377 5***	−12.117 6**
$m\log(s_k)$	−2.699 7		−0.738 1	9.908 5	−25.169 4	15.029 1
东部地区虚拟变量	0.175 3***					
F	7.87	5.28	4.95	4.59	2.72	3.56
P	0	0	0	0	0.01	0
观测值	456	106	106	106	90	40
R^2	0.137 1	0.273 8	0.261 3	0.274 6	0.211 7	0.478 5

注：除模型①外，其他模型都是被解释变量为 $\ln y_{2008}-\ln y_{1991}$ 的截面分析，模型①是样本区间为 1991～1999 年、2000～2008 年的 Pool 模型分析。

管统计上不显著，但是从户籍制度降低人均 GDP 增长速度的效应来判断，东部地区放松户籍制度将降低人均物质资本。这一结论与我国实际情况较为符合，东部地区吸引了大部分高学历人才集聚，放松户籍门槛有利于平均人力资本提升，但同时大部分高校毕业生携带物质资本较低，人均物质资本一定程度上降低。

从表 3 模型⑤和⑥的估计结果来看，中部地区户籍制度影响经济增长的路径与东部地区相反，降低人力资本水平而提高物质资本水平；西部地区与东部地区类似，放松户籍制度，提高人力资本而降低物质资本。值得注意的是，西部地区户籍制度与人力资本交叉效应强于东部地区，这主要是由于西部城市平均人力资本较低，高人力资本的新增户籍人口对整体人力资本影响更大。

4.4 分时期考察

在不同经济发展阶段户籍制度对经济增长的作用是否存在差异？事实上我国在不同时期经历了不同的户籍制度，因此有必要进一步对整个时间跨度分为 1991～1999 年和 2000～2008 年两个时期进行分析，以考察户籍制度在不同时期对经济增长的作用差异。表 4 报告了两个时期全国和分地区的估计结果，从全国样本来看，户籍制度在两个时期对经济增长和经济收敛速度的影响方向一致，且都不显著。在东部地区，两个时期放松户籍制度都一定程度降低经济增长速度，且稳态水平对户籍制度变化

表 4 分时期样本估计

时期	1991～1999 年				2000～2008 年			
模型	①	②	③	④	⑤	⑥	⑦	⑧
样本	全国样本	东部地区	中部地区	西部地区	全国样本	东部地区	中部地区	西部地区
常数项	3.705 7**	7.663 0***	4.558 1	−2.132 4	−0.351 1	−1.697 9	1.072 6	−1.712 0
$\ln y_t$	−0.295 7***	−0.165 1**	−0.556 0*	0.116 9	−0.176 7***	−0.335 3***	−0.132 1	−0.084 7
$\ln(s_k)$	0.011 4	−0.138 6	0.131 6	0.196 0	0.224 9***	0.13	0.140 7	0.178 7
$\ln(s_h)$	0.042 8	0.058 7	0.049 0	−0.048	−0.023 4	−0.002 2	−0.003 3	−0.142 9**
$\ln(n+g+\delta)$	0.225 7	1.848 4**	−0.24	−0.582 1	−1.009 8**	−2.051 2***	−0.381	−0.931 3
m	−32.71	−80.61*	−106.14	463.89**	−16.55	−100.47***	−3.118 9	130.58**
$m\ln y_t$	4.770 9	8.913 8*	14.620 6	−56.31*	1.926 0	9.928 1***	0.572 9	−11.693 3**
东部地区虚拟变量	0.295 7***				0.112 1***			
F	6.43	2.51	3.82	1.87	7.09	6.85	1.13	7.14
P	0	0.03	0	0.12	0	0	0.35	0
观测值	220	99	85	36	236	106	90	40
R^2	0.175 1	0.140 7	0.227 2	0.278 5	0.178 8	0.293 4	0.075 3	0.564 9

敏感度在后一时期加强；同时，户籍制度降低经济收敛速度，显著性提高。在中部地区，户籍制度对经济增长影响在两个时间段都不显著，对增长速度和收敛速度作用方向与东部地区一致。最后，在西部地区户籍制度在两个时间跨度都表现出提高增长速度和提高收敛速度特点，两种效应在后一时期都有不同程度减弱。

5 结论与政策讨论

本文从生产的角度探讨户籍制度在调控城市经济增长、经济收敛速度方面的作用，并假设城市政府以人均产出最大化为目标，只有从人口流动中获得资源配置效益才有激励去放开户籍限制。文章从资本积累的角度建立理论分析模型，把城市人口迁移过程看成是物质资本和人力资本迁移的过程，是资源跨地区重新配置的过程。本文理论分析表明：新增户籍人口对经济产出的影响是以其携带的平均物质资本和人力资本组合为条件的，当新增户籍人口对城市原有的资本产生“稀释”作用时，城市人均产出可能收敛于更低的稳态水平，在这种条件下城市政府改革户籍制度的激励不足；而只有当新增户籍人口具有资本相对优势的时候，人口迁入可以促进人均产出收敛于更高的稳态，城市政府从劳动力流动中的资源配置获益，这种条件下可激发城市政府改革户籍制度的动机；户籍制度对经济调整速度的作用是影响城市政府户籍改革激励的另一原因，当稳态水平对户籍制度变化足够敏感时，降低户籍限制仍然可能放缓经济收敛速度。

本文的实证分析得到以下结论：

(1) 从全国样本来看，在其他条件给定的情况下，户籍制度越松，经济增长速度越慢；同时放开户口，则收敛速度变慢，稳态水平对于户籍制度相当敏感，收敛速度降低的实证结论与理论分析相一致。

(2) 分样本讨论结果显示，户籍制度对东部城市经济增长产生显著的作用，降低了增长速度，同时放缓经济收敛速度，且稳态水平对户籍制度变化更为敏感；对于中部地区，结果与东部地区类似，但在统计上不显著；相反，在西部城市中放开户籍限制可提高经济增长速度，显著加快经济收敛速度，户籍制度在东、西城市表现出截然相反的作用。

(3) 在不同地区户籍制度影响经济增长的路径存在差异。东部地区户籍制度通过提高人力资本水平促进城市经济增长，放松户籍制度将降低人均物质资本；中部地区户籍制度影响经济增长的路径与东部地区相反；西部地区与东部地区类似，放松户籍制度，提高人力资本而降低物质资本，但西部地区户籍制度与人力资本交互效应强于东部地区。

(4) 在1991～1999年和2000～2008年两个时期，户籍制度影响经济增长和调整速度的方向一致。

本文的政策含义在于，在新型城镇化背景下，简单地以放松户籍为核心的改革仍然会举步维艰，需要把户籍制度改革与人口素质的提高结合在一起。也就是说，要把农村人口和外来务工人员的教育与收入的提高作为新型城镇化户籍改革相配套的政策，把农村资本化的提高作为城市反哺农村的重要内容，使得户籍制度的改革不仅仅是福利的共享，而且对经济增长有利，这样以对户籍制度的改革产生激励。

最后，需要重新审视我国现有的户籍改革。由于东、中、西部地区城市从人口迁移中获得的资源配置效益存在显著差异，在现有的以经济增长为目标的政治体制下，东部地区实行严格户籍制度，而中、西部地区相对降低户籍门槛是城市政府的最佳选择，但是人均资本量相对较低的外来流动人口却大量集中在东部地区，因此，单纯的户籍改革不能解决城乡分割的问题，提高迁移人口的教育水平和人力资本是解决户籍制度的关键。

致谢

本文受国家自然科学基金（项目批准号：41271138、40871066）资助。

注释

① 从城市结构来看，城市分为市区和郊区，市区是城市大中型企业和生产性服务业的集聚地，是城市经济的主体，而郊区是劳动密集型产业的集聚地。本次研究的数据集中在市区。

② 蓝印户口是由当地政府出台，对投资者、购房者或者“引进人才”等外地人给予的优惠待遇。蓝印户口持有者经过一定时期后，可以转变为常住户口。在广州，拥有蓝印户口的人基本上可以享受正式户口的利益，但要经过5年后才能够转变为正式户口。最早的蓝印户口出现在1992年左右，最初以中小城市居多。1994年之后，上海、深圳、广州等大城市也陆续开始办理蓝印户口。资料来源：“蓝印户口曾掀起购房入户潮”，《信息时报》，2008年10月25日。

③ 格里高利·曼昆、大卫·罗默及大卫·威尔（Gregory Mankiw，David Romer，David Weil）为增长回归提供了一个简单的框架，从此以后称为MRW模型。MRW模型在继承传统增长理论的基础上，为实证研究提供了一个较好的起点。

④ 类似处理见MRW。

参考文献

[1] Cai，Fang and Wang，Dewen 1999. Sustainability of Economic Growth and Labour Contribution in China. *Journal of Economic Research*, No. 10.

[2] Chan，Kam Wing，Li Zhang 1999. The Hukou System and Rural-Urban Migration：Processes and Changes. *The China Quarterly*, No. 160.

[3] Cheng，T.，Selden，M. 1994. The Origins and Social Consequences of China's Hukou System. *The China Quarterly*, No. 139.

[4] 蔡昉、都阳：“转型中的中国城市发展——城市级层结构、融资能力与迁移政策”，《经济研究》，2003年第6期。

[5] 蔡昉、都阳、王美艳：“户籍制度与劳动力市场保护”，《经济研究》，2001年第12期。

[6] 陈钊、陆铭、佐藤宏：“谁进入了高收入行业？——关系、户籍与生产率的作用”，《经济研究》，2009年第

10 期。

[7] 樊小钢："户籍制度改革与城市化进程的关联分析"，《财经论丛》，2004 年第 5 期。

[8] 黄锟："深化户籍制度改革与农民工市民化"，《城市发展研究》，2009 年第 2 期。

[9] 陆益龙："1949 年后的中国户籍制度：结构与变迁"，《北京大学学报》（哲学社会科学版），2002 年第 2 期。

[10] 汪大海、唐德龙："从'发展主义'到'以人为本'——双重转型背景下中国公共管理的路径转变"，《中国行政管理》，2005 年第 4 期。

[11] 吴开亚、张力："发展主义政府与城市落户门槛：关于户籍制度改革的反思"，《社会学研究》，2010 年第 6 期。

[12] 夏纪军："人口流动性、公共收入与支出——户籍制度变迁的动因分析"，《经济研究》，2004 年第 10 期。

[13] 严善平："人力资本、制度与工资差别——对大城市二元劳动力市场的实证分析"，《管理世界》，2007 年第 6 期。

[14] 姚先国、赖普清："中国劳资关系的城乡户籍差异"，《经济研究》，2004 年第 7 期。

[15] 张军、周黎安：《为增长而竞争——中国增长的政治经济学》，上海人民出版社，2008 年。

[16] 周黎安："晋升博弈中政府官员的激励与合作——兼论我国地方保护主义和重复建设长期存在的原因"，《经济研究》，2004 年第 6 期。

附录 A

$$\frac{\partial y}{\partial m}=Ak^{\alpha}h^{\beta}\left(\frac{\alpha}{k}\frac{\partial k}{\partial m}+\frac{\beta}{h}\frac{\partial h}{\partial m}\right)$$

$$\frac{\partial k}{\partial m}=\frac{1}{\alpha}\left[\frac{(\delta+n+m)\ h-m\bar{h}}{s_hAh^{\beta}}\right]^{1/\alpha-1}\left(\frac{h-\bar{h}}{s_hAh^{\beta}}\right)=\frac{1}{\alpha}k^{1-\alpha}\left(\frac{h-\bar{h}}{s_hAh^{\beta}}\right)$$

$$\frac{\partial h}{\partial m}=\frac{1}{\beta}\left[\frac{(\delta+n+m)\ k-m\bar{k}}{s_kAk^{\alpha}}\right]^{1/\beta-1}\left(\frac{k-\bar{k}}{s_kAk^{\alpha}}\right)=\frac{1}{\beta}h^{1-\beta}\left(\frac{k-\bar{k}}{s_kAk^{\alpha}}\right)$$

则有：

$$\frac{\partial y}{\partial m}=Ak^{\alpha}h^{\beta}\left(\frac{h-\bar{h}}{s_hAk^{\alpha}h^{\beta}}+\frac{k-\bar{k}}{s_kAk^{\alpha}h^{\beta}}\right)$$

因此要使均衡人均产出上升，则有$\frac{\partial y}{\partial m}>0$，即$\frac{h-\bar{h}}{s_hAk^{\alpha}h^{\beta}}+\frac{k-\bar{k}}{s_kAk^{\alpha}h^{\beta}}>0$。

附录 B

$\dot{k}=s_kAk^{\alpha}h^{\beta}-(\delta+n+m)\ k+m\bar{k}$、$\dot{h}=s_hAk^{\alpha}h^{\beta}-(n+m+\delta)\ h+m\bar{h}$，在$k=k_*$和$h=h_*$处取一阶泰勒级数展开：

$$\dot{k}=\frac{\partial\dot{k}}{k}(k-k_*)+\frac{\partial\dot{k}}{\partial h}(h-h_*) \tag{8}$$

$$\dot{h}=\frac{\partial\dot{h}}{h}(h-h_*)+\frac{\partial\dot{h}}{\partial k}(k-k_*) \tag{9}$$

其中，$\frac{\partial\dot{k}}{k}$、$\frac{\partial\dot{k}}{\partial h}$、$\frac{\partial\dot{h}}{h}$和$\frac{\partial\dot{h}}{\partial k}$均在$k=k_*$和$h=h_*$处取值。由于$k_*$为常数，因此$\dot{k}$等于$\dot{\overline{k-k_*}}$（即$k-k_*$的导数）。同理，有$\dot{h}$等于$\dot{\overline{h-h_*}}$。$\dot{\overline{k-k_*}}=\frac{\partial\dot{k}}{k}(k-k_*)+\frac{\partial\dot{k}}{\partial h}(h-h_*)$，$\dot{\overline{h-h_*}}=\frac{\partial\dot{h}}{h}(h-h_*)+\frac{\partial\dot{h}}{\partial k}(k-k_*)$，由$k$和$h$的动态方程求出各导数，并在$k=k_*$和$h=h_*$处取值，代入以上两式有：

$$\dot{\overline{k-k_*}}=[\alpha s_k Ak_*^{\alpha-1}h_*^{\beta}-(\delta+n+m)](k-k_*)+\beta s_k Ak_*^{\alpha}h_*^{\beta-1}(h-h_*)$$

$$\dot{\overline{h-h_*}}=[\beta s_h Ah_*^{\beta-1}k_*^{\alpha}-(\delta+n+m)](h-h_*)+\alpha s_h Ah_*^{\beta}k_*^{\alpha-1}(k-k_*)。$$

变换得$k-k_*$和$h-h_*$的增长率表达式：

$$\frac{\dot{\overline{k-k_*}}}{k-k_*}=[\alpha s_k Ak_*^{\alpha-1}h_*^{\beta}-(\delta+n+m)]+\beta s_k Ak_*^{\alpha}h_*^{\beta-1}\frac{h-h_*}{k-k_*} \tag{10}$$

$$\frac{\dot{\overline{h-h_*}}}{h-h_*}=[\beta s_h Ah_*^{\beta-1}k_*^{\alpha}-(\delta+n+m)]+\alpha s_h Ah_*^{\beta}k_*^{\alpha-1}\frac{k-k_*}{h-h_*} \tag{11}$$

上两式表明$k-k_*$和$h-h_*$的增长率取决于两者之比。若k和h的值使得$k-k_*$和$h-h_*$以相同速率下降，则$k-k_*$和$h-h_*$比值未变，$k-k_*$和$h-h_*$增长率保持不变，因此经济沿一直线向(k^*, h^*)收敛。

用μ表示$\frac{\dot{\overline{k-k_*}}}{k-k_*}$，求得$\frac{h-h_*}{k-k_*}=\frac{\mu-\alpha s_k Ak_*^{\alpha-1}h_*^{\beta}+(\delta+n+m)}{\beta s_k Ak_*^{\alpha}h_*^{\beta-1}}$。在$\frac{\dot{\overline{k-k_*}}}{k-k_*}=\frac{\dot{\overline{h-h_*}}}{h-h_*}$情况下：

$$\mu=[\beta s_h Ah_*^{\beta-1}k_*^{\alpha}-(\delta+n+m)]+\alpha s_h Ah_*^{\beta}k_*^{\alpha-1}\frac{\beta s_k Ak_*^{\alpha}h_*^{\beta-1}}{\mu-\alpha s_k Ak_*^{\alpha-1}h_*^{\beta}+(\delta+n+m)} \tag{12}$$

又在稳态时$\dot{k}=0$和$\dot{h}=0$，有：$s_k Ak_*^{\alpha}h_*^{\beta}-(\delta+n+m)k_*+m\bar{k}=0$，$s_h Ah_*^{\beta}k_*^{\alpha}-(\delta+n+m)h_*+m\bar{h}=0$，解得：$\alpha s_k Ak_*^{\alpha-1}h_*^{\beta}=\alpha(\delta+n+m)-\alpha m\frac{\bar{k}}{k_*}$，$\beta s_k Ak_*^{\alpha}h_*^{\beta-1}=\beta(\delta+n+m)\frac{k_*}{h_*}-\beta m\frac{\bar{k}}{h_*}$，$\beta s_h Ah_*^{\beta-1}k_*^{\alpha}=\beta(\delta+n+m)-\beta m\frac{\bar{h}}{h_*}$，$\alpha s_h Ah_*^{\beta}k_*^{\alpha-1}=\alpha(\delta+n+m)\frac{h_*}{k_*}-\alpha m\frac{\bar{h}}{k_*}$。以上四式代入（12）化简得到关于$\mu$的二次方程：

$$\mu^2+[(2-\alpha-\beta)(\delta+n+m)+\alpha m\frac{\bar{k}}{k_*}+\theta m\frac{\bar{h}}{h_*}]\mu+(1-\alpha-\beta)(\delta+n+m)^2+$$

$$\beta m(\delta+n+m)\frac{\bar{h}}{h_*}+\alpha m(\delta+n+m)\frac{\bar{k}}{k_*}=0 \tag{13}$$

求解上述方程得到以下两个根：

$$\begin{cases}\mu_1=(\alpha+\beta-1)(n+\delta)-m(\alpha\frac{\bar{k}}{k_*}+\beta\frac{\bar{h}}{h_*}+1-\alpha-\beta)\\ \mu_2=-(n+\delta+m)\end{cases}$$

流动人口子女教育地选择的影响因素与性别差异

曹广忠　刘　锐

The Determination of Children Living with the Migrant Population in Education Area Choice and the Different Factors between Boys and Girls

CAO Guangzhong, LIU Rui
(College of Urban and Environmental Sciences, Peking University, Beijing 100871, China)

Abstract　Based on the survey data on the floating population in 12 cities of the Yangtze River Delta Region, the Pearl River Delta Region, the Bohai Sea Region, and the Chengdu-Chongqing Region, the paper studies the individual, family, and migrant factors concerning the place for the migrant workers' children to get education using binary response model. Research shows that whether floating children choose to get education in cities is mainly affected by the families' migrant ability and willingness. Boys and the lower grade students are more likely to move to cities with their migrant parents. It also finds that whether floating children choose to get education in cities depends on the number of the migrant family members, the distance between the city and their hometown, their nonagricultural income, the proportion of education to the total household expenditure, the health of their grandparents. Among these factors mentioned above, migrant ability has more obvious impacts on girls, whereas

作者简介
曹广忠、刘锐，北京大学城市与环境学院。

摘　要　本文基于长三角、珠三角、环渤海和成渝地区12个城市流动人口调查数据，采用二值响应模型研究了影响城市流动人口子女随迁选择的个体、家庭和迁移因素。研究发现，子女的随迁就学主要受到迁移能力和迁移意愿两个方面的影响。男孩、年级越低的儿童越容易随迁；家庭迁移人数越多、距离越近、非农收入比例越高、教育开支占家庭总开支的比例越高、祖父母健康状况越低的家庭越容易带子女进城就学；其中，家庭随迁能力因素对女孩的随迁选择影响更明显，而家庭的迁移意愿因素对男孩的随迁影响更显著。最后，本文对流动人口子女随迁就学的制度影响和政策含义进行了讨论。

关键词　流动人口；留守儿童；流动儿童；教育地选择；男孩偏好；影响因素

1　研究背景

以农村富余劳动力进城务工为主体的大规模人口流动已成为现阶段我国城镇化的主要组成部分和重要特色。在工业化推进、城市经济发展和户籍制度松动背景下，农村劳动力向城市转移，形成了庞大的农民工群体。我国农民工总数已经超过2亿，其中进城务工人员超过1.2亿（严行方，2008）。随着时间的推移，改革开放初以劳动力个体进城务工为主的迁移形式逐步发生变化。家庭迁移已成为1990年以来人口迁移的一个重要特征（顾朝林等，1999），这种趋势近年来更为明显（段成荣等，2008；洪小良，2007；张航空、李双全，2010）。家庭结构的核心化、小型

migrant willingness has more significant influence on boys. The paper finally discusses the institutional influence on the education of the migrant children and the connotations of the policies.

Keywords floating population; left-behind children; floating children; place to get education; son preference; impact factors

化和重幼轻老的观念是当前中国农村社会的重要特征，少年儿童的随迁概率远高于老人（张玮等，2005）。中国大部分地区目前正处于“夫妻外出”阶段的末期，正在向“安排子女外出”阶段转变的过程中（杜鹏、张航空，2011；段成荣等，2008）。

流动人口家庭化迁移趋势下，留守儿童和流动儿童成为规模庞大的特殊群体，对中国的教育发展提出了新的挑战。2005 年 0～17 岁的从农村到城市跨县（市、区）迁移的流动儿童约为 1 212 万（蔡昉，2008）。他们普遍在融入城市生活、获得与城市儿童同等教育机会方面存在困难（周国华，2010）。留守儿童规模也在逐年增大，2000～2005 年全国留守儿童规模由 2 290 万人增加到 7 326 万人，增长了 140%（段成荣、杨舸，2008a）。其中，农村留守女童规模更是高达 2 713 万人（2005 年数据），已经形成一个需要予以高度重视的群体（段成荣、杨舸，2008b）。由于父母不在身边，留守儿童缺少基本生活知识和劳动技能的学习渠道，缺少应有的社会行为规范指导，在接受学校教育时也面临新的困境（周国华，2010）。

相较于留守，子女在父母身边更有助于其生长发育、社会适应和身心发展（陈国华，2011；陈丽等，2010），转移劳动力子女随迁接受教育更有利于儿童的综合发展，也有助于推进转移劳动力市民化。但事实上，流动人口家庭并非都有能力且有意愿让子女随迁，家庭条件和迁移状态不同，子女的随迁决策也不同。农村“重男轻女”观念在女童受教育机会方面可能依然有一定影响。要保障城镇化进程中农民工家庭子女的受教育权，有必要先了解影响流动人口子女随迁的影响因素有哪些？男孩和女孩是否具有同等的随迁可能性，如果没有，那么影响其随迁的因素有何不同？考察流动人口子女随迁选择的影响因素和影响机制，可以为有针对性地采取措施改进流动人口子女教育状况提供认识依据和决策参考。

本文接下来第二部分回顾关于影响流动人口子女随迁选择的研究成果，归纳研究进展及对本文的启示；第三部分对调查数据进行描述性统计分析；第四部分利用 Probit 模型回归分析流动人口子女随迁接受教育的因素，并比较影响男孩和女孩随迁因素的差别；第五部分是结论和讨论。

2 文献综述

国外对移民的研究很多，对流动人口子女的研究大多是基于“跨国家庭”（transnational family）的分析，即为了经济目的而移民，使核心家庭成员位于两个不同的国家。包括两种形式：一类是父母一方或双方为了改善经济状况外出，子女留守成为留守儿童（left-behind children）；另一类是为了让子女获得更好的教育而让其外出（Orellana，2001；Waters，2005），包括子女单独外出和随父母迁移两种，后者与国内的流动儿童随迁现象类似。

儿童迁移与普通移民一样，受到经济、劳动力、安全、归属感等方面的影响（Huijsmans，2011）。在流动人口家庭化迁移趋势背景下，流动人口“子女外出”位于“夫妻一方外出”、“夫妻双方外出”之后的迁移阶段（杜鹏、张航空，2011），因此儿童的留守或流动是人口乡城迁移过程中出现的一个阶段性现象，影响随迁的因素可以纳入到人口迁移的研究框架之下，产生的原因与我国流动人口的产生原因类似，即受到城市拉力（较好的教育质量、同父母的情感交流、家庭完整的愉悦等）与农村推力（教育质量低下、缺少父母照顾与关爱、农村缺少照顾的人等）的双重影响。

国内针对流动人口子女的研究主要集中在流动儿童与留守儿童在教育公平性、身心健康发展与社会适应方面，对教育地选择的研究甚少。在现有文献中，多是针对武汉（李芬、慈勤英，2003）、北京（杨舸等，2011）和珠三角（梁宏、任焰，2010）等特定地区的研究，采用全国大样本分析的较少。采用北京、广州、南京、兰州和安徽亳州调研样本的研究发现，农民工的文化程度、收入水平、工作稳定程度、从事的行业类型等因素对子女就学地点的选择有显著影响（许召元等，2008）；采用全国大样本数据的研究发现，流动人口子女的性别和年龄、流动人口的工作类型、流动人口家庭非农收入占家庭总收入比例和城市公办学校的教育政策，对流动人口子女就学地的选择都有显著影响（陶然等，2011）。

以往研究中，对流动人口子女随迁与否的影响因素主要考虑的是随迁能力，包括家庭属性（家庭经济收入、非农收入比例、祖父母是否健在、外出人口数）、流动人口属性（职业、教育水平）、子女属性（性别、年龄、是否独生子）和迁入城市的属性（城市是否有针对流动儿童的政策）四个方面，但较少考虑随迁意愿，即流动人口“定居城市”的愿望。留在农村的祖父祖母无疑是移民家庭在农村重要的社会支持，以往的研究考虑了祖父（母）的年龄因素，但年龄并不能完全代表照顾能力，本文尝试以健康水平代替年龄，以便更好地刻画流动人口家庭在农村照顾子女的能力。

3　数据与方法

本文数据来自2009年对长三角、珠三角、环渤海和成渝四个城市密集地区12个城市的大样本流动人口调查。从2 398个样本家庭中选取能够明确给出流动人口子女教育地的1 067个样本家庭，其中留守儿童占54.26%，流动儿童占45.74%。

3.1　样本基本情况

样本数据具有以下典型特征：①随迁儿童以农村户口、低龄和小学阶段的儿童为主，男孩居多。②流动人口的年龄集中在31～40岁，36～40岁的比例最大。受教育水平普遍不高，流动儿童与留守儿童父母的教育年限差异不大（留守儿童父母的平均教育年限为7.44年，流动儿童父母的为7.34年）。工作相对稳定，来到城市后，基本上固定在一个工作上。③流动人口的家庭收入与消费集中在2～4万，非农收入比重较高。祖父母年龄偏大，健康水平良好，但教育水平普遍偏低。父母皆外出的情况很普遍，省内迁移与省外迁移比例相当，留城与回乡意愿比例相当。

通过卡方分析，可以看出流动儿童和留守儿童在家庭总收入和家庭孩子个数上没有显著差异，但在如性别、年级等其他11个变量上差异显著（表1）。

表1　样本各变量情况

变量	类别	留守儿童	流动儿童	变量	类别	留守儿童	流动儿童
性别	女	46.06	37.2	父(母)的工作类型	雇佣	70.64	53.69
	男	53.94	62.8		自营	29.36	46.31
	总计	508	414		总计	579	488
	Pearson $chi^2(1)=7.35$		Pr=0.007		Pearson $chi^2(1)=32.60$		Pr=0.000
年级	幼儿园	7.11	14.52	父(母)的教育水平	文盲	4.84	6.15
	小学	50.61	53.94		小学	35.58	37.7
	初中	28.6	19.29		初中	44.56	38.73
	高中	13.69	12.24		高中及以上	15.03	17.42
	总计	577	482		总计	579	488
	Pearson $chi^2(15)=52.52$		Pr=0.000		Pearson $chi^2(3)=4.25$		Pr=0.000

续表

变量	类别	留守儿童	流动儿童	变量	类别	留守儿童	流动儿童
家庭总收入	(0,1万)	2.94	2.66	祖父健康水平	非常健康	26.8	24.27
	[1万,2万)	13.47	15.78		很健康	53.38	55.26
	[2万,3万)	21.93	21.72		一般	13.96	11.11
	[3万,5万)	38.34	38.11		很不健康	5.41	8.19
	5万以上	23.32	21.72		非常不健康	0.45	1.17
	总计	579	488		总计	444	342
	Pearson chi^2(4) = 1.35		Pr = 0.853		Pearson chi^2(4) = 5.41		Pr = 0.000
家庭孩子个数	1个	43.54	50.41	居住类型	合住	28.67	5.59
	2个以上	56.46	49.59		独居	71.33	94.41
	总计	565	484		总计	572	483
	Pearson chi^2(4) = 9.36		Pr = 0.053		Pearson chi^2(1) = 94.10		Pr = 0.000
非农收入占家庭总收入比	(0,70%)	8.12	4.09	定居意愿	农村	64.25	47.69
	[70%～90%)	20.21	12.3		城市	35.75	52.31
	[90%～99%)	31.61	22.75		总计	565	476
	100%	40.07	60.86		Pearson chi^2(1) = 28.85		Pr = 0.000
	总计	579	488	外出人数	父或母外出	29.03	5.68
	Pearson chi^2(3) = 48.67		Pr = 0.000		父母都外出	70.97	94.32
教育投入占家庭总支出比	(0,1%)	18.61	10.51		总计	558	458
	[1%,5%)	49.78	46.21		Pearson chi^2(1) = 90.99		Pr = 0.000
	[5%,10%)	19.05	25.68	是否出省	未出省	64.25	51.75
	[10,100%]	12.55	17.6		出省	35.75	48.25
	总计	462	409		总计	579	487
	Pearson chi^2(4) = 18.75		Pr = 0.001		Pearson chi^2(1) = 17.04		Pr = 0.000

注：父母工作类型中"自营"包括自营工商业、经营自家企业，雇佣包括给企业或私人老板打工、在政府事业单位工作；居住类型中"合住"包括与亲戚合住、与同事合住、与其他朋友合住。

3.2 理论与方法

新劳动迁移经济学将发展中国家的人口迁移置于特定的社会环境背景下，特别强调家庭而非个人作为迁移决策的主体作用：迁移的目的不仅是获得个人预期收入的最大化，同时也使家庭收入风险最小化（Stark and Bloom，1985；Stark and Taylor，1991）。基于当下中国流动人口家庭化迁移趋势背景，家长在为子女做出迁移决策时会同时权衡整个家庭的利益与风险，包括在城市和在农村两个家庭。因此模型中纳入的自变量不仅要包括迁移主体——儿童的属性，更要包括城市和农村家庭的相关性质，特别是家庭定居城市的意愿。

本文试图辨明哪些因素影响了流动人口子女教育地的选择，并进一步挖掘这些因素对男孩和女孩的影响程度差异。采用二值响应模型进行分析，因变量 Y 为流动家庭的子女随迁决策，$Y=1$ 代表流动人口子女选择到城市就学，$Y=0$ 表示选择留在老家就学。基于新劳动经济学的分析视角，本文拟通过以下几个方面探讨流动人口家庭选择子女随迁或留守的原因。

(1) 儿童属性。包括儿童的性别、年级和家庭中子女的个数。虽然他们尚不能完全决定自己是流动还是留守，但其个人特征通常是家长做出随迁与否决策的考虑因素。儿童的年级既涵盖了儿童的年龄特点，也考虑到由于户籍制度的限制对就学难易程度的影响。低龄的儿童自我照顾能力弱，父母对独生子和男孩的期望可能更大，希望他们能够获得更好的教育。性别变量中 0 代表女孩，1 代表男孩。因此，年级较低、独生子和男孩预计更容易随迁。

(2) 家庭属性。包括家庭总收入、家庭非农收入比和教育支出比、父（母）的工作类型和父（母）的教育年限五个变量。城市的生活费用及教育成本高于农村，因此家庭总收入以及非农收入比是衡量流动人口家庭“城市经济拉力”强弱的重要指标。父（母）在城市的工作类型对照顾子女的时间和精力有影响，0 代表父（母）的工作类型是雇佣，1 代表是自营。由于城市的教育质量水平要优于农村，因此父母对子女教育越重视、家庭总收入和非农收入比越高的家庭，其子女随迁的可能性预计也越大。

(3) 家庭迁移情况。包括在流入城市的居住情况、家庭外出人数、老人健康状况、留城意愿、迁移距离五个自变量。儿童的成长需要稳定的家庭环境，将流动人口在城市的居住环境分为合住（以 0 代表）和独住（以 1 代表）两类，以衡量其城市居住情况。如果在家乡没有亲人照顾，儿童很难独自留守，本文用家庭的外出人数、留守老人的健康状况衡量流动人口家庭的照顾能力。家庭外出人数等于 0 代表父或母一方外出，等于 1 代表父母都外出；老人的健康状况取祖父的健康水平为代表，1～5 分别代表祖父从健康到不健康的程度。用留城意愿（以 0 代表定居乡村，1 代表定居城市）和迁移距离（0 代表跨省迁移，1 代表省内迁移）代表迁移状态，相较于省内迁移来说，跨省迁移一般距离更远，在方言、文化适应方面的难度更大，因此很可能不利于儿童随迁。

4 回归分析

首先，对纳入模型的所有自变量进行相关分析，各变量的相关系数平均值为 0.07，只有一个相关系数超过了 0.3。共线性检验的方差膨胀因子（VIF）均介于 1～1.6。因此模型中不存在明显的共线性问题。

其次，把流动人口的子女属性、家庭属性及迁移属性逐一纳入模型，流动儿童的属性对随迁与否的解释仅占 1.64%，加入家庭属性之后，解释力进一步提高，最后纳入流动迁移状况后，解释力达到 22.53%。子女性别的显著性随着家庭属性和迁移状况的加入逐渐降低，家庭总收入的显著性增加，其他变量的显著性没有明显变化（表 2，图 1）。

表2　计量结果分析

变量	模型一	模型二	模型一综合	模型一女孩	模型一男孩
孩子性别	0.087****	0.090***	0.066*		
	(0.33)	(0.04)	(0.04)		
孩子年级	−0.016****	−0.249****	−0.035****	−0.024***	−0.044****
	(0.00)	(0.01)	(0.01)	(0.01)	(0.01)
孩子个数	0.027	0.060*	0.071*	0.072	0.092*
	(0.34)	(0.04)	(0.05)	(0.08)	(0.06)
家庭总收入		0.000 001	0.000 001**	0.000 000 7	0.000 002*
		(0.00)	(0.00)	(0.00)	(0.00)
家庭非农收入比		0.001 4****	0.004 3***	0.014****	0.001
		(0.00)	(0.00)	(0.00)	(0.00)
家庭教育投入比		0.004****	0.018****	0.012**	0.023****
		(0.00)	(0.00)	(0.01)	(0.01)
父（母）教育年限		−0.010*	−0.010	−0.012	−0.01
		(0.01)	(0.01)	(0.01)	(0.01)
父（母）工作类型		0.220****	0.139****	0.094	0.193****
		(0.04)	(0.05)	(0.07)	(0.06)
迁入城市居住类型			0.377****	0.232***	0.476****
			(0.05)	(0.09)	(0.05)
祖父健康水平			0.023****	0.021**	0.027****
			(0.01)	(0.01)	(0.01)
定居城市意愿			0.116****	0.054	0.165****
			(0.44)	(0.07)	(0.06)
家庭外出人数			0.279****	0.277****	0.308****
			(0.05)	(0.08)	(0.07)
迁移距离			0.202****	0.211****	0.204****
			(0.04)	(0.07)	(0.06)
N	920	734	648	271	377
LR chi^2	20.79	78.84	200.90	69.70	150.42
Prob>chi^2	0.000 1	0.000 0	0.000 0	0.000 0	0.000 0
Log likelihood	−622.284	−467.214	−345.342	−149.240	−185.521
Pseudo R^2	0.016 4	0.077 8	0.225 3	0.189 3	0.288 5

注：（1）括号外数值是df/dx，表示每一个变量的偏效应，括号内数值为标准误差。

（2）* 表示 $p<0.15$，** 表示 $p<0.10$，*** 表示 $p<0.05$，**** 表示 $p<0.01$。

（3）Pseudo R^2近似表示模型对实际观测变量的拟合程度，但它不同于多元线性回归模型中的R Squared。LR chi^2表示模型估计的似然卡方值。

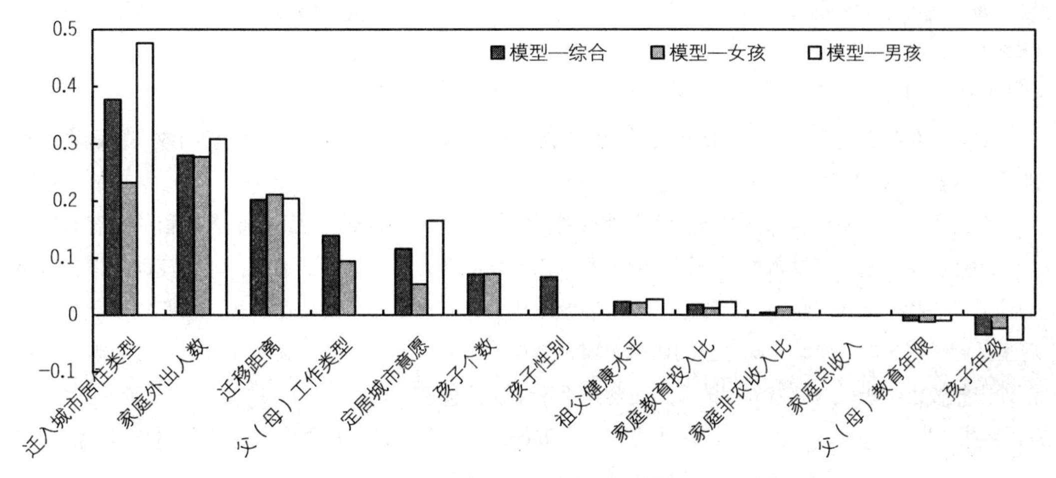

图 1　三模型中各变量对随迁与否的影响程度（df/dx 值）

4.1　综合模型计量结果

从模型一综合来看，孩子年级、家庭教育支出比、父（母）工作类型、迁入城市居住类型、祖父健康水平、定居城市意愿、家庭外出人数这 7 个变量在 99％的置信水平上显著；家庭非农收入比在 95％的置信水平上显著；家庭总收入、孩子性别、孩子个数在超过 85％的置信水平上显著。

4.1.1　子女属性

男孩比女孩更易随迁。农村重男轻女观念依然有影响，男孩更受到家庭的重视，更易获得外出就学机会。样本中对“理想的家庭应该有个男孩”这句话表示非常同意以及比较同意这句话的人数达到 53.10％，认为一般的占 10.13％，即一半以上的被访者认为男孩对一个家庭极其重要。这一结果说明流动人口中的确存在明显重男轻女的现象。后文将进一步探讨影响不同性别儿童随迁的因素差异。

孩子的年级越低越容易随迁，在城市就学。一方面，异地接受小学教育较为容易，而初、高中的儿童面临升学及中、高考压力，由于户籍限制使得异地升学的难度远高于学前及小学阶段；另一方面，孩子的年级也反映了其所在的年龄段。低龄儿童缺乏自我照顾能力，父母不放心将年幼的子女放在老家，也可能促使其选择让子女随迁。

4.1.2　家庭属性

作为反映家庭经济状况的两个指标，家庭总收入和非农收入比都在回归中显著。其中，非农收入比的显著程度及对随迁的影响程度（参看 df/dx 值）都高于家庭总收入。在城市生活，特别是在消费水平较高的城市，消费支出远远高于乡村，经济基础保障了照顾子女的能力。在城市生活主要靠的是城市就业的非农收入，因此非农收入比更充分地反映了流动人口在城市的生存能力。其他学者的研究也验证了父（母）的工资收入对儿童的随迁有积极影响（许召元等，2008）。父（母）的工作类型相较于雇佣而言如果是自营的话，工作时间较为灵活，可以兼顾对子女的照顾，因此子女的随迁概率也随之上升。

4.1.3 迁移状况

刻画迁移状况的5个自变量都达到了99%的显著性水平，并且对随迁概率的影响效果也远高于其他变量（参看 df/dx 值）。

在迁入地的居住环境越好对子女随迁越有利，因此独立居住的家庭要比和他人合租的更容易安排子女随迁。家中老人能够帮忙照顾留守的子女，如果家中老人的健康状况不好，即便流动人口在城市的社会经济状况不佳，也迫于留守子女无人照顾的压力，不得不将子女带在身边。回归结果显示，随着祖父健康水平的下降，子女随迁的概率也随之增加。家庭外出人数对子女随迁有着重要影响，父母都外出相较于父母仅有一方外出的家庭更容易携带子女迁移。

定居城市意愿反映了流动人口未来在城市发展的决心。从流动人口的家庭化迁移趋势看，流动人口定居意愿越强，也就更倾向让子女提早迁入城市接受教育，最终实现整个家庭的城市定居。

模型中只有一个变量——父（母）教育年限对教育地的选择影响不显著，其他研究也得出类似结论（杨舸等，2011）。影响子女随迁的原因主要分为让子女接受更好教育的意愿及能够实现随迁的实际能力。在意愿方面，流动儿童与留守儿童的家长普遍都对子女给予很高的教育期望，对“你希望孩子最高念到哪一级”这一问题上，教育程度为文盲的父（母）选择“普通本科及以上”的占92.59%，这一比例在小学教育程度的父母中是89.36%，在初中教育程度的父母中是89.7%，高中及以上的占91.81%，可见父母对子女的教育期望都很高，且与教育程度没有必然关系。而在随迁能力方面，一般来说，主要受家庭经济收入影响，流动人口的受教育程度并不会对工资收入有显著影响（曾旭晖，2004），因此对子女教育地选择也不会有太大影响。

4.2 性别偏好模型分析

男孩偏好（son preference）或性别偏好（gender preference）是一个全球普遍存在的问题，特别是在发展中国家，一直受到学界和媒体广泛关注（Purewal，2010）。长期以来的研究都发现，男孩和女孩在获得家庭支出的分配和教育的机会上存在明显的性别差异（Hu，2012；Knight et al.，2010），男孩比女孩更可能被送到学校，接受更多和更好的教育。城市的教育质量一般优于农村，上文的回归模型也证实了男孩比女孩更容易随迁到城市，因此很有可能男孩在随迁儿童中所占的比例要高于在留守儿童中的比例。在本文样本中也确实如此，留守儿童的性别比是117，而流动儿童为168（表3）。

国内对随迁影响因素的研究仅揭示了由于“男孩偏好”使得男孩更易随迁这一事实，却没有深入探讨其形成的机制和原因。本文试图将影响随迁的除性别外的12个自变量分别对男孩组和女孩组进行回归，以比较这些变量对不同性别的儿童随迁影响程度的差异。

表3 流动儿童与留守儿童不同年龄阶段的性别比

年龄	流动儿童	留守儿童	年龄	流动儿童	留守儿童
0岁	132.1	129.1	8岁	106.8	123.2
1岁	107.4	116.6	9岁	117.0	113.7
2岁	128.9	127.7	10岁	114.6	111.3
3岁	116.7	126.4	11岁	105.9	110.6
4岁	133.3	113.0	12岁	121.1	113.8
5岁	109.1	123.7	13岁	104.1	105.1
6岁	110.0	124.2	14岁	114.4	117.0
7岁	107.0	109.8			

资料来源：流动儿童的数据根据段成荣和周福林（2005）文章整理，留守儿童数据根据段成荣和梁宏（2004）的文章整理。这两篇文章都是采用2000年五普数据计算得出的结果。

表2中模型—女孩和模型—男孩的计量结果表明，对男孩随迁有显著影响的变量要多于对女孩显著的变量，且变量的影响程度（参看df/dx值）要高于女孩。对女孩随迁影响显著的变量主要集中在家庭经济方面，而影响男孩随迁的变量不仅包括经济方面，还包括家庭的随迁意愿方面。

非农收入比对女孩而言在99%的置信水平上显著，而对男孩则不显著。但教育投入比对男孩随迁影响的显著程度高于女孩。教育投入比提高1个百分点，女孩随迁的概率仅提高1.2%，男孩则提高2.3%。非农收入比衡量的是家庭的经济状况，教育投入比代表家庭对教育的重视程度。女孩随迁与否主要由家庭经济状况所决定，只有经济状况得到改善才有可能到城市就学。而男孩则不同，家庭经济影响甚微，影响因素主要是家长对教育的重视程度。在影响男孩随迁的因素中，非农收入的显著性与影响的程度远低于教育投入比。

定居城市意愿对男孩是否随迁在99%的置信水平上显著，但对女孩则不显著。说明即便父母有很强烈的城市定居意愿，也不会对女孩的随迁有明显影响。居住类型、父母外出人数、迁移距离这些变量对男孩的影响程度也要高于女孩。

总体来说，女孩随迁主要受制于客观条件的变化，即随迁能力的改善，比如家庭经济的提高或者迁移距离以及家庭外迁人数的增加等。而男孩随迁原因则更多元，并且受到随迁意愿的影响程度更大。模型为我们勾勒出这样的情形：如果一个家庭中有男孩和女孩，他们除性别外的其他个人属性都相同，女孩要随迁到城市，需要在家庭有足够经济实力的时候才有机会；但男孩则只需要父母对教育的重视提升、对定居城市的意愿提升，甚至在家庭经济不变的情况下也能得到随迁机会，或者是父母的工作类型、城市居住类型、祖父健康水平、定居城市意愿、家庭外出人数和迁移距离等这些众多因素中朝着有利于随迁的方面略作改变，就能很快从农村迁移到父母务工的城市。

5 结论与讨论

5.1 主要结论

与以往同类研究相比，本文从随迁能力和随迁意愿两个维度出发，建立 Probit 模型对流动人口子女教育地选择因素进行解释。对变量的选择进行了优化，以家中老人的健康状况代替年龄变量，加入定居城市意愿、教育支出比以衡量流动人口家庭的随迁意愿。回归结果显示，这几个变量对流动人口子女随迁选择有极好的解释力。

回归分析发现，流动人口子女随迁的影响因素是多元的：男孩、低龄子女更容易随迁；家庭非农收入比较高、家庭外迁人数较多、长辈的健康状况越差的家庭更容易选择子女随迁；定居城市意愿、迁移距离都对子女随迁有显著的推动作用。

由于男孩偏好使得男孩比女孩更容易随迁，但影响要素不一样。女孩随迁与否主要是受到家庭经济状况的影响，男孩则受到随迁能力和随迁意愿的双重作用，特别是家庭定居城市的意愿和对教育的重视程度。

5.2 政策含义

流动人口子女随迁与否，在微观层面上是基于家庭利益最大化和风险最小化的考量，但本质上是受到了城乡二元分割制度的影响。儿童年级越低越容易随迁，根本原因在于，现阶段户籍制度作用下，特别是限制异地升学和异地高考的规定，使得流动人口子女在流入城市难以获得学籍和正常的升学机会，也就降低了随迁可能性。换言之，流动人口子女属性及家庭属性对随迁的影响，实质上是制度阻碍的投影。流动人口在城市的居住类型、工作属性等也同样受到城市的暂住制度、就业制度的影响，这些因素的显著恰恰说明了流动人口子女随迁实质上受到了制度层面的深刻影响。

因此，要想使流动人口达到家庭式迁移和子女随迁入学，需要建立相应的制度保障：逐步打破户籍制度对儿童就学和升学的地域限制，改善流动人口的城市居住环境，增加流动人口的就业保障，提高非农收入，促使流动人口子女随迁。从长远来看，迁入地和迁出地政府要提前预测和规划好受教育人口规模，有针对性地配置教育资源，对于迁入人口较多的地区，增设校舍配置教育资源，缓解流动人口子女随迁带来的教育压力；对于迁出人口较多的地区，加强对留守儿童的关怀与教育，合理配置校舍资源。而在近期，迁入地政府宜通过简化流动人口子女入学手续、降低入学门槛、放松升学渠道限制等措施，以增强随迁人口子女的入学率。男孩偏好的观念在进城务工的流动人口群体中依然存在，这对女童教育地选择的影响应该会随着观念的转变和家庭式迁移条件的成熟而逐步弱化。教育部门和社会各界除了向家长宣传子女教育的重要性之外，在短期内应加强对留守儿童教育问题的关注，重视女童教育问题，保障留守儿童入学率，努力消除儿童失学、辍学现象。

参考文献

[1] Hu, Feng 2012. Migration, Remittances, and Children's High School Attendance: The Case of Rural China. *International Journal of Educational Development*, Vol. 32, No. 3.

[2] Huijsmans, R. 2011. Child Migration and Questions of Agency. *Development and Change*, Vol. 42, No. 5.

[3] Hull, T. H. 1990. Recent Trends in Sex Ratios at Birth in China. *Population and Development Review*, Vol. 16, No. 1.

[4] Knight, J., Li, Shi and Deng, Quheng 2010. Son Preference and Household Income in Rural China. *Journal of Development Studies*, Vol. 46, No. 10.

[5] Orellana, M. F. 2001. The Work Kids Do: Mexican and Central American Immigrant Children's Contributions to Households and Schools in California. *Harvard Educational Review*, Vol. 71, No. 3.

[6] Park, Chai Bin and Cho, Nam-Hoon 1995. Consequences of Son Preference in a Low-Fertility Society: Imbalance of the Sex Ratio at Birth in Korea. *Population and Development Review*, Vol. 21, No. 1.

[7] Purewal, N. K. 2010. *Son Preference: Sex Selection, Gender and Culture in South Asia*. New York: Berg.

[8] Stark, O. and Bloom, D. E. 1985. The New Economics of Labor Migration. *American Economic Review*, Vol. 75, No. 2.

[9] Stark, O., Taylor, J. E. 1991. Migration Incentives, Migration Types: The Role of Relative Deprivation. *The Economic Journal*, Vol. 101, No. 408.

[10] Waters, J. L. 2005. Transnational Family Strategies and Education in the Contemporary Chinese Diaspora. *Global Networks*, Vol. 5, No. 4.

[11] 蔡昉:《中国人口与劳动问题报告》,社会科学文献出版社,2008 年。

[12] 陈国华:"社会教育:流动儿童与留守儿童的比较分析",《西北人口》,2011 年第 2 期。

[13] 陈丽、王晓华、屈智勇:"流动儿童和留守儿童的生长发育与营养状况分析",《中国特殊教育》,2010 年第 8 期。

[14] 杜鹏、张航空:"中国流动人口梯次流动的实证研究",《人口学刊》,2011 年第 4 期。

[15] 段成荣、梁宏:"我国流动儿童状况",《人口研究》,2004 年第 1 期。

[16] 段成荣、杨舸:"我国农村留守儿童状况研究",《人口研究》,2008a 年第 3 期。

[17] 段成荣、杨舸:"中国农村留守女童状况研究",《妇女研究论丛》,2008b 年第 6 期。

[18] 段成荣、杨舸、张斐等:"改革开放以来我国流动人口变动的九大趋势",《人口研究》,2008 年第 6 期。

[19] 段成荣、周福林:"我国留守儿童状况研究",《人口研究》,2005 年第 1 期。

[20] 顾朝林、蔡建明、张伟等:"中国大中城市流动人口迁移规律研究",《地理学报》,1999 年第 3 期。

[21] 洪小良:"城市农民工的家庭迁移行为及影响因素研究——以北京市为例",《中国人口科学》,2007 年第 6 期。

[22] 李芬、慈勤英:"流动农民对其适龄子女的教育选择分析——结构二重性的视角",《青年研究》,2003 年第 12 期。

[23] 梁宏、任焰:"流动,还是留守?——农民工子女流动与否的决定因素分析",《人口研究》,2010 年第 2 期。

[24] 陶然、孔德华、曹广忠:"流动还是留守:中国农村流动人口子女就学地选择与影响因素考察",《中国农村经

济》，2011 年第 6 期。

[25] 许召元、高颖、任婧玲："农民工子女就学地点选择的影响因素分析"，《中国农村观察》，2008 年第 6 期。

[26] 严行方：《农民工阶层》，中华工商联合出版社，2008 年。

[27] 杨舸、段成荣、王宗萍："流动还是留守：流动人口子女随迁的选择性及其影响因素分析"，《中国农业大学学报》（社会科学版），2011 年第 3 期。

[28] 曾旭晖："非正式劳动力市场人力资本研究——以成都市进城农民工为个案"，《中国农村经济》，2004 年第 4 期。

[29] 张航空、李双全："流动人口家庭化状况分析"，《南方人口》，2010 年第 6 期。

[30] 张玮、缪艳萍、严士清："大城市郊区流动人口'带眷迁移'特征研究——基于上海市闵行区流动人口状况调查"，《人文地理》，2005 年第 5 期。

[31] 周国华："2008 年流动与留守儿童研究新进展"，《人口与经济》，2010 年第 3 期。

清末京师大学堂建设中的房地产问题研究

鲍　宁

A Research on the Real Estate Problems during the Establishment of Imperial University of Peking in Late Qing Dynasty

BAO Ning
(College of Urban and Environmental Sciences, Peking University, Beijing 100871, China)

Abstract The establishment of higher schools was a key project of modern school establishment during late Qing dynasty. It was also a type of pioneering reconstructed functional space in the Beijing city. During the establishment of Imperial University of Peking and its early spatial development, a batch of modern higher schools appeared in Beijing, which brought changes to land using and architectures of the city. From the perspective of real estate, the article firstly delineates the situation of all the real estates which belonged to the Imperial University of Peking inside Beijing city by collecting historical materials, and then it discusses real estate development in the process of modern higher school establishment. The exploitation of real estates of Imperial University of Peking embodied characteristics of dispersion and continuity, and it promoted the formation of real estate exploitation patterns. The real estate exploitation of modern higher schools was a top-down process in late imperial Beijing, with certain temporal and spatial characteristics.

Keywords Imperial University of Peking; late imperial Beijing; real estate; higher school

作者简介
鲍宁，北京大学城市与环境学院。

摘　要　高等学堂是清末新式学堂建设的重点，也是近代北京城内改造较早、建设成果比较显著的一类职能空间。伴随清末京师大学堂的设立及在空间上的发展，一批近代高等学堂在北京城内陆续出现，并带来了城市用地及建筑状况的改变。本文从房地产视角入手，通过搜罗整理史料，首先全面复原大学堂所属各处房地产的详细情况，在此基础上进一步分析以高等学堂建设为中心的北京城内房地产发展状况。大学堂在城内的房地产开拓具有持续且相对分散的特征，推动了早期高等学堂房地产使用模式的发展，清末高等学堂房地产开发表现为一个自上而下的过程，并呈现一定的时空特征。

关键词　京师大学堂；清末北京城；房地产；高等学堂

中国近代教育改革始自清末，作为其载体的新式学堂在城市与乡村中大量建立，成为改革活动最直接的空间结果。作为首善之区的北京，在全国近代教育改革中充当着领导者和示范城市的作用，清末的新式学堂建设为其城市发展带来了显著的冲击与变化，正如《北京市志稿》中所言："欧风东渐，国势丕变，京师为政教中枢，首蒙影响"(吴廷燮，1998)。落实到具体的城市空间发展而言，新式学堂建设需要一定数量的房地，特别是高等学堂还需相对集中并达到适当的规模，这些变化对于北京而言意味着在传统城市范围内首次产生了供给大片房地用于学堂这一职能空间建设的需求；而在需求的对面，北京城的空间供给又是另一番景象：经过历代建设与传承，至清末教育改革开始时，北京内外城中已分布了王府、衙署、寺庙等种类众多、数量庞大的传统建筑，加之广泛分布的民宅四合院等房地，几乎占据了北京城内大部分的空间，其内城部分更是趋于“饱和”。在如此背景下，新式学堂无法按照传统官学或理想规划的办法尽择空地建设，而已有传统学堂可供改造的空间也十分有限，为了获取所需房地，新式学堂不得不通过改造传统建筑、获取民宅等途径寻找出路，在古老帝都内，一个近代的公共事业征地问题由此出现。作为清末第一所官办大学和唯一一所综合大学，京师大学堂可谓这一新式房地产开拓进程的实践者与先行者，其在王朝末期的空间建设过程具有很强的代表意义。

光绪二十四年（1898年）四月，清廷颁布《定国是诏》，宣布设立京师大学堂，同时作为高等学堂、中央教育管理机关及全国兴学的表率（丁致聘，1970）。自光绪二十二年（1896年）筹办至清王朝统治结束（1912年）为止，大学堂在北京城内经历了戊戌时期的初办和壬寅年（1902年）重开后空间上的发展两个不同阶段。据本文研究统计，在此十余年的发展历程中，北京城内前后隶属于大学堂的房地产共计20余处，此外还有部分房地经筹划后没有纳入或设于城外，这一结果与我们习惯上以马神庙公主府指代大学堂的空间印象存在较大差异。以往一些学者关注北大在城内的空间发展问题，但或侧重于校园形态研究，对房地产涉及不深；或以清末民国为整体研究，对大学堂时期的发展重视不够（肖东发，2003；李向群，2005b；孙华、陈威，2012）[①]。清末大学堂的房地产开拓关系到学校这一职能空间在近代城市内设立以及在空间上发生集聚与扩散的初始过程，对于北京城市历史地理和北大校史研究均具有重要意义，同时可为现代国家的征地问题和城市公共事业建设提供一些历史经验的参考，可以说兼具了现实层面的价值。本文基于如此考虑，选择以清末大学堂房地产发展为题进行研究，一方面尽可能厘清以往研究中关于大学堂空间发展部分的一些错漏之处，丰富其发展细节；另一方面将大学堂房地产发展置于整个城市兴学的背景之下，从房地产角度去认识和理解王朝末期新学建设与城市空间发展的相互关系、动力机制。

1 清末新式学堂规划与大学堂空间建设的意义

新式学堂建设在传统的基础上力求变革，此处首先简要介绍北京城内传统学堂空间建设的方式。在北京城内，传统教育以朝廷官学和民间私塾为两种主要载体，前者在内城中按旗分布，包括八旗官学、宗学、觉罗学和义学等不同形式，以满人为教育对象；后者包括家塾、散馆、义塾等不同形式，一般由塾师上门教学或随塾师居所就近分布，满汉皆可为其教育对象，但并不共处。总体来讲，传统学堂规模较小，即使朝廷官学在清末也呈现出一派衰颓之势，如时人记载八旗官学“年久废弛，徒存其名而已，八旗子弟亦无入官学者，学舍皆圮”（震钧著，顾平旦点校，1982）。私塾的设置更为简陋，常附设于寺庙等公共空间当中，一般一个角落或石台即可进行教学，不会改变建筑原有的格局(萧乾，2010)[②]。图1为清代内城官学的空间分布情况。

清末兴办新式学堂，首先在学堂教育对象及空间建置方面寻求改变。对于初等、中等学堂而言，新学提倡义务教育，在学堂之内不分满汉并实现教育的普及，如梁启超（1989）所言：“义务教育者何？凡及年者皆不可逃之谓也。”体现在空间层面即追求学堂数量的增长，在分布上力求均衡。对于高等学堂而言，作为讲授高深学术的场所虽不求其普及，但强调学堂应达到与国外高等学堂同等的规模，具备新式教育应有的各种要素，如光绪二十九年（1903年）十一月颁布的《奏定高等学堂章程》中明确规定了高等学堂应当具备的规模及选择基址的标准：“高等学堂之规制，本应容学生五百人以上方为合宜，但此时初办，规模略小亦可，然总期能容二百人以上，以备人才日盛容纳多人。”“高等学堂当择面积适合学堂规模，爽垲而宜于卫生之地设置之。”章程规划中进一步列举了高等学堂应具备的讲堂、实验室、图书室、器具室、药品室、标本室、礼堂、操场、学生斋舍等各种堂室的要求（朱有、高时良，1993）。

图1 清代内城官学空间分布

资料来源：图中八旗学校信息依据：刘仲华主编：《北京教育史》，人民出版社，2008年，第121～124页；八旗界址信息依据：（清）《八旗通志》初集卷2《旗分志二》，乾隆四年四月二十七日，学生书局印行（中国史学印书），第204～205页；底图采用民国三十六年（1947年）《民国北平市》地图。

新式学堂数量的增加、规模的增长，对城市用地提出了新的要求，具体来讲其影响程度又有所差异。初等、中等学堂在清末多以官督绅办的方式建设，工程较简略，对已有私塾进行改良是主要的建设途径，虽也涉及对寺庙、会馆等传统空间进行利用，但规模较小、改造程度十分有限。而高等学堂建设则与此不同，清末北京城内的高等学堂多为官办，此外还有少数教会大学，学堂建设以官方立场开展，对其规模建置提出了较高要求，大学堂的建设则更是其中突出的代表。在清末设立大学堂以前上呈的众多奏折中，无不强调其建设之意义重大，如狄考文等人指出："总学堂为通国之表率，京都既建总学堂，外省各府厅州县不能不建蒙学堂中学堂暨大学堂专门学堂。京师之总学堂，又为通国之归宿。凡通国造就之人才，皆得升进观摩于其中"（舒新城，1928）。光绪二十三年（1897年）孙家鼐上呈《官书局议复开办大学堂折》，再次指出其建设之重要，并进行了相关规划："中国堂堂大国，立学京师，尤四海观瞻之所系"，"书局初开，为节省经费起见，暂赁民房，一切已多不便。今学堂将建，则讲堂斋舍，必须爽垲宜人，仪器图书，亦必庋藏合度。泰西各国使署密迩，闻中国创立学校，亦将相率来游，若湫隘不堪，适贻外人笑柄。拟于京师适中之地，择觅旷地，或购民房，创建学堂，以崇体制。先建大学堂一区，容大学生百人，四围分建小学堂四所，每学容小学生三十人。堂之四周，仍多留隙地，种树莳花，以备日后扩充，建设藏书楼、博物院之用。"[3]大学堂的空间建设在如此规划的基础上展开，成为了清末学堂建设中对北京城内房地产使用影响最大的官方工程，然而其实际建设过程又远较此理想规划更为曲折和复杂。

2 戊戌大学初期房地获取与建设（1896～1900年）

借拨马神庙公主府为临时开办场所，拉开了清末大学堂于城内开拓房地的序幕。筹设大学堂的历史可上溯至光绪二十二年（1896年），其前身为由强学会改办之官书局。光绪二十二年（1896年）五月，刑部左侍郎李端棻疏请于京师设立大学堂，七月总理衙门议复命管理官书局大臣孙家鼐妥筹办理相关事宜，之后对大学堂发展建设进行了规划（见上文）。光绪二十四年（1898年）四月，清廷下诏宣布成立大学堂，五月总理衙门上奏就其开办细节进行了陈述，关于处所问题提出先由清廷划拨官地一处暂行开办，相关内容如下："现在开办经费内，仰蒙圣恩拨给官地，亦可稍从节省。然舍未具，尚须兴筑。臣等窃思时事日殷，需才孔亟，若从容筑室，又当迟以岁月。查日本开学之先，皆权假邸舍以集生徒，今事当速举，似可权宜。伏乞皇上先行拨给公中广大房室一所，暂充学舍。命官选士，克日兴办。其大学堂仍应别拨公地，另行构建，则规范既宏，而举事不滞。"[4]随后朝廷指派庆亲王奕劻、礼部尚书许应骙负责专办大学堂工程事务，六月二人上奏觅得"地安门内马神庙地方有空闲府第一所，房间尚属整齐，院落亦甚宽敞，略加修葺即可作为大学堂暂时开办之所"[5]。这一上奏很快得到朝廷批复，"著总管内务府大臣量为修葺拨用"[6]。公主府设于景山东部马神庙街，为乾隆二十五年（1760年）四女和嘉公主下嫁大学士傅恒之子福隆安时赐建的府邸，由于公主与驸马早逝，至筹建大学堂时已闲置一个多世纪（李向群，2005a、2005b），由于规模宽敞、改造简易，加之毗邻皇城的区位特点，这处闲置的官产成为了清末大学堂第一处内城房地产。按计划公主府仅作为大学堂建成完备馆舍之前暂行开办的场所，其获取方式称作"借拨"，大学堂仅获得地产之使用权，而所有权仍属朝廷。上谕颁布后，内务府即派员查勘公主府情形，之后管学大臣孙家鼐于六月、七月两次率同总教习丁韪良前往查看，并于咨送内务府的公文中对房地的改建提出了建议："公所系属借拨暂用，应仍照原房规制修理，不改样式，坍倒者补行修盖，渗漏者分别勾抹，墙垣倒塌者补砌，门窗残缺者修补，积土刨除，即可移交本学堂接收。”[⑦]从其后内务府与大学堂移交房屋的公文中可以看出，初期公主府工程主要分为两个部分：在正院西院以修葺旧有房屋为主的改造部分，于九月完工；在东院督饬厂商添建房间为主的新建部分，于十一月完工；最终在公主府原有三百四十余间房屋基础上经改建添建共建成房屋五百零七间半，分两次移交大学堂使用[⑧]。另据档案记载，除上述官房外，初期大学堂还曾计划于公主府附近购买旗房民宅数所，但由于收买“实属不易”被暂时搁置[⑨]。接收房屋后，大学堂随即张榜招生。八月，“戊戌政变”发生，各项变法成果被一应废除，“唯大学以萌芽早，得不废”[⑩]。光绪二十六年（1900 年），庚子拳祸爆发，随后八国联军进入北京城，管学大臣许景澄上奏暂时停办大学堂并将现有房屋器具情况造具清册移交内务府接管[⑪]。大学堂第一阶段的发展至此中断。

除公主府学堂主体部分外，戊戌年间另有几处附属于大学堂的房地。首先，光绪二十四年（1898 年）大学堂成立时，将官书局、译书局一并归入，由管学大臣督率办理（萧超然，1981）。民初罗惇曧撰写《京师大学堂成立记》间接记载了其房地的位置：“校址经乱残废，方待葺治，乃即虎坊桥之官书局，为筹备所，日诣议事，而编译书局附焉。”[⑫]结合前文史料可知，官书局位于外城虎坊桥，地产获取方式为租赁民房，此为清末大学堂所属第一处外城房产，同时也是第一处经过交易的房产。据乱后大学堂总办工部郎中周暻上呈的奏折记载，官书局房舍在庚子之乱中损失较小，之后一直沿用。另一处房地是为了建设医学馆而拨用的通政司衙门，光绪二十四年（1898 年）七月，孙家鼐上呈奏折陈述医学学习之重要，请于京城设立医学馆由大学堂兼辖，并就房舍进行了筹划：“医学堂所需房屋查有现经裁撤通政司之衙门，可否仰恳天恩拨作医学堂，量加修改即可开办。”[⑬]七月二十四日，清廷下令设立医学馆[⑭]。通政司衙门设于明，位于大明门西侧锦衣卫与太常寺之间，清初沿用，至光绪年间已废弃（李孝聪，2000）。与公主府相似，这一闲置官房成为了大学堂发展初期率先改造的对象。医学馆馆舍在庚子之乱中损毁严重，乱后未再使用[⑮]。此外，在大学堂创办以前，曾有刑部主事张元济于光绪二十三年（1897 年）初集资创办新式学堂一所名曰西学堂，校址位于宣武门内象坊桥，后改称通艺学堂，是戊戌时期北京城内首先创立并最早使用图书馆这一名称的学堂。政变发生后，张元济被革职，通艺学堂被迫停办，其全部校产造册移交大学堂管理（刘仲华，2008）。通艺学堂的房地系租赁民房所得，之后是否由大学堂继续租用，现有资料记载尚不清楚，此处仅作为相关房地产列举，详细情况有待日后进一步补充。

3 壬寅大学城内房地的进一步发展（1902～1912 年）

庚子之乱平息后，清廷于光绪二十七年（1901 年）十二月任命张百熙为管学大臣，负责重开及建设大学堂事宜，大学堂房地产发展由此进入了新的扩张阶段。

首先，在张百熙主持下，大学堂主体部分艰难扩展。戊戌年大学堂开办伊始，公主府地方空间不足的情况即开始显现，在十二月孙家鼐上呈的奏折中，首次记载了这一情形：“现在斋舍仅能容住二百余人，而报名者已一千有零”（王学珍等，1998）。次年《申报》再次报道，大学堂原拟招收学生二百人，“嗣以斋舍不敷，先传到一百六十名”[16]。庚子之乱中，内务府尚未及接管大学堂房舍，洋兵即攻入城中，占据并损毁大学堂房舍，据档案记载，“所有书籍仪器家具案卷等项一概无存，房屋亦被匪拆毁，情形甚重”[17]。张百熙上任后，于光绪二十八年（1902年）正月奏报关于重修及扩建大学堂相关事宜，建议一面拨地新造完备之校舍，一面“仍旧基修葺，并将附近地面增拓办理”，并指出可资增拓的房地：“现勘得学堂东、西、南三面，皆可拓开数十丈。其地面所有房屋，多系破旧民房。若公平估价，购买入官，所费当不甚巨。此项新拓地面，即作为增建校舍之需。”[18]张百熙的奏折将之前被搁置的于大学堂附近购买旗房的计划再次提上日程，但两个月后，经实地勘察后他于奏折中表达了对于开展此项工程的担忧，转而强调于城外建校的优势：“臣前奏请就地开拓，当向附近四面查明，东面多系世居安土重迁人情不免一时收买甚难，南北二面阻于街衢，唯西面可以开拓而地址不甚宽展。且学堂原屋残破修补之费亦已不赀，加以收买添造复须十余万金，与另行拨地建造所费不相上下。臣原奏本有另行拨地一层，目下体察情形开拓办理与新造之费不甚相远，且收买费手深恐旷误时日。查古制大学在郊原不必拘定城内，盖聚学生数百人之多，功课余闲不能无外出游息之事。人家稠密之处约束恐或有难周，若于附郭等处地面指拨一方或由学堂自行收买空地，一经定局即可动工且有诸多利便之处。”[19]据档案记载，光绪二十七年（1900年）至二十九年（1903年）间，大学堂于丰台瓦窑郭家庄一带陆续购买民田一千三百余亩，预备作为新建校舍的基址，但由于朝中反对势力强大，此项工程终因经费支绌、管理困难等原因暂时作罢（北京大学校史研究室，1993）。在关于城外建校的争论过程中，曾有朝臣提议划拨位于西城地区在庚子之乱中损毁的端王府府邸，加以改建作为大学堂新建场所，但因空间有限、拓展困难而未被采纳，此府邸后来被作为京师高等实业学堂校址，民初改为北京工业专门学校，抗战胜利后才归入北大作为工学院校址[20]。光绪二十八年（1902年）底，大学堂在整修公主府旧有房屋并新建房屋一百二十间的基础上重新开学，分设师范、仕学两馆[21]。

为了达到规模与空间要素的完备，此后大学堂陆续寻觅房地，依次添建宿舍、操场等新式设施。张百熙曾论述宿舍对于新式学堂的重要意义：“查欧美日本学堂，皆有寄宿舍备学生居住，所以使学业之专注，绝放心之外驰，其监督条规，尤极严密。”[22]光绪二十九年（1903年），首先租用大学堂迤南北河沿迤北八旗先贤祠空闲馆舍改建宿舍，一直使用至民国中期后退租[23]；光绪三十年（1904年）二月，以公主府西侧空地建造宿舍，即后来著名的“西斋”。光绪三十一年（1905年）三月，大学堂总监督张亨嘉上奏指出大学堂现有体操场面积狭隘，而“强健身体通畅戎略”对于大学教育具有重要意义，请求添建操场：“兹于大学堂近旁查有内务府空地一区，东西长四十丈，南北宽二十二丈，拟借用此地筑为操场”[24]。这块与大学堂邻近的空地即沙滩汉花园，在明代曾作朝廷御马监（段柄仁，2007），至清末北部为仓厂，南部为闲置空地，时有旧房十七间，借拨给大学堂改建操场；民国时期正是在此处操场上建成了著名的红楼，其建筑经费由比利时仪器公司贷款，以地皮作为抵押[25]。宣统元年（1909年），内务府再次划拨汉花园空地西南隅给大学堂，建成学生宿舍一百五十四间，称为“东斋”[26]。据民国时期北大纪念册记载，清末大学堂还于西老胡同设教习住室一所共八间，“置价银八百五十两”，在公主府迤东租松公府基地设植物园一处，“典价一千五百两”（吴相湘、刘绍唐，

1971)，大学堂主校区以公主府为中心缓慢扩张。

在学堂主体部分之外，随着大学堂机构设置的发展和大学分科的逐步施行，其附属机构于城内陆续开拓房地，并以相对分散的形式分布。首先是一些已有学堂经改组后并入大学堂，可分为在原有房地产基础上改建及另觅房地产新建两种方式。光绪二十七年（1901 年）底，京师同文馆率先并入大学堂。同文馆创办于同治元年（1862 年）八月，以东堂子胡同铁钱局改设总理衙门，以其内炉房修建同文馆馆舍，归入大学堂后，同文馆改称翻译科[27]；光绪二十八年（1902 年），由于公主府房屋不敷使用，大学堂另于南部东安门内北河沿购买房宅一区，改建译学馆，将原翻译科迁入[28]，先任命曾广铨为监督，后以朱启钤代之。朱启钤上任后，认为北河沿房地仍显狭隘，以民宅改建的讲堂及自修室也不合法式，于是在光绪二十九年（1903 年）六月再次奏请拨给现有房地迤北前御骡圈官地、迤南光禄寺官地房屋数所，于光禄寺地方建成三层洋楼一处作为学生斋舍，包括宿舍及自修室等，原不合法式的自修室则拆去新建理化讲堂[29]。光绪二十八年（1902 年）正月，翰林院侍读宝熙上奏称原八旗官学日益衰败，请将其停办改设八旗小学堂八处，以一中学堂统管，均归入大学堂办理[30]。其中中学堂设于地安门内郎家胡同原经正书院地方，八处小学堂基本以原有官学改建。光绪二十九年（1903 年）十一月，设八旗学务处专管八旗学堂，其房地产脱离大学堂管辖。光绪三十二年（1906 年）八月，为了给即将毕业的师范生提供练习机会，大学堂开办附属高等小学堂一处，奏调内务府三旗高等小学生入学肄业。清末曾附属于大学堂的中小学堂情况如表 1 所示。

表 1　清末京师大学堂附属中小学堂概况[31]

学堂名称	学堂地址	房地产来源
宗室觉罗八旗中学堂	地安门内郎家胡同	前经正书院
宗室觉罗八旗第一小学堂	地外南锣鼓巷前圆恩寺西头路北门牌 13 号	镶黄旗官学
宗室觉罗八旗第二小学堂	阜成门内北沟沿祖家街	正黄旗官学
宗室觉罗八旗第三小学堂	朝阳门内新鲜胡同路南门牌 44 号及 29 号	正白旗官学
宗室觉罗八旗第四小学堂	西四牌楼北报子胡同西头路北 14 号	正红旗官学
宗室觉罗八旗第五小学堂	东单牌楼北新开中间路北 28 号	正蓝旗官学
宗室觉罗八旗第六小学堂	西单牌楼北西斜街宏庙胡同 9 号	镶蓝旗官学
宗室觉罗八旗第七小学堂	东象鼻子坑路北门牌 4 号	镶白旗官学
宗室觉罗八旗第八小学堂	西单牌楼绒线胡同东头路北 46 号	原右翼宗学
大学堂附属高等小学堂	未知	未知

除已有学堂并入外，自光绪二十九年（1903 年）起，大学堂陆续于城内添置房地产，在公主府之外设立了新的分科馆舍。首先重设医学馆，先前设于通政司衙门之医学馆于庚子之乱中损毁严重，乱后医科暂设于预备科艺科之下，以公主府为基址[32]；光绪二十八年（1902 年）钦定章程提出另设医学

实业馆，光绪二十九年（1903年）三月，大学堂觅得地安门内太平街民房，通过租赁作为医学实业馆开办场所；光绪三十一年（1905年）四月，学务大臣孙家鼐等人上奏请求将医学实业馆与施医局合并，改设医学馆，并就其迁移及建设事宜进行了筹划："该馆开办之初，因无房舍暂租地安门内太平街民房，地方偏僻，屋宇无多，不便兼办施医，自宜择地建馆以次扩充。臣百熙与都察院左都御史陆润庠前奉懿旨办理京师施医局，其总局设在前门外孙公园，地即适中，规模宏敞，该局东偏尚有余地一区，可建造医学馆。该建房屋三层，中屋洋式楼房一座以作讲堂斋舍，前后平房两座，以作治病办事等所。"[33] 同年医学馆改建完毕迁入，此处地产一直使用至光绪三十三年（1907年）后医学馆独立成为专门学堂。此外，光绪三十年（1904年）于西城太仆寺街李阁老胡同开办进士馆，关于进士馆房地的记载较少，一种较大的可能是此处曾为明代大学士李东阳的宅邸，自其辞官回乡后已破败，后经同乡整修设立祠堂，至清末闲置[34]。进士馆初设于光绪二十九年（1903年）正月，后因公主府地方狭隘于次年将仕学馆一并迁入，此处房地一直使用至光绪三十二年（1906年）十二月，因光绪三十一年（1905年）科举废除，进士馆已无继续开展的需要，于是在次年学生毕业或派往国外留学后停办，其房地转由新开办的京师法政学堂接收使用[35]。光绪三十三年（1907年）六月，大学堂开办附设博物品实习科，初以公主府内院西南北楼地方开办简易科，宣统元年（1909年）简易科学生毕业请奖，因为

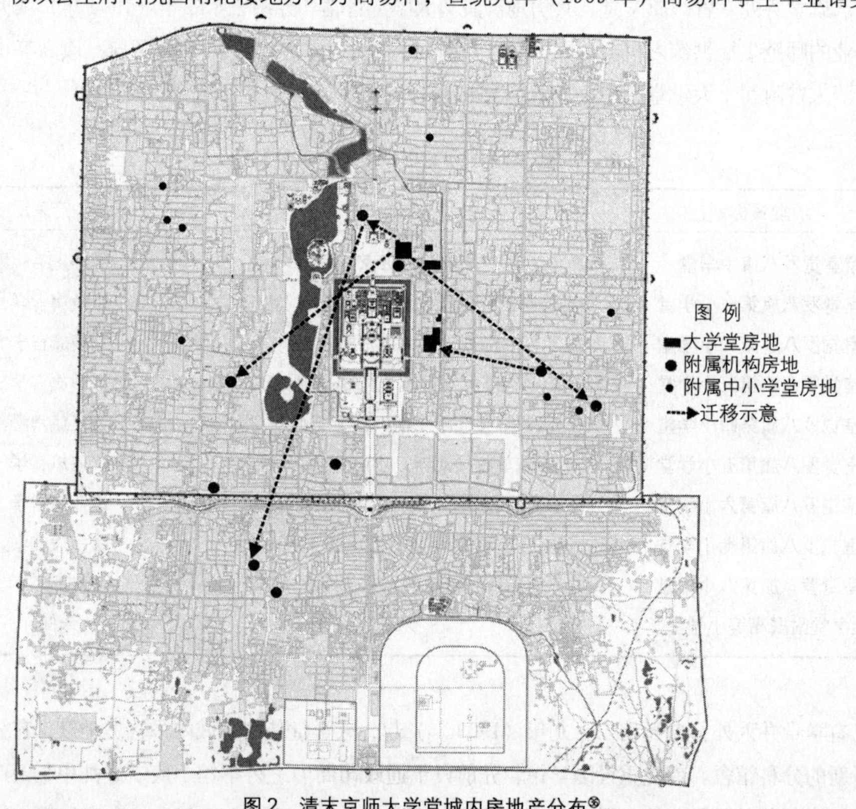

图2 清末京师大学堂城内房地产分布[36]

较中等实业学堂标准修业年限尚缺少一年，于是在十一月再次入堂肄业，由于此时公主府被用于开办分科大学，博物品实习科另租后椅子胡同民房续办[37]。至此，前后与大学堂相关之城内房地产已达 20 余处，除公主府主校区外另分散于内外城中（图 2）。

4 大学堂房地产发展的时空特征及高等学堂的整体建设

在前文对大学堂房地产开拓过程进行复原的基础上，这一部分进一步对其时空发展特征进行讨论，并将视野放大至北京城内其他高等学堂，通过爬梳史料，对清末高等学堂房地产发展问题进行一个整体的研究与总结。

4.1 清末高等学堂房地产获取途径

从前文关于大学堂的研究来看，其房地产开拓基本是一个自上而下的过程：大学堂最先利用与改造的对象是一些已经废弃的王府、衙署等官方房产，其后是空间功能不再适应于城市发展的传统官学，最后扩展到旗房、民房这一私人领域，大学堂的空间建设同时伴随着城市职能空间的演替过程。对于清末其他高等学堂发展而言，情况也大抵如此。具体来讲，依房地产原始归属及用途的不同，清末高等学堂房地产获取可分为如下几种主要途径。

第一种是由朝廷划拨王府或贵胄府邸，依房地使用状况可分为划拨空闲府邸与划拨正在使用的府邸两种。划拨空闲府邸的情况在王府中比较常见，如前文提到的公主府、端王府，在这类情况中，房地产拨给方式一般称作“借拨”，学堂建设包括修葺旧有房屋和新建房屋等。划拨正在使用府邸的情况如陆军贵胄学堂建设中，原就神机营军械署改建堂舍，但由于练兵处认为房地狭隘不利于建设操场，后另拨铁狮子胡同东口德公府为练兵处新址，迤东毓公府为学堂房地，同时划拨两处官房给原府主人作为新的居址，德公府德茂迁至阜成门内学院胡同，毓公府毓璋迁至东四十条路北，这种情况可被视为一种有偿的征用；有时也会通过租赁的方法获取正在使用的府邸中的部分房地，如大学堂租用松公府基地建造植物园，北大对松公府的租用一直延续至民国时期，于 1930 年代最终购得其全部产权。

第二种是由朝廷划拨衙署，依房地使用方式可分为划拨废弃衙署和附设于正在使用的衙署两种情况。利用衙署进行建设的情况在清末高等学堂中所占比例很大，这些衙署有些是明代沿用下来到清代较早废弃的，如通政司衙门（医学馆）、养象所官地房舍（法律学堂、财政学堂）等[38]，也有些是清代一直使用、到清末才逐渐废弃的，如御马圈官地、光禄寺官地（译学馆）等。衙署特别是废弃衙署在高等学堂房地产中占据高比例，体现了随着清王朝的衰亡，城市内原有的职能空间也在随之衰败并被逐步取代。

第三种是使用传统书院等旧式学堂，或代替现有新式学堂。使用旧式学堂的情况不必多言，代替新式学堂的情况分为两种：一种是随着清末形势的变化，一些开办不久的新式学堂被迫停办，如通艺学堂因张元济被革职无法继续，或如进士馆因科举停办而失去了继续存在的意义，这些都是清末时局变动的反映；另一种是已经开办的新式学堂发生迁移，其昔日校址就成为了其他学堂可以利用的房地，如女师大在医学馆独立迁出后租用其原设于施医局的房地，优级师范学堂使用五城中学堂旧有房地等等。使用学堂房地的优点在于基址适宜教学，改造成本较低，但由于旧式学堂规模较小、新式学堂迁移不多，所以利用学堂房地的情形在清末高等学堂中并不十分多见。

第四种是使用普通房宅，依房产性质可分为使用旗房或民房，依获取方式可分为租赁或购买。租赁房宅一般作为过渡手段，特别是租赁内城旗房，其租期往往较短，变动性也较大，如医学实业馆租太平街民房后不久即迁出，另如清华大学前身留美学务处肄业馆在崇文门内连续迁移两次后迁出城外[39]；也有些租赁民房使用时间较长的情况，如虎坊桥官书局，但这些一般是高等学堂的附属机构且规模较小。购买房宅的情况中，学堂多数是为了购买其所占据的地产，很多情况下会拆除原有房舍另建新房，如译学馆的情况。

最后一种是利用空地新建校舍。这些空地有些附属于衙署当中（应属第二类情况），还有些是内务府所属的空地，划拨或借拨后直接用于学堂建设，如汉花园操场。有些利用空地新建校舍的学堂在校舍建成以前先附设于某一机构，待完成后迁出，如税务学堂在大雅宝胡同东口新建校舍后由西堂子胡同税务处迁出、女师大在石驸马大街校舍建成后由施医局迁出等等[40]，这种开办与建设并行的情况体现了清末学堂开办的迫切。需补充的是，清末内城可资利用的空地很少，我们现在认为是划拨空地建设的一些情况也可能是缺少了某一环节的史料，实则是先划拨或购买房产，再拆除建设新的校舍(第四类情况)。

自光绪二十四年（1898 年）起，在全国范围内兴起了一场通过改造民间寺庙兴办新式学堂的庙产兴学运动。寺庙在北京内外城中分布广泛，但在清末高等学堂房地开发中对其利用却极少，究其原因可能有以下两点。首先，内城寺庙势力较大，征用不易；其次，寺庙可供改造的空间有限，不适宜高等学堂建设。在清末，区位适中、规模较大的寺庙多为皇家敕建，与朝廷有着密切的联系，加之传统信仰的力量，在兴学之初对这些寺庙进行完全改造颇为困难；可资使用的寺庙部分为废弃小庙，部分为外城寺庙的局部空间，利用这些房地的以原附设于寺庙的改良私塾和寺僧自立的僧学堂为主；在高等学堂中，仅有女师大一例曾利用内城旃檀寺、仁寿寺两处毗连的废址暂行设置，不久即迁出[41]。

总而言之，清末高等学堂的房地产获取仍以朝廷划拨官方房地为最主要途径，私人房宅的使用开始进入学堂房地产领域，并占据了一定比例，而对于寺庙等与传统力量联系密切的特殊房地类型，基本还未涉及。以上特征体现了由学堂建设带来的空间变化，同时也反映了来自时代的局限。

4.2 大学堂及高等学堂房地产开发的时空特征

大学堂清末城内房地产分布具有以公主府为空间重心，同时相对分散的特征。在整个王朝末期，大学堂的空间建设和房地产开拓实际上存在着城内城外两个重心：在规划层面上，大学堂致力于建设规模完备、校舍毗邻的统一校区，城外分科大学建设在当时声势浩大，取得了少量建设成果；在实际层面上，公主府虽然在最初作为大学堂临时开办场所而建设，在清末却一直承担着其空间发展的重荷，学堂主体校区尽量围绕公主府开拓新的房地，并建成了宿舍、操场等一些新的要素，形成了空间上相对聚集的区域；附属地产方面，由于公主府空间实在不敷使用且周围房地开拓困难，新的分科及附属机构开始向城内另觅房地，其分布较为零散，地产的变动性也较主校区有所增强。虽然民国年间北京大学以三院五斋的分散格局而闻名，但其实彼时校区基本围绕沙滩红楼而分布，是一种聚集区域的扩大，城内分散的地产多为宿舍用地；而清末由于新式学校管理体制、学科设置均在摸索之中，附属于大学堂的机构也在不断变动和调整，相应地产生了大量且分散的附属房地，可以说是新学建设初期独有的特色。在相对分散的空间分布之外，清末大学堂房地产分布还有另外一些特点，同时也代表了这一时期高等学堂房地产分布的特征。

首先，大学堂地产分布明显集中于内城，呈现由皇宫核心地带逐渐向外扩散的趋势。这一特征与前文所述高等学堂自上而下的房地产获取方式密不可分，清末高等学堂建设以划拨官房为最主要途径，适合高等学堂规模、建置要求的王府、衙署多于内城分布，由此决定了学堂选址的区位特征。同时，毗邻皇宫的区位也比较适合作为官立学堂开办的基址，在大学堂公主府改造中，内务府及管学大臣多次前往现场进行勘察并指导工程进展，这种直接的督导方式在学生入学后得以持续；而大学堂城外地产的建设则与此形成对照，分科大学地产划拨后，其工程在三四年内基本没有进展，除去经费不足、人事动荡等原因之外，城外难于管辖的特征也是一个区位上的劣势。与大学堂情况类似的是清末高等学堂中有很多官方部立学堂，其设置呈现出毗邻所属衙署的特征，可以说，王朝势力的控制在清末高等学堂空间发展中构成了一个促使其集聚的潜在力量。

其次，在大学堂使用的私人房宅方面，约呈现出一个随着时间推移，由外城向内城反向过渡的趋势。这一特征主要与北京城空间结构及人口结构的变动有关，清代实行满汉分城制度，尽管大学堂设立之时旗民交产已得到朝廷的允许，但初期购买公主府附近的房宅仍颇为不易，这主要是因为内城皇宫附近居住者多为上三旗旗民，房产及区位是其身份的象征，居民安土重迁的情绪比较强烈，加之对新学认同有限，即使以朝廷立场进行收购仍存在很大障碍；与之对照的是早在大学堂设立以前即于虎坊桥租赁民房设置的官书局、于宣武门内城边缘地带租赁房宅设置的通艺学堂，其房地获得均较皇城附近容易许多，这一方面与宣南仕乡的人文传统密不可分，另一方面也体现了外缘地区房宅获取的相对便利。而在庚子之乱以后，旗民的境况每况愈下，据赵寰熹（2012）研究认为，在1900～1912年之间，开始出现一个旗人由内城中心地带向外迁移的趋势："旗人将位于内城中部地带的房子卖给汉人，并从汉人手中买入内城靠近大城墙或外城的房子。"在这一形势下，内城学堂利用私人房宅的情况也开始增加，如汇文大学堂校舍于乱中被毁，1904年为了新建校舍于崇文门内进行了民房的征购，在重建之余空间规模也得到扩展。参考清末其他高等学堂的情况，将官方划拨的房地与租买私人的房地[⑱]进行区分后分阶段标注于北京城底图当中，可得到清末高等学堂房地产开发的时空变化组图，从图中可以看出清末高等学堂房地产开发基本符合上述官方房地向外扩散、私人房地向内渗透的趋势。时间变化方面，在科举废除以前，大学堂及少量教会大学建设是北京城内高等学堂房地产开拓的主体，约在庚子之乱以后存在一个房地产发展的小高潮（1901～1905年），而科举废除以后（1906～1911年），其他官立高等学堂的房地产数目显著上升，且多于大学堂新增的房地数量。各阶段新建高等学堂房地产分布如图3所示。

4.3 小结：从高等学堂发展看北京城房地产之近代化

本文的最后尝试透过清末高等学堂建设，简单地审视与总结北京城房地产发展的近代化及阶段问题，主要涉及房地产产权与交易、房地产形态及市民意识等相关方面。

关于清末北京城内房地产产权与交易问题，王均（1996）曾提出："（清代北京）城市土地房屋，特别是王府及旗人住房，原则上都是朝廷所有的财产，内城少量的王公旗人私有土地分两种，一是因功蒙上赐者为受赏地，一是照民约备价私购者为自置地，房地产难以进行交易。"此观点大体正确，但仍存在一些值得讨论的细节。清代房地产产权的概念很不明确，特别是私产领域十分模糊，根据"普天之下，莫非王土"的原则，北京城内房地产所有权均归朝廷所有，区别仅在于房地产的使用权由谁支配，从清末高等学堂建设来看，衙署、王府、学校、贵胄府邸等房地产基本处于朝廷的掌控之下，贵胄府邸界于官私之间，一方面府主人享有出租或买卖其房产的权力，另一方面当面临朝廷建设需要时又多会服从官方征地的安排；旗房及民房基本属于私人房宅，虽然旗房正式私有化发生在清王朝统治结束之后，但清末学堂建设中，朝廷及内务府并不能随意支配私人房宅的使用，即使如大学堂建设这样的官方事业，同样受制于私人意志的选择；清末允许旗民交产后，内城旗房基本可以自由买卖，按照张小林的观点旗房民房化、私有化的趋势已不可逆转[13]。交易方面，"房地产难以进行交易"的说法过于笼统，清末高等学堂发展中，购买房宅的例子已不在少数，在北大档案馆馆藏档案中记录有宣统元年（1909年）收到译学馆添购房间红契十张的内容[14]，虽尚未找到相应契据，但可以看出此时学堂购买房宅的交易已按照官方程序进行，具备了一定的交易模式；但由于此时房宅私有化没有完全实现，房地产交易仍属个体行为，据赵津（1993）研究指出，清末北京城内的民房四合院仍"以自产自用为主，或兼做出租，很少有成批生产的商品房屋"。依据现代房地产标准判断，清末私人房宅初步具备了房地产用于交易的经济属性，但不具备由所有权赋予的法律属性；学堂与私人房宅之间的买卖已形成一定模式，但并未出现市场及地价等现代交易条件。依据赵津、唐博等人研究中所使用的房地产近代化标准"农地大规模转化为市地，土地作为商品进入流通领域"来看，清末北京城学堂房地产发展仍处于近代化以前的萌芽阶段（赵津，1994；唐博，2009）。

清末高等学堂建设带来了北京城内房地产形态的变化，开始对城市文化和市民观念产生影响。首先建成了一些新式学堂建筑，洋楼由教会学校引入并广泛应用于清末高等学堂建筑当中，如译学馆于光禄寺官地建成三层洋楼、医学馆于施医局建成两层洋楼等等，其中女师大主楼及校门、陆军贵胄学堂主楼南楼等建筑得以一直保存至今，已成为北京市重要的文物保护单位（张复合，2003）。此外，随着宿舍、操场、植物园等新式空间要素的建设，以大学堂为中心逐渐出现了近代校园的雏形，这种建设方式也被同时期其他高等学堂仿效，如宗室觉罗八旗中学堂升格为高等学堂后，于光绪三十四年

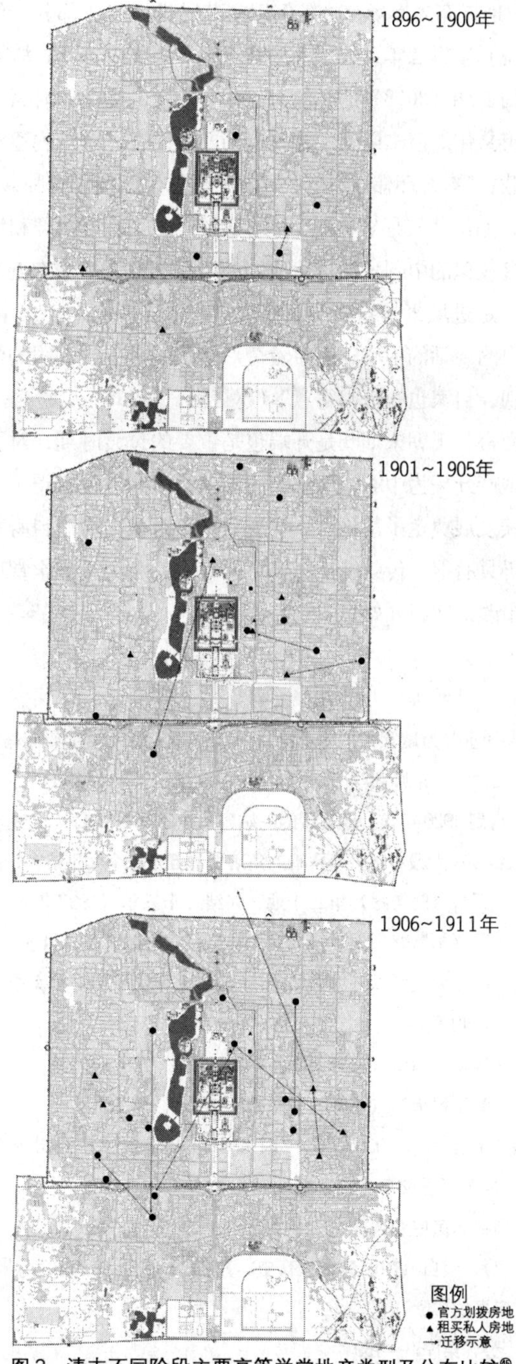

图3 清末不同阶段主要高等学堂地产类型及分布比较[⑯]

(1908年）将北面千佛寺旧址扩充为操场，将东侧惠家花园纳入组成部分，优级师范学堂迁入原五城中学堂房地后，陆续于宣统元年、二年进行了斋舍和阴雨操场的扩建[40]。清末高等学堂的空间建设带来了城市景观的革新，依周锡瑞（2008）的说法，这些空间上的变化同时又会带来新形式的人际交往与社会关系，形成新的城市文化。清末以大学堂改造为开端，在北京城内逐渐出现了以新学为中心的新的文化景象，如时人记载："新奇环伟之风气，诡异之服饰，潮涌于京师，且集于马神庙一隅。"[41]市民的观念也随之开始改变，如郁达夫形容："当时的学堂，是一般人崇拜和惊异的目标。将书院的旧考棚撤去了几排，一间像鸟笼似的中国式洋房造成功的时候，甚至离城有五六十里路远的乡下人，都成群结队，带了饭包雨伞，走进城来挤看新鲜。在校舍改造成功的半年之中，'洋学堂'的三个字，成了茶店酒馆，乡村城市里的谈话的中心；而穿着奇形怪状的黑斜纹制服的学堂生，似乎都是万能的张天师，人家也在侧目而视，自家也在暗鸣得意"（赵红梅，1996）。

对于城市近代化发展而言，王朝末期既是开端也是重要的过渡时期，对于清末学堂房地产发展而言同样如此。以大学堂房地产开拓为中心，清末的高等学堂空间建设取得了一定的成果，并为民国时期新式学校在空间上的继续发展奠定了基础。尽管受到来自时代与城市自身特点的诸多局限，这一时期高等学堂的房地产发展仍具有很多传统特征，但可以看到，一个近代学堂房地产开发的模式已显露雏形，一场翻天覆地的城市改造即将开始。

注释

① 台湾学者庄吉发以"京师大学堂"为题写作的博士论文，其中涉及到大学堂空间与地产发展的部分内容，为本文提供了研究的线索。见庄吉发："京师大学堂"，台湾大学文学院，1970年。

② 如《萧乾回忆录》中记载，直到1920年代，他就读的尼姑庵私塾还保持着旧式私塾与寺庙共存的景观格局："总挤满了烧香的善男信女。私塾设在大殿右侧一个昏暗的角落里，五十来个学生挤在一座座砖砌的小台子周围。"

③ "官书局议复开办京师大学堂折"，《时务报》第二十期，光绪二十三年（1897年）。

④ "遵筹开办京师大学堂折附章程清单"，《中国近代教育史料》（第一册），第134页。

⑤ "庆亲王亦劻等请拨马神庙官房作为大学堂开办之所折"，北京大学第一历史档案馆编：《京师大学堂档案选编》，北京大学出版社，2001年，第48页。

⑥ "著内务府将马神庙空房修葺拨用谕旨"，《京师大学堂档案选编》，第49页。

⑦ "总管内务府为照图修造大学堂工程折"，《京师大学堂档案选编》，第2页。

⑧ 北京大学档案馆馆藏档案，卷宗号JS 0000006，"内务府与大学堂关于接收马神庙房屋的咨文"；卷宗号JS 0000009，"大学堂与内务府关于移交房屋的咨文"。

⑨ "内务府与大学堂关于接收马神庙房屋的咨文"。

⑩ 罗惇曧：《京师大学堂成立记》，引自《中国近代教育史料》（第一册），第158页。

⑪ "大学堂与内务府关于移交房屋的咨文"。

⑫ 罗惇曧：《京师大学堂成立记》，第158～159页。

⑬ "协办大学士孙家鼐奏请设立医学堂片"、"协办大学士孙家鼐奏陈医学堂办法并请赏拨衙署开办折"，《京师大学

堂档案选编》，第 62 页。

⑭“戊戌变政期之新教育”，第 77 页。

⑮ 北京大学档案馆馆藏档案，卷宗号 JS 0000013，“外务部丁韪良与大学堂关于官书局医学院的损失和洋教习的薪金应照发及大学堂与各处关于处理此事的来往咨文禀呈”。

⑯《申报》，1899 年 1 月 17 日。

⑰ 同⑮ 。

⑱ 张百熙：“奏办京师大学堂”，《近代中国教育史料》（第一册），第 126～133 页。

⑲“管学大臣张百熙请于附郭拨地建造校舍片”，《京师大学堂档案选编》，第 130 页。

⑳《北京市志稿》文教志（上），第 392 页。

㉑ 罗惇曧：《京师大学堂成立记》，第 160 页。

㉒ 张百熙：“京师大学堂堂谕”，《近代中国教育史料》（第一册），第 150 页。

㉓ 1930 年代，八旗先贤祠宿舍因设备过于陈旧发生浴室倒塌事件，后退租。见李向群：《老北大校园变迁回顾》，第 68 页。

㉔“大学堂总监督张亨嘉奏请拨地建操场片”，《京师大学堂档案选编》，第 263 页。

㉕ 萧超然编：《北京大学校史（1898～1949）》，第 42～43 页。

㉖ 李向群：《老北大校园变迁回顾》，第 68 页。

㉗《京师译学馆校友录》，京师译学馆，1925 年，第 4 页。

㉘“京师译学馆建置记”，《教育杂志》，1905 年第 6 期，第 41 页。

㉙ 北京大学档案馆馆藏档案，卷宗号 JS 0000042，“大学堂与内务府光禄寺等处关于奏准拨给官地的咨文”；官地位置参见“乾隆十五年清北京城街巷胡同图”，段柄仁主编：《北京胡同志》；《京师译学馆校友录》，第 5 页。

㉚（清）《清实录》（第五十八册），中华书局，1985～1987 年，第 520 页。

㉛ 京师督学局编：《京师督学局调查学堂一览表》，光绪三十二年（1906 年）九月。

㉜ 同⑮。

㉝“学务大臣孙家鼐等奏请建医学馆堂舍并与施医总局合办折”，《京师大学堂档案选编》，第 272 页。

㉞ 段柄仁主编：《北京胡同志》，第 323 页。今址为力学小学。

㉟“筹设京师法政学堂酌拟章程折”，《学部官报》，光绪三十三年（1907 年）第十四期。

㊱ 此图以测绘院 1949 年绘制《北京城建筑图》作为底图，原图比例尺为 1：5 000，图中皇城附近地产参照民国年间“北京大学附近一带地图”中相关校区范围复原，其他清末地产仅为位置示意。

㊲“国立北京大学廿周年纪念册”，第 104 页。

㊳《北京市志稿》文教志（上），第 383 页。

㊴《北京市志稿》文教志（上），第 357 页。

㊵《北京市志稿》文教志（上），第 337 页。

㊶“学部奏遵设立女子师范学堂折”，《东方杂志》，光绪三十四年（1908 年）第八期。

㊷ 由于清末房地产权制度比较混乱，此处将“私人的房地”界定为由私人使用、可以自行买卖的房地类型，主要为旗房和民房，如松公府这种由朝廷赏拨的贵胄府邸，原则上属于私人房地，但仅当其与学堂之间发生直接交

易时，我们才将其作为私人房地，对于朝廷直接划拨的情况，仍将其作为官方房地类型。

㊸ 张小林：《清代北京城区房契研究》，中国社会科学出版社，2000 年，第 148 页。

㊹ 北京大学档案馆馆藏档案，卷宗号 JS 0000112，“空白关防及关防留样”。

㊺ 各阶段中绘出的是本时间段内新增的高等学堂房地，而不是截至此时高等学堂总体分布状况。

㊻《北京市志稿》文教志（上），第 328 页。

㊼ 罗惇曧：《京师大学堂成立记》，第 160 页。

参考文献

[1] 北京大学校史研究室编：《北京大学史料》第一卷（1898～1911），北京大学出版社，1993 年。

[2] 丁致聘编：《中国近七十年来教育记事》，台湾商务印书馆，1970 年。

[3] 段柄仁主编：“明北京城街巷胡同图（1573～1644）”，《北京胡同志》，北京出版社，2007 年。

[4] 李向群：“老北大校园变迁回顾”，《北京大学教育评论》，2005a 年第 S1 期。

[5] 李向群：“老北大校园变迁回顾”，《北京档案史料》，2005b 年第 1 期。

[6] 李孝聪：“城市职能建筑分布”，《北京城市历史地理》，北京燕山出版社，2000 年。

[7]（清）梁启超：《饮冰室合集》（第四册），中华书局，1989 年。

[8] 刘仲华主编：《北京教育史》，人民出版社，2008 年。

[9] 舒新城编：《近代中国教育史料》（第一册），中华书局，1928 年。

[10] 孙华、陈威：“北京大学校园形态历史演进研究”，《教育学术月刊》，2012 年第 3 期。

[11] 唐博：“清末民国北京城市住宅房地产研究（1900～1949）”（博士论文），中国人民大学，2009 年。

[12] 王均：“近代北京城市地价”，《北京房地产》，1996 年第 10 期。

[13] 王学珍等主编：《北京大学纪事（1898～1997）》，北京大学出版社，1998 年。

[14] 吴相湘、刘绍唐主编：《国立北京大学廿周年纪念册》，《民国史料丛刊》（第 5 种 国立北京大学纪念刊），传记文学出版社，1971 年。

[15] 吴延燮总纂，于傑等点校：《北京市志稿》文教志（上），北京燕山出版社，1998 年。

[16] 萧超然编：《北京大学校史（1898～1949）》，上海教育出版社，1981 年。

[17] 肖东发主编：《风骨：从京师大学堂到老北大》，北京图书馆出版社，2003 年。

[18] 萧乾：《未带地图的旅人：萧乾回忆录》，江苏文艺出版社，2010 年。

[19] 张复合：《北京控建筑史》，清华大学出版社，2003 年。

[20] 赵红梅编：《郁达夫自叙》，团结出版社，1996 年。

[21] 赵寰熹：“清代北京城八旗分布与变迁”（博士论文），北京大学，2012 年。

[22] 赵津：“看不见的手：地价在近代中国城市区域划分和建筑革命中的自发作用”，《南开经济研究》，1993 年第 5 期。

[23] 赵津：《中国城市房地产业史论》，南开大学出版社，1994 年。

[24]（清）震钧著，顾平旦点校：《天咫偶闻》，北京古籍出版社，1982 年。

[25] 周锡瑞：“重塑中国城市：城市空间和大众文化”，《史学月刊》，2008 年第 5 期。

[26] 朱有瓛、高时良主编：《中国近代学制史料》（第一辑上册），华东师范大学出版社，1983～1993 年。

中国高等教育与国家创新体系建设

吴维平
刘佳燕 译

Higher Education and National Innovation System Development in China

WU Weiping
(Department of Urban and Environmental Policy and Planning, Tufts University, MA02155, USA)
Translated by LIU Jiayan
(School of Architecture, Tsinghua University, Beijing 100084, China)

Abstract This paper investigates the role of universities in China's national innovation system. Based on qualitative and quantitative information from official statistics, relevant literature and field research, it systematically assesses significant trends and emerging strengths of the higher education sector. After situating the evolving role of universities in China's science and technology activities, the paper evaluates the performance of Chinese universities in conducting research and development. In addition, it outlines the interaction of universities with firms, and assesses the ability of universities to contribute effectively to the creation, adaptation and diffusion of technology and knowledge. The paper concludes with policy suggestions in regard to how the contribution of higher education to the national innovation system could be enhanced.

Keywords innovation system; higher education; knowledge innovation; research and development

作者简介
吴维平，美国塔夫斯大学城市与环境政策规划学院。
刘佳燕，清华大学建筑学院。

摘　要　本文探讨了大学在中国国家创新体系中的职能。通过对质性和量化的官方统计资料和相关文献的研究，以及在实地调查的基础上，系统地评估了高等教育部门的主要发展趋势和新兴优势。通过分析大学在中国科学技术活动中的角色的演化，本文对中国大学在开展研究和推动发展中的表现进行了评估。此外，还对大学与企业的互动关系进行了概括，评价了大学在知识技术的创新、适配和传播方面的有效贡献。最后，针对如何提升高等教育对国家创新体系的贡献提出了政策建议。

关键词　创新体系；高等教育；知识创新；研发

1　大学、创新和技术进步

大学的职能是多方面的。首先，它们培养新一代的领导者、管理者、专业人员和技术工作者。其次，通过开展研究，它们致力于创造多种形式的知识——出版物、专利和原型。最后，至少可以说，通过研究成果的商品化、解决问题和提供公共空间，大学为地方和国家的经济发展做出了贡献（Abdullateef, 2000; Cambridge-MIT Institute, 2005; Poyago-Theotoky et al., 2002）。随着知识经济的兴起，大学日益被视为知识、创新和技术进步的源泉。

从全球而言，大部分学术研究的经济效益都来自于企业在大学研究人员的科学和工程创造基础上进行的发明创造（Henderson et al., 1998; Poyago-Theotoky et al., 2002）。在基础和应用知识领域的创新之外，大学研究人员还可通过产品改进和过程优化的途径推动商业发明的发展。此外，许多著名案例显示，大学为大都市地区活跃的产业集群提供了重要支撑。在那些有多所强大的、多学科的研究型大学聚集的竞争氛围内，高等教育机构的地区影响力有可能更为显著，例如在美国的波士顿、旧金山湾区以及圣地亚哥等。

不同国家的大学体系在研究和创新中的重要性不同。美国通常被视为拥有最有效、最具创业型的运作模式。战后美国国家创新体系的一个主要特征就体现为高等教育机构研究功能的巨大扩张。联邦政府通过同时为大学的研究和教育领域提供资助，强化了大学对研究领域所做的承诺（Mowery and Rosenberg，1993）。美国的体制转变——尤其体现为1980年代通过的《史蒂文生—魏德勒技术创新法案》（*Stevenson-Wydler Technology Innovation Act*）和《拜杜大学和小型企业专利法案》（*Bayh-Dole University and Small Business Patent Act*）——推动了公共资助下的知识产权向商业领域的转化，从而步入了一个全新的时代（Feldman and Francis，2003；Mowery et al.，2004；Shane，2004），同时鼓励大学与企业之间形成更加紧密的交流合作，以促进创新的传播。其结果是公立和私立大学在开展研究促进技术发展和产业绩效上都发挥了重要作用，研究型大学与商业部门之间诞生了多样化的交流（Mowery and Rosenberg，1993）。此外，一些学者还发现创业型大学这一新生的转型模式（D'Este and Patel，2005；Etzkowitz et al.，2000），这类大学实现了教学和研究中学术职能与经济发展的结合（Etzkowitz and Leydesdorff，2000）。在其最有效时，大学可成为地区或全球体系中的节点，与世界各地其他主要学习中心相联系，促进理念的激发与扩散。

大学在发展中国家的创新中通常只发挥边际效用。虽然社会认同将其视为一种重要的机构，但它们的作用限于知识培训，而非创新（Bell and Pavitt，1997；Gereffi，1995；Liefner and Schiller，2008；Vega-Jurado et al.，2008）。发展中国家基本上都没有系统的国家研发机构或是处于创新前沿的大学，主要原因体现在：①发展中国家倾向于依赖技术引进，因此本土研发对生产过程不是很重要；②市场对于昂贵的尖端产品的需求量小，因而独立研发的财政收益较低，导致公司或大学在研发投入上缺乏动力；③绝大部分的技术转让环节，例如专利的申请和授权，都需要涉及多元主体的复杂的制度设置，而这类制度建设在发展中国家尤为滞后；④本土公司多拥有较低的人力资源禀赋用于吸收创新；⑤有限的财政资源导致大部分的大学都缺少技术创新所必需的先进设施（Arocena and Sutz，2002；Braddock，2003）。

尽管这些困难是客观存在的，但我们关于大学职能的理解主要是基于发达国家的经验，无法全面认识到大学在适配技术引进方面的多种职能。贝尔和阿尔布（Bell and Albu，1999）认为，过于狭隘地聚焦于正式的研发活动，容易导致忽视其他的技术变革，例如现有生产体系的改进以及基于现状知识构架的知识拓展。此外，人们也普遍认识到，技术吸收不是一个简单的复制过程，而是包含了大量的额外工作，使其适应一种截然不同的客观环境以及新兴市场中的商业化生产（Malecki，1991；Zhou and Tong，2003）。

2 高等教育在中国创新体系中的作用

在所有的国家创新体系中，有三类关键性的制度主体占据了重要地位，它们是企业、研究机构和政府（Mowery and Rosenburg，1993；Fujita and Hill，2004）。此外，这一创新体系还包含了一个国家的知识产权保护系统、各类大学和研究实验室。更广泛而言，它还包括了许多其他的子系统和过程，例如竞争规范以及国家的财政和金融政策。但是，这一概念化的认识只有助于我们去理解这些相互关联的主体和制度，却并非完全适用于发展中国家，主要是因为发展中国家在全球化经济中相对处于技术落后的地位。一种更为明智的办法是去研究更为广泛的科学和技术活动系统。

1949～1979年间，中国的科技系统延续了苏联的发展模式，即发展专业化的功能组织，并由中央政权对其活动和交流进行管理。在此模式下，研究机构从事所有创新和研究活动，再交由工厂进行加工制造，由经销商进行分销。大量的中央部门负责协调这些单位的活动，由此形成一种垂直化而非水平化的整合系统，依赖于中央集权的、自上而下的必需品投入和分配制度。其中，两个重要的中央部门——负责民用技术的科学技术部（前身是国家科学技术委员会）以及负责军用技术的国防科技工业委员会，和中国科学院共同协调研发单位的各类活动。科学技术部负责对公立研究机构、生产型企业以及大学研究中心的各项活动进行规范和协调。此外，教育部（前身是国家教育委员会）负责大学和职业技术学校的教育和培训活动。产业相关部委，例如原信息产业部、机械工业部和化学工业部等，曾分别负责对相关行业领域的研究机构、生产和分配企业进行监管（Liu and White，2000）。对于这些部门而言，它们没有动力在研究机构、制造商、经销商或使用者之间建立直接的联系；相反地，它们依赖于中央集权的、自上而下的必需品的投入和分配体系。

在这段时期内，高等教育在上述架构中被确定为以教育为主要职能。1949年新中国成立后，所有的私立和教会大学都被取消并合并为公立大学。1952年，一场名为“院系调整”的改革在苏联的指导下开始了（Simon and Cao，2009）。为了促进以技术为核心的专业教育的发展，支持国家发展战略，各所大学以原有学科为基础进行重新调整和合并，形成综合型大学、师范学院、专科学校和更加专业化的技术学院，以及医科大学（Simon and Cao，2009；Xue，2006；应望江，2008）。由此，高等教育的任务开始向教学转变，并导致教学和研究之间的分隔日益显著。此外，专业的重新设置打破了基础研究、应用研究和实验开发之间的联系。1966～1976年为期十年的“文化大革命”，则进一步导致高等教育系统脱离了正常发展的轨道。

1979年以来，中国的科技系统发生了巨大的变革。中央政府进行职权下放，将一些必需的权力和相应的责任向下级政府转移。与此同时出台了一系列鼓励性措施，推进在研究机构、大学和企业的研究和生产活动之间建立起以市场为基础的、更加紧密的横向联系（Liu and White，2000；Suttmeier and Cao，1999）。同时，全国范围的研发支出占GDP比重在近年来得到迅速提升。尽管在绝大多数的发达国家中，研发经费比重普遍达到了2%～3%，不过在发展中国家中，中国目前还是处于较高的水平（占GDP的1.6%，表1）。例如，墨西哥2007年的研发支出占GDP比重仅为0.4%，印度同年水平为1.0%。除了前面提到的在研发支出方面的快速增长外，中国仍然远远落后于大部分的发达国家。与此同时，国家研发支出在公立研究机构（政府所有）、国有和私营企业以及大学这三大部分之间的分配比重也出现了重大调整。在1990年代中期，企业部门所占国家研发支出的比重低于40%，而现在这一数值达到70%左右（表1）。

表1 部分国家研发活动和高等教育的支出

	中国	巴西	印度	墨西哥	俄罗斯	新加坡	韩国	日本	美国
2007年国内研发支出总额									
国内研发支出总额（购买力平价，美元，十亿）	141.7	—	38.85	6.10	17.33	3.19	34.73	136.69	343.00
占GDP比重（购买力平价）	1.6	1.3	1.0	0.4	1.3	2.2	2.6	3.4	2.8
预计2008年占研发支出比重（%）									
政府	21	58	—	19	27	9	11	7	7
产业	70	41	—	51	67	68	78	78	72
学校	9	1	—	27	5	23	10	12	13
2006年高等教育投入									
年度生均高等教育支出（美元）	2 063	10 294	—	6 462	4 279	—	8 564	13 418	25 109
占GDP比重（购买力平价）	1.5	0.8	—	1.1	0.8	—	2.5	1.5	2.9

注：(1) 研发支出的各项分配比重相加可能不等于100%，剩余部分可能为非营利部门所得。中国的高等教育支出数据为2007年（来自《中国教育经费统计年鉴2007》），高等教育占GDP的比重数据为2005年（来自《中国统计年鉴2007》）。巴西的数据为2004年，来自cordis. europa. eu/erawatch（2009年9月27日下载）。美国的研发分配数据为2007年的原始数据，来自美国科学促进协会（2009年9月17日由www. aaas. org下载）。

(2) "—"表示数据缺失。

资料来源：*Battelle and R&D Magazine*, 2007.

中国科技系统的广泛改革给大学带来了重大的结构性的转变（表2）。1978年国家高考制度恢复后，中央政府颁布了一系列综合性措施以促进"3D"（分权化、去政治化、多样化）和"3C"（商业化、竞争化、合作化）(Xue, 2006)。特别是大学在扩大招生、课程设置、教职员招聘和国际交流等方面获得了一定的自主性（NSF, 2007）。在多样化措施的影响下，不同于公立大学的私立机构开始成为高等教育服务新的提供者。随着政府预算分配的逐步缩减，大学被鼓励多元化地拓宽资金渠道，并且在教育和经济之间创造更为紧密的联系。1990年代中期以来，高等教育经历了更多的转型发展，在与中国整体的科技发展目标相结合的方面尤其明显。许多大学的管理权被划归地方政府，由此出现了大量的学校间的"合并和兼并"现象（Simon and Cao, 2009; Xue, 2006）。许多的举措被引入，以加强不同部门下属大学之间的联合，避免专业重叠。大学也纷纷重新调整课程设置，消除冗余的学科，使得课程体系更加灵活，并强化课程的跨学科设置和关联性。

此外，国家颁布了两个国家计划，专门提升研究在高等教育中的重要性。一个是"211"计划，为全国大学校园建设提供庞大的资金支持（Hsiung, 2002）。由原国家计委、财政部、教育部和各省级政府提供联合资助，这一项目计划在第九个五年计划时期（1996～2000年）为211所国内大学院校提供支持。在此之后，教育部又启动另一项国家计划“985”，旨在推动一批中国顶尖大学跻身世界一流大学的行列。“985”资助项目的竞争十分激烈，入选院校获得十分丰厚的资助，用于提升研究能力和扩展学科范围，同时各省级政府还将为它们提供相匹配的资金支持。在以上多项措施以及两个国家计划的推动下，大学已经被明确地认可为中国国家创新体系的一大组成部分。

表2　中国高等教育改革及成效

时期	政策和法律的重要变更	内容	对高等教育的影响	对学术研发的影响
1978～1984年恢复期	1978年：全国教育工作会议	恢复教育系统	普通高等院校从1978年的598所增长到1984年的902所，学生人数从85.6万增长到140万	
1985～1992年改革探索期	1985年：教育体制改革决议；1987年：第二次高等教育专业目录调整	分权化；去政治化；多样化；商业化；竞争化；合作化	普通高等院校增加59所，学生人数增加3.4万；专业数量从1 400多个减到800多个；私立高等院校出现	大学首次被授权将研究作为主要任务
1993～1997年改革深化期	1993年：中国教育改革和发展纲要；1995年：国家教育法	大学行政和财务权力的下放（1998年实施）	普通高等院校从1992年的1 054所调整为1997年的1 020所；学生人数从218万增长到317万；专业数量从504个调整到249个（1997年）	1995年："211"计划旨在提升整体能力和发展关键学科
1998年至今快速发展期	1998年：教育振兴行动计划；1999年：通过科学教育振兴中国策略	招生数量剧增；大学间的“合并和兼并”	年度招生人数增长了5倍，年均增长23%；普通高等院校学生人数2005年达到1 560万	1998年："985"计划旨在促进顶尖大学成为世界一流研究型大学

资料来源：Simon and Cao（2009）、Xue（2006）、康宁（2005）、应望江（2008），以及作者编辑。

新的法律框架已经在国家层面推行，其目的在于巩固大学在创新体系中的职能（图1）。1999年4月，国务院批准了《关于促进科技成果转化的若干规定》。这一规定为奖励新型商用知识的发现者提供了相对充裕的资金支持，并使得研究者个人在研究和商业领域之间的转换更为容易（Suttmeier and Cao，1999）。中央政府同时更多关注知识产权保护，在1980年成立了中国专利局，并相继于1985年和1990年颁布了《中华人民共和国专利法》及《中华人民共和国著作权法》（Hu and Jefferson，2004；Liu and White，2000；Suttmeier and Cao，1999）。1992年又对《专利法》进行了大量修订，扩大了专利保护的范围。

然而，大学仍然没能成为创新的关键驱动力，尤其与公立研究机构相比。他们的投入始终不及公立研究机构，1997～2007年，占研发支出总额的平均比重不及10%（图2）。此外，随着企业研发部门的日益扩大，高等教育在国家研发支出和人员配置方面的比重近年来实际上在不断减少，2007年分别为8.5%和14.6%。不过2000年以来，大学院校研发人员的绝对数量仍然保持稳定增长，与全体研发人员总体规模的扩张速度基本处于同一水平。通过对一些发展中国家和发达国家的比较可见，中国高等教育相对于政府和企业在研发方面的支出规模处于常规水平（表1）。

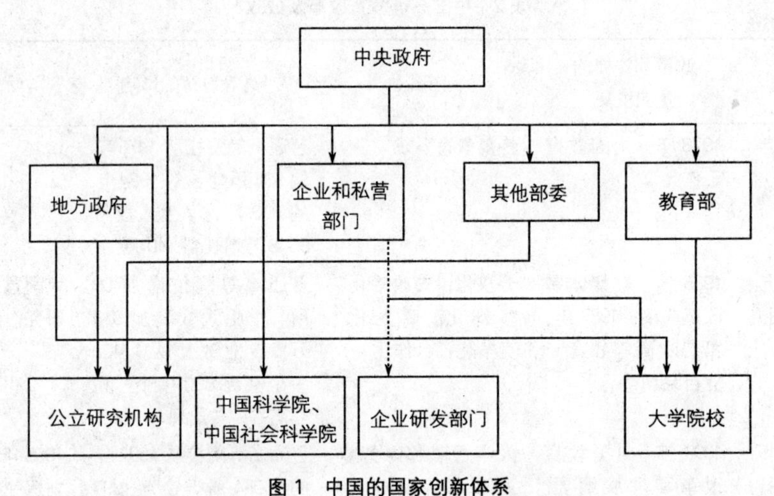

图1 中国的国家创新体系

资料来源：Xue（2006）及作者编辑。

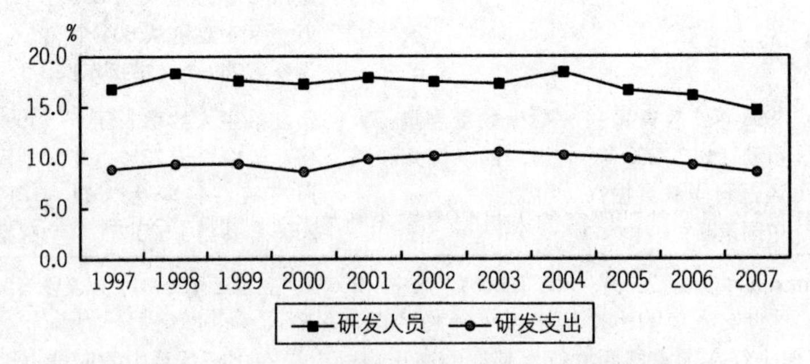

图2 1997～2007年大学在中国研发活动中所占比重

资料来源：《中国高校技术转让》，2005年，第40～43页。

3 中国的高等教育和研发

3.1 研发投入

中国目前拥有130万研究人员，人员规模排名世界第二，仅次于美国。同时，中国在研发活动的投入规模也是继美国之后排名世界第二（Gallagher et al.，2009）。但整体而言，学术界在中国研发活动中所贡献的比重尚不及10%，而它却是基础和应用研究的一个重要成员。以2004年为例，大学在中国基础研究领域的贡献比重约为41%（2007年这一比重提高到49.7%），在应用研究领域的比重为27%（Xue，2006）。学术界的研发支出正稳步增长，2006～2007年间在基础和应用研究领域分别增长了21.7%和17.9%。应用研究已经成为大学研发活动的最主要内容。1995年以来，应用研究在学术界研发支出的比重已经超过了50%，而基础研究正不断缓慢增速。

学术界研发和科技活动的主要资金来源是政府和企业，所占比重分别超过50%和35%（Wu，2010b）。大学研发活动的正式资金渠道包括中央政府财政拨款（主要来自科技部和教育部）、国家自然科学基金及其他基金、地方政府财政拨款、企业部门资助、银行贷款以及海外研究资助（Wu，2007）。为了进一步推进以大学为基础的研究工作，中央政府（主要通过教育部）为一批顶尖大学提供了更多的资助（Hsiung，2002；马万华，2004；Suttmeier and Cao，1999），近年来推行了"国家重点基础研究发展计划"（"973"计划）、"211"计划和"985"计划等。这些国家计划为大学带来了更多的资金支持，并促进其研究能力的提升。如今，大学已经成为一系列基础研究项目中的重要成员，包括"国家攀登计划"和"863"计划（Hu and Jefferson，2004），它们承担了"863"计划中约1/3的研究任务以及近2/3的国家自然科学基金项目（Wu，2007）。

来自企业的研究资助当前已成为另一个重要来源。目前，这部分在大学研究收入中的比重已经超过了1/3，因此很自然地，大学鼓励其教师与企业保持更为紧密的联系，甚至成为企业家，这在后文中将有具体论述。此外，由于中国长期以来不同研究实体之间的分割局面，大学和研究机构之间的互动仍然保持一种心照不宣的状态。研究机构将其90%的科技资金于内部消耗，而很少与大学之间开展合作。尽管个别研究机构和大学间有一定合作，公立研究机构与大学的互动仍然仅主要体现在对大学毕业生的招聘上（Xue，2006）。

高教部门在科学家、工程师以及研发人员的规模上已经实现了稳步增长。与研发支出类似，人员配置偏重于应用研究。但是基础研究的人员配置在不断增长，当前已经占到学术界研发人员总数的37%。抛开这些增长不说，1991～2006年间，大学在中国总体科技人员配置中所占的比重一直稳定保持在12%左右，而研发人员的比重却呈现下降趋势（从21%下降到16%）（Simon and Cao，2009）。这很大程度上与企业部门中科学家和工程师数量的增长有关系。

以研究为导向的大学在中国的分布并不均衡。例如，"985"计划第一期仅仅资助了9所大学，包括北京大学、清华大学、中国科技大学、南京大学、复旦大学、上海交通大学、西安交通大学、浙江大学和哈尔滨工业大学。除了中国科技大学、西安交通大学和哈尔滨工业大学这3所学校之外，其余的都分布在东部地区。2004年的第二期资助扩展到34所大学（马万华，2004）。这次来自中西部的大学所占比重有了小幅提升，共计13所，占总数的38%。这一状态导致高等教育机构分布不均衡现象进一步恶化。除了湖北、四川和陕西等少数省份以外，大部分位于东部地区的省份倾向于拥有更多的大学。北京，作为中国的首都，就拥有最多的数量。这一现象同时体现在公立和私立大学上。研究显示，各省私立大学的数量与其所拥有公立大学数量以及全省GDP水平保持着相关性（阎凤桥，2008）。

3.2 研发产出

如果以论文和专利数等产出指标来衡量，中国大学的学术研究能力在不断增强。在科学和工程界国际知名的期刊和会议论文集上发表的论文数量稳步增长。2003～2007年间，中国发表的国际论文中，大学贡献了78%～82%，在国际联合发表论文中亦占到了75%（中国科学技术信息研究所，2003～2008）。在SCI、SSCI、EI和ISTP等多个重要的国际引文索引中，中国已经迅速崛起成为主要的出版来源，这其中大学教师贡献的研究成果显然发挥了重要作用（表3）。和日本、韩国、新加坡等其他东亚国家相比，中国在物理科学领域论文中所占比重尤为突出（NSF，2007）。

表3 中国机构发表的国际论文（1995～2007年）

	全国总计								世界排名			
年份	1995	2000	2001	2002	2003	2004	2005	2007	1995	2000	2005	2007
总计	26 395	49 678	64 526	77 395	93 352	130 318	180 834	253 954				
SCI	13 134	30 499	35 685	40 758	49 788	57 377	68 226	94 800	15	8	5	3
EI	8 109	13 163	18 578	23 224	24 997	33 500	54 362	78 200	7	3	2	1
ISTP	5 152	6 016	10 263	13 413	18 567	20 479	30 786	45 331	10	8	5	2
Medline	—	—	—	—	—	18 962	27 460	33 145	—	—	—	—
SSCI	—	—	—	—	—	—	—	2 478	—	—	—	10

资料来源：中国科学技术信息研究所，1995～2007。

相对于论文数量的增长，质量的提升方面却未能取得类似的成绩。例如，根据引用数量的排名，中国仅位居世界第12位（表4）。一些人认为关于引用的问题主要是因为中国仍未能在一些重大突破上取得领先地位，而这可能受到一系列因素的影响，包括整个科技人员队伍在经验方面的差距、创造力的缺乏，以及不愿在创新中承担风险（Simon and Cao，2009）。

表4 拥有20万篇以上科技论文的国家的引用数量（1998～2008年）

排名	国家	每篇论文的引用次数	论文篇数	引用次数	引用次数排名
1	美国	14.28	2 959 661	42 269 694	1
2	荷兰	13.59	231 682	3 148 005	8
3	英国	12.92	678 686	8 768 475	3
4	加拿大	11.68	414 248	4 837 825	6
5	德国	11.47	766 146	8 787 460	2

续表

排名	国家	每篇论文的引用次数	论文篇数	引用次数	引用次数排名
6	法国	10.82	548 279	5 933 187	5
7	澳大利亚	10.42	267 134	2 784 738	9
8	意大利	10.25	394 428	4 044 512	7
9	日本	9.04	796 807	7 201 664	4
10	西班牙	8.91	292 146	2 602 330	11
11	韩国	5.76	218 077	1 256 724	17
12	中国	4.61	573 486	2 646 085	10
13	印度	4.59	237 364	1 088 425	20
14	俄罗斯	4.10	276 801	1 135 496	19

资料来源：中国科学技术信息研究所，1998～2008。

更令人感到鼓舞的是，近年来中国大学在国内专利授权方面所占的比重快速提升（图3）。根据官方的定义，中国的专利包括三类：发明、实用新型和外观设计。发明“指对产品、方法或两者所提出的新的技术方案”，实用新型“指对产品的形状、构造或两者所提出的新的技术方案”，外观设计则“指对产品的形状、图案、色彩或其结合所做出的富有美感并适于工业应用的新设计”（Sun，2000）。发明和一些实用新型成为未来实现技术进步最基础和最有效的途径。

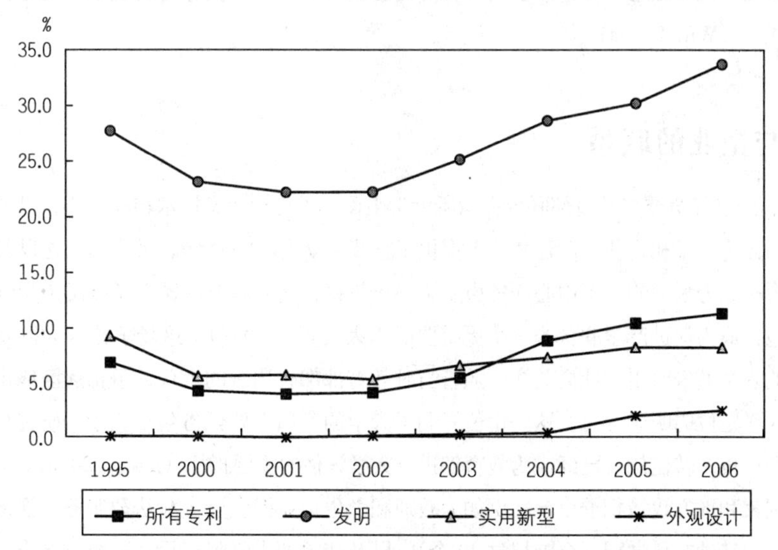

图3 大学在专利授权方面所占的比重（1995～2006年）

资料来源：科学技术部，2007。

在发明专利方面，大学体现出了绝对优势，如今在全国发明专利总量中已占据超过1/3的规模(图3)。1985～2008年间，学术界的专利申请出现了一个重大转变，即发明取代了实用新型成为其主要内容。高等教育部门获得的专利权中接近于54%的都与发明有关（Wu，2010b），这可能与其更多关注基础和应用研究相关。对于大学而言，研发支出的分配中，约28%投向了基础研究，51%在应用研究，21%在产品或过程优化。就中国整体而言，研发团队的绝大部分工作（近年来约为75%）都聚焦于产品或过程优化，而基础研究只占到5%，应用研究占20%（Gu，2003；Hsiung，2002）。中国在基础研究领域的投入仅相当于美国、日本和韩国的1/4～1/2的水平（Hu and Jefferson，2004）。

研究产出的进步，部分可以归于大学管理部门为教师开展研究和出版工作提供了更为强大的激励机制。例如，上海交通大学为每位发表SCIE收录论文的教师授予1万元人民币的奖励，其中9 000元作为研究资助，1 000元作为现金奖励（根据个体访谈资料）。复旦大学的奖励相对少一点，从SCIE I论文的9 000元，到SCIE II的6 000元、SCIE III的4 000元、SCIE IV的2 000元不等（复旦大学，2003）。此外，这两所大学都为获得国家和地方研究与科技奖项的教师提供现金奖励。

更为重要的是，大学通过对教师进行考核提高他们开展研究的积极性。类似于1950年代开始推行的公社制度，教师每年需要完成一定的工作量，包括教授课程、出版著作和论文，以及指导学生。拥有更多研究产出的教师，可较容易地用出版成果代替教学的工作量。这一情况与美国顶尖大学十分类似，在那里研究工作被赋予了更高的评估价值。事实上，许多教授几乎从不踏入本科生课堂，而一些讲师却承担着异常繁重的授课任务而几乎没有时间开展研究工作，由此带来教师体系的层级化。一些大学的管理者同时抱怨激励机制造成了另一种负面影响，就是一些教师将研究成果切分，以获得更多数量的出版成果（Wu，2010a）。

4 大学与企业的联系

2001年，国家经贸委与教育部联合在六所大学中设立了首批国家技术转移中心，以推动技术成果的商业化，由此为大学和企业之间建立联系提供了直接推动力。2002年，关于商业化以及与企业保持紧密联系是否应成为大学的一项中心任务引发了一场热议，之后教育部颁布了鼓励大学创办企业的明确指令，这也许成为促进产学联合的一个更重要的诱因（Wu，2007）。这场争论因为得到当时李岚清副总理批注的六个通告而引起社会关注。随着当时教育部部长周济的上任，争论逐渐终止，随之官方发表了关于大学定位的明确意见。这一定位强调了大学的三项主要任务包括教学、研究和商业化。如今，专利数量和技术转化效益已经成为教育部进行大学评估的重要指标（Tang，2006）。为了推进产学联系，各种国家和地方政策相继出台，例如为教师和学生创业提供资金和法律服务、强化专利法、鼓励建设以大学为基础的科学园（全国超过40个），以及在重要大学附近设立高科技开发区（Chen and Kenney，2007；Liu and Jiang，2001；Walcott，2003；Wei and Leung，2005；Xue，2004）。

随着改革开放，大学和企业间的联系主要通过以下两类机制得以建立。第一类机制是通过专利许可以及咨询、签订合同或联合开展研发活动、提供技术服务等方式实现技术转移，类似于西方大学和企业建立联系的方式。第二类机制更具有中国特点，即通过（广义的）大学企业（校企），它可以是大学投资并完全所有，也可以是与其他实体共同运营和所有，或由大学部分投资（马万华，2004；张珏，2003)。校企的传统实际上可以追溯到1950年代末期，它们曾经作为学生体验式学习、提供就业，并为大学提供辅助资金（马万华，2004)。直到1980年代中期以后，促进教师研究成果的商业化才正式成为校企的一个重要功能，尽管直到今天它们中的大部分也并不是技术型企业。在许多的顶尖大学中都设有独立的行政部门负责管理传统的技术转让工作（通常是通过科技处或其附属机构）和校企(通过校企办公室或集团)。除了商业化的作用以外，校企同时还被视为为大学运行提供辅助资金和吸收校园剩余人员（因为公立大学不允许解雇他们）的渠道（张珏，2003)。

当前，要对中国大学开展的技术转让活动进行全面评估不太可行，主要是由于缺乏连贯的数据。例如，根据西方的经验，在大学和企业间通过教师开展咨询或合作的方式建立非正式联系是十分普遍的现象，而且这些活动往往推进了过程、产品和组织机构的创新（Cambridge-MIT Institute，2005)。但是，在中国要获得大学和企业间非正式联系的可靠而系统的信息是非常困难的。根据可利用的数据显示，要实现大学研究成果的扩散，主要方式包括签订技术服务合同、专利许可和出售以及创办大学附属企业。2000～2007年间，全国大学通过以上方式获得的收入占其研发总收益的1/4～1/3（Wu and Zhou，2012)。

对于中国大学而言，与公司签订技术转让合同是实现创新成果扩散的最重要的途径。2000～2007年间，通过这类合同实现的收益总计占高等教育研发收益的16%（Wu and Zhou，2012)。这一趋势背后有一系列的原因。长期以来，企业部门在中国一直处于弱势地位，尤其体现在与公立研究机构的竞争中。大部分企业都缺乏内部的基础和应用研究能力。不同部委下属的专业研究机构负责解决特定领域的应用性问题，或是向企业引进新技术（Gu，2003；Liu and White，2000；Xue，2004)。大量企业缺乏内部研发能力，意味着它们无法依靠自身力量来解决生产过程中更为复杂的技术问题（Xue，2004)。

2000～2006年间，上述技术转让合同的最大受益者是国有企业，它们与大学签订的合同几乎占到大学所签合同的一半（Wu and Zhou，2012)。这似乎可以归因于国家部门鼓励这类联系的既有制度安排，其背景是因为中国几乎所有的顶尖大学都是公立的。由此也可以看出私营企业在获得国家资源上所面临的持续性困难。不过，自2003年起，一种新的趋势出现了，大学与私营企业之间签订的技术合同数量大幅上涨，占到合同总数的40%左右（Wu and Zhou，2012)。相比而言，国有企业自2003年开始所占比重逐步下降，如今在与大学的科技合同签订上与私营企业可谓平分秋色。另一方面，外资公司对大学研究能力的利用最少。这可能是由于外资公司长期以来认为中国大学的知识是公共的，从而担心缺乏特殊的知识产权保护措施。

专利许可，作为西方大学创新成果扩散的常用途径，在中国却未能成为技术转让的主要渠道。大学专利权是一个很好的指标，因为专利是一种独特和可见的技术转让方式，其公共性允许进行比问卷调查或案例研究更为全面的分析（Henderson et al.，1998)。2000～2007年间，专利许可和出售获得的收益在所有技术转让合同中仅占很小的比重（约10%），尽管这一比重自2005年以来有所上升。就全国范围而言，平均36%的授权专利通过了技术许可，但这一比重在此期间呈现出下降趋势（2007年下降到8.7%）。显然，专利许可和出售是一种未得到充分利用的技术转让机制，尤其考虑到大学获得的专利授权约占国内总数的30%。其原因可能来自于学术研究和企业需求之间的错位以及机制障碍。总之，仅有约10%的大学注册专利是有市场价值的（薛澜等，2005；以及个体访谈资料）。大学管理者失望地表示，目前中国缺少技术中介机构来促进专利出售，同时本土企业也缺少进一步研发的能力。

除了以上讨论的产学联系的传统方式以外，校企在早期也受到了诸多关注。1980年代和1990年代期间，中国在创建大学附属的大型计算机公司方面取得了一定的成就。如今，在许多城市都有大量的外溢企业，一些是国有，一些是集体所有，还有的是私有，它们成为众多研究机构日益重要的盈利渠道（Wu, 2007）。但是，除了极为有限的成功案例外，大量的早期外溢企业只是简单地为其他公司提供技术服务，没有任何商业化的研究成果，仅仅实现了人员从大学向商业部门的转移（Chen and Kenney, 2007）。昂立有限公司，作为上海交通大学的附属企业，就是一个典型案例。昂立公司成立于1990年，作为校方完全所有的企业，专门从事保健品方面的生产（杨继瑞、徐孝民，2004）。它的产品指向庞大的国内市场，并且迅速树立了品牌，销售效益稳步增长，一举成为学校盈利最好的企业。

2010年左右，全国共有校企4 500余家，而2000年这一数量曾经超过了5 400家。1990年代后期以来，许多校企开始进行管理结构改革，越来越多地选择了“退出机制”。结果是全国校企的数量从2000年开始呈现稳步下降态势（Wu, 2010b）。如今，这类企业中约有1/3成为与国内企业合作的合资企业，与外资合作的情况仍然少见。同时，大学部门正逐步放弃对企业的管控，尽管从理论上而言已经不再允许院系成立商业实体。一些校企开始上市，其中的领头先锋就是1993年首次在上海证券交易所公开发行股票的复旦复华科技股份有限公司。截止到2002年，有超过60家校企成为公开上市的公司（杨继瑞、徐孝民，2004）。其中的大部分企业都致力于科技活动，并以大学作为大股东（Xue, 2004）。

总而言之，外溢企业的数量及其对于大学研发收益的贡献都在不断缩减。这可能标志着大学和企业间的联系正面临一个转折，从设立附属外溢企业转向更加灵活的机制设置，例如联合研发、合同式研究、共享研究实验室、专利授权和技术出售。一些观察者认为，中国高校的外溢企业主要建立在分级机制而不是市场机制的基础上，因为他们与大学间保持着大量的联系（Euna et al., 2006）。但是，随着本土公司技术能力的不断提升，它们吸收新知识和自行开展研发的能力也随之提高。由此将对高校附属企业在知识资源上的优势不可避免地造成冲击。

从整体上看，中国的大学正在不断强化其商业职能，并成为众多科技园中的重要成员。尤其是来自顶尖大学的教授们正在为他们的研究项目寻找商业应用渠道。但是，仍然不能过分夸大大学创新和企业化的扩散效应。2001年，只有约40%的校企参与了科技相关活动（马万华，2004）。他们的销售收益只占到全国高科技企业总收益的3.7%，而且收益中的一半来自北京大学和清华大学的校企（薛澜等，2005）。根据国家预测，大学的研究和创新成果中仅有10%实现了商业转化（《中国科技产业》，

2000)。如果基于中国大学开展研究及其与企业建立联系的历史尚且短暂这一事实，那么前面的数据就不令人惊讶了。许多早期的外溢企业只是为其他公司提供技术服务，而且技术人员与研究成果相比并不具有更重要的地位。几乎所有的已转化技术都只是适应了中国的市场需求，而没有任何一项能像麻省理工、斯坦福等美国大学的成果那样达到世界一流水平（Chen and Kenney, 2007)。

不过，中国大学仍然保持着与本土企业的频繁合作，以提高国外技术面向国内市场的适应性。再开发成为学术研究中的一个重要领域。例如，上海交通大学有300多名教师曾经在日本留学，他们成为日本技术面向中国市场转化的桥梁（基于个人访谈)。清华大学曾经参与中国的扫描仪开发，并在1988年成立了附属公司，即现在的紫光集团。紫光在创立初始的业务内容主要是向台湾公司销售扫描仪。随着1995年台湾扫描仪制造商决定放弃紫光作为其市场代理人之后，紫光决定在清华大学的帮助下开发自主品牌的扫描仪。在随后的三年时间里，紫光公司一举摘得中国扫描仪销售桂冠，并成为中国大众市场的领先品牌（Zhou, 2008)。不过，近年来紫光开始面临重大挑战，主要是因为面向工业使用的高速、高品质扫描仪成为市场增长的重要领域，而且来自跨国公司的品牌日益凸显出支配地位。这一案例说明，如果将依赖于现有产品的再开发作为一个主要的增长策略，将同时带来收益与发展局限并存的局面。

学术界在引导形成产业集群方面的作用仍然十分有限。随着以大学为基础的科技园在中国的不断涌现（国家级的科技园已经超过了40个)，它们大多容纳校企以及为毕业生提供小型公司孵化器，却远远无法促进那些具有核心竞争力和网络联系的真正产业集群的形成。但是，北京中关村科技园的成功案例却是一个例外。在这个园区中涌现出了一批中国尖端的高科技公司，包括联想（附属于中国科学院)、方正（附属于北京大学)、紫光（附属于清华大学)、同方（附属于清华大学）以及其他相对小型的公司。它们共同构成了中国第一家科技园——中关村的支柱（Zhou, 2008)。这些公司在1990年代商业上的成功当时带来极其乐观的判断，认为大学能够在中国的高科技产业中发挥重要作用。值得注意的是，绝大部分这类公司的兴起都离不开那些重要大学和研究机构的支持。进入21世纪，随着越来越多的国际领先公司进入中国市场以及本土极富竞争力的公司不断涌现，校企已逐步丧失其显著优势。

许多企业似乎仍然无意与大学开展合作。根据国家统计局提供的年度科技活动调查数据，2000～2002年间制造业部门只有约15%的大中型企业将科技活动转包给了大学。1985～2003年间，由公司和大学共同提交的专利申请占总数的比重不到3%（Motohashi, 2006)。2006年一项对上海703家私营企业的调研显示，约一半的企业从未将大学作为知识来源。在与学术界有往来的企业（52.4%）中，大部分（27.5%）是采取签订技术合同的方式，而仅有很少一部分企业（13.8%）与大学联合开展研发活动；其余的则采用更加非正式的合作形式，例如共享设备和实验室，以及开展联合培训项目（上海市工商业联合会，2006)。不过，并不是所有的这类调研都能获取到企业与大学教师之间的非正式接触的信息。教师通常更倾向于与企业开展直接合作，通过咨询或其他非正式的形式，以提高个人收入，同时避免在专利申请等方面出现与大学或院系间收益分配的问题。

明显可见，中国在产学联系方面面临着一定的阻碍，虽然企业和大学已经以不同方式认识到了这些阻碍。根据对北京制造业企业的一项调查，合作的主要障碍包括：缺少与大学之间有效的联系渠道；市场对于研究成果的期望存在不确定性；研究成果的商业化存在高昂的成本；学术研究技术不成熟（Guan et al.，2005）。上海的多家私营企业则提出以下主要问题（根据答复的占比进行排序）：大学研发滞后于市场发展（22.5%）；外包给大学的成本高昂（16.6%）；缺少联系渠道（13.8%）；难以实现互相认可的利润共享方案（9%）；学术研究技术的不成熟以及缺少市场性（7.7%）。由前文论述可见，位于北京和上海两地的大学与企业间的联系是最为活跃的，由此以上结论也可以代表全国各地企业的主要观点。

不过，企业的这些忧虑却往往与大学之忧不同，主要源于两者关于成本—收益计算的差异。对于一些大学的管理层而言，研究的商业化和校企会分散教师有限的资源和时间。实际上，一些大学并不鼓励教师与中小型企业合作，原因包括技术内容偏低，以及为了合作研发需要花费大量的时间进行企业员工的培训。对于顶尖的研究机构而言，他们的学术成就和声望并不依赖于创业性活动。因此，在教师评职称过程中，商业化被赋予的分值一直很低，远不及学术论文。

对于多数大学教师而言，在推进产学联系中所花费的成本可能远远超过其收益。他们仍然不确定商业利益与学术追求共存的程度。不少人认为商业利益可能会干扰长远的研究议程，尤其体现为对基础研究的影响。教师参与商业活动同时还将影响他们在课堂教学的投入，即使从理论上而言教师必须投入大部分时间承担教学任务。不过，由于教师工资水平普遍较低，商业活动所带来的丰厚收益的确存在巨大的吸引力。越是倾向于应用领域的学科，这种参与外部活动的意愿越强。由此导致的结果是，不同学科间教师的收入可能存在很大差距。一些教师认为，校企只不过是摇钱树，只是为了给大学带来利润，而并没有包含真实的研究商业化的内容。他们尤其担心的是，当那些失利的校企不得不需要大学提供资金支持时，将给传统学术文化带来更大的侵扰。

除了以上对于学术界参与商业活动的担心外，大学正面临日益增长的压力，需要面向社会需求承担更多的职责。一些地方政府要求大学量化它们对地方经济的贡献，由此可能过度强调研究的商业化。例如，上海市政府为那些参与国家“985”计划的顶尖大学提供资助；作为回报，这些大学则必须为当地学生提供一定规模的招生名额。此外，随着市场改革的深化，大学，甚至那些顶尖大学，开始更多承担起自行寻求资金渠道的职责。商业收益由此成为一个重要的资金来源，另一主要来源则是地方政府为合作活动提供的资助。事实上，1980年代校企数量的快速增长，在一定程度上是对当时政府紧缩大学资金投入的回应。

总而言之，我们将会看到产学联系的转型，从大学附属的外溢企业转向更加灵活和市场导向的机制，例如研发合作、专利许可、合约性研究、共享研究实验室、咨询服务等。此外，近年来还出现了一种新的联系形式，即大学资助的企业孵化器，它有可能成为大学寻求扩大其影响力的途径。它通常包括一个大学附属公司，作为开发商和管理者创建科技园，园区用地紧邻并且/或者归大学所有。这种孵化器形式有利于避免过于僵硬的层级体制，并为公司提供知名度和技术与商务支持。

5 结论和政策启示

经过一段时期的高速扩张，中国的高等教育进入了平稳发展阶段，致力于强调质量、公平以及解决毕业生输出与劳动力市场需求间不平衡的问题（Gallagher et al.，2009）。这为我们提供了很好的契机，能够重新思考转型经济背景下高等教育的作用与未来。与中国转型的其他方面十分类似，这条道路同样充满了曲折与坎坷。

有关学术研发的国家计划通常以推进基础性和前沿性的研究为主要目标，而那些致力于推动应用技术传播的其他类型的国家计划，大学则很少能有机会参与。迄今为止，还没有系统研究来评估这些计划的效用，尽管有少量的学术研究评价了“火炬”和“星火”计划的成就——这些计划旨在实现技术的传播（Hu and Jefferson，2004）。北京大学和清华大学这两所中国最顶尖大学的发展历程显示，政府的投入产生了丰硕的成果。例如，1983年北京大学培养了第一个博士生，在后来的20年里，博士毕业生超过2 400位。在类似的时间跨度里，清华大学扩大了在工程领域的关注范畴，发展成为一所综合性大学（马万华，2004）。作者通过田野调查收集到的一些信息也显示，顶尖大学在“985”计划的支持下正建立多学科的研究平台。可以公正地说，国家计划和政府资助，尤其是“211”和“985”计划，在中国高等教育的课程体系调整和能力建设方面发挥了关键性作用。

尽管国家计划为入选大学提供了更多的资金支持和研究硬件设施，但其在学术研究方面的作用充其量也只能用中等水平来形容。即使那些入选“985”计划的顶尖大学，也未能实现质量提升与数量扩张的同步发展。他们仍未真正地遵循培育科学创造人才和鼓励特色创新的模式（Cao，2009）。在推进大学基础研究质量方面，一个最主要的问题是创造型和效率高的人员有限，而不是资金有限（Gallagher et al.，2009）。

要实现中国国家创新体系的进一步扩展，就需要不断加强部分高校的基础研究能力建设，扩大科学技术研究人员队伍，推进更强有力的知识交换过程。除了为研究提供更多的资助以外，还需要发展以研究为中心的研究生教育和培养，帮助学生发现、探索和制定解决问题的方法。公立资助机构，例如国家自然科学基金委员会，可以设立博士研究资助计划，为他们提供研究和探索的机会。

重要的是，我们需要认识到中国大学必须克服的来自内部和外部的历史障碍。由于大学步入研究和商业化领域的时间尚短，因而大量的学术创新都缺乏前沿性。同时，工业部门对于跨国公司引入的技术仍然存在很大的依赖性，这其中本土大学充其量也只能发挥极其有限的作用。即使本土企业能够提供某些前沿产品，通常情况下疲软的国内需求也导致市场对于这类昂贵产品的前景预期的削弱。此外，法律框架的不完善甚至缺位现象，也对知识产权的保护造成不利影响，并阻碍了研发投入。所有这些问题都导致了大学内在创新能力的不足。

中国的高等教育面临许多发展中国家普遍遭遇过的两难困境——在资金紧张的背景下扩大招生规模，同时提高质量（Gallagher et al.，2009）。随着劳动力市场竞争的日益激烈，接受高等教育的社会需求将持续增长。要让学生面对未来就业拥有更充分的准备，大学必须不断对课程设置和管理体制进行改革。如果借鉴美国的经验，那么下一步明智的做法就是推进决策过程的进一步分权化，以及促进大学间的更多竞争。美国和大部分其他发达国家的学术组织和管理中存在巨大差别，尤其体现为美国大学的资金来源更为分散化，教师从事研究工作更加独立化，不同学科的混合程度也更为广泛。但是在中国，大学作为国有单位仍然没有同等程度的自治权。

中国大学发展历程中一个最为显著的特点，可以说是顶尖大学不断强化的创业型倾向。大学管理者越来越热衷于参与商业活动和成立企业。但是在新产品或程序的开发过程中，只有极为少量的高校保持与企业的紧密合作，更多的只是扮演重要合作者的角色，将引入技术面向国内市场进行再开发。不过，以大学为基础的研究和技术扩散，不论在影响范围还是地理分布上，都十分有限。和西方大学相比，中国大学较少利用市场机制实现技术转化（例如专利许可和技术出售），这些机制对教师的研究和教学工作的影响不大。但也有一些证据显示，在大学与企业的互动中已经出现了（或即将出现）一种转变，主要体现为：附属外溢企业作为早期颇受青睐的形式，在其数量和经济业绩方面都呈现下降趋势；技术合同继续成为最主要的形式，并且越来越多的技术合同是在大学和私营企业之间签订。

随着大学在国内专利授予方面的贡献与日俱增，可以设想，专利许可将成为实现学术研究扩散的一种更为重要的机制。不过，要采取更多基于市场的技术转化，需要依赖于地方创新环境品质的提升。一些因素将继续成为发展的阻碍，包括中介机构的缺乏、本土企业实现进一步研发的能力受限，以及学术研究焦点与社会需求的错位等等。这些问题和其他因素一起，还将妨碍大学进一步成为企业的知识来源或研发伙伴。由此看来，以大学为基础的创新活动和企业家精神的影响是极其有限的，即使大学已在不断增强其商业职能。同时，在不同学科的教师之间还存在日益紧张的氛围，那些更多接近应用学科（如工程学和生命科学）的教师更加倾向于研究的商业化以及伴随而来的经济收益。

总而言之，中国在推进高等教育现代化方面取得的稳步成功，可以说来自于以国家为中心的发展过程。具体体现为，中央政府部门决定了高等教育顶尖机构的投资重点，并制定了关于学术创新和商业化的重要决策。这些政策措施，与促进大学收入来源的多元化要求一起，启动了全国上下学术研究与企业之间的合作联系。这一努力被视为国家实现从“中国制造”向“中国创造”转变的重要组成部分。

地区内校企联系的程度和效果似乎是路径依赖性的，并且建立在大学学术业绩的基础上（Wu and Zhou，2012）。中国高等教育的精英机构大部分都集中在沿海地区，显然在知识创新和传播领域都扮演着重要角色。目前的国家投资模式将进一步强化这种空间不均衡现象——发展最为滞后的省份（但有可能是最需要的）从学术创新中受益最少。考虑到中国亟需大量投资以促进从硬件到软件的全面升级，至少就短期而言，聚焦于现有建设良好的机构也许是一个明智的目标，能在最大程度上实现大学知识的溢出效应。

参考文献

[1] Abdullateef, E. 2000. Developing Knowledge and Creativity: Asset Tracking as a Strategy Centerpiece. *Journal of Arts Management, Law, and Society*, Vol. 30, No. 3.

[2] Arocena, R., Sutz, J. 2002. Innovation Systems and Developing Countries. DRUID working paper 02-05. Retrieved from http://www. druid. dk/wp/pdf_files/02-05. pdf.

[3] Battelle and R&D Magazine 2007. 2008 Global R&D Report: Changes in the R&D Community. Retrieved on 17 September 2009 from www. battelle. com.

[4] Bell, M., Pavitt, K. 1997. Technological Accumulation and Industrial Growth: Contrasts between Developed and Developing Countries. *Technology, Globalisation and Economic Performance*. Cambridge: Cambridge University Press.

[5] Bell, M., Albu, M. 1999. Knowledge Systems and Technological Dynamism in Industrial Clusters in Developing Countries. *World Development*, Vol. 27, No. 9.

[6] Braddock, R. 2003. The Asia-Pacific Region. *High Education Policy* 15: 291-311. Retrieved from http://www. palgrave-journals. com/hep/journal/v15/n3/full/8390219a. html.

[7] Cambridge-MIT Institute 2005. Measuring University-Industry Linkages. Retrieved on 30 July 2006 from www. cambridge-mit. org/downloads/InnovationBenchmarking8-17. pdf.

[8] Cao, Cong 2009. Chinese Applaud Dismissal of Education Minister. UPI Asia. com. Retrieved on 18 January 2010 from http://www. upiasia. com/Society_Culture/2009/11/03/chinese_applaud_dismissal_of_education_minister/1510/.

[9] Chen, Kun, Kenney, M. 2007. Universities/Research Institutes and Regional Innovation Systems: The Cases of Beijing and Shenzhen. *World Development*, Vol. 35, No. 6.

[10] D'Este, Pablo and Patel, P. 2005. University-Industry Linkages in the UK: What are the Factors Determining the Variety of Interactions with Industry? Paper presented at the Triple Helix 5 Conference on The Capitalization of Knowledge, Turin, Italy, May 18-21.

[11] Etzkowitz, Henry and Leydesdorff, Loet 2000. The Dynamics of Innovation: From National Systems and "Mode 2" to a Triple Helix of University-Industry-Government Relations. *Research Policy*, Vol. 29, No. 2.

[12] Etzkowitz, Henry et al. 2000. The Future of the University and the University of the Future: Evolution of Ivory Tower to Entrepreneurial Paradigm. *Research Policy*, Vol. 29, No. 2.

[13] Eun, Jong-Hak, Lee, Keun, Wu, Guisheng 2006. Explaining the "University-Run Enterprises" in China: A Theoretical Framework for University-Industry Relationship in Developing Countries and Its Application to China. *Research Policy*, No. 35.

[14] Feldman, Maryann, Francis, L. Johanna 2003. Fortune Favors the Prepared Region: The Case of Entrepreneurship and the Capitol Region Biotechnology Cluster. *European Planning Studies*, Vol. 11, No. 7.

[15] Fujita, K. and Richard Child Hill 2004. Innovative Tokyo. Paper presented at the World Bank Workshop on Creative Industries in East Asia, 22-23 February 2004, Bangkok, Thailand.

[16] Gallagher, M. et al. 2009. OECD Reviews of Tertiary Education: China. Retrieved on 25 September 2009 from www.

oecd. org.

[17] Gereffi, G. 1995. Global Production Systems and Third World Development. In B. Stallings (ed.), *Global Change, Regional Response: The New International Context of Development*. University Press, Cambridge.

[18] Gu, Shulin 2003. Science and Technology Policy in China. Encyclopedia of Life Support Systems (EOLSS), Developed under the Auspices of the UNESCO, Oxford, UK: EOLSS Publishers.

[19] Guan, Jian C., Yam C. Richard, Mok, K. Chui 2005. Collaboration between Industry and Research Institutes/Universities on Industrial Innovation in Beijing, China. *Technology Analysis & Strategic Management*, Vol. 17, No. 3.

[20] Henderson, Rebecca, Jaffe, B. Adam, Trajtenberg, Manuel 1998. Universities as a Source of Commercial Technology: A Detailed Analysis of University Patenting, 1965～1988. *Review of Economics and Statistics*, Vol. 80, No. 1.

[21] Hsiung, Deh-I 2002. An Evaluation of China's Science & Technology System and Its Impact on the Research Community. A Special Report for the Environment, Science & Technology Section of U. S. Embassy, Beijing, China.

[22] Hu, Albert G. Z., Jefferson, H. Gary 2004. Science and Technology in China. Paper presented at Conference 2-China's Economic Transition: Origins, Mechanisms, and Consequences, Pittsburgh, November 5-7.

[23] Jaffe, A. B., Trajtenberg, M., Henderson, Rebecca 1993. Geographic Localization of Knowledge Spillovers as Evidenced by Patent Citations. *Quarterly Journal of Economics*, Vol. 108, No. 3.

[24] Jefferson, G. H., Huamao, Bai, Guan, Xiaojing, Yu, Xiaoyun 2006. R&D Performance in Chinese Industry. *Economics of Innovation and New Technology*, Vol. 15, No. 4.

[25] Liefner, I., Schiller, D. 2008. Academic Capabilities in Developing Countries—A Conceptual Framework with Empirical Illustrations from Thailand. *Research Policy*, Vol. 37, No. 2.

[26] Link, A. N., Scott, T. J. 2003. U. S. Science Parks: The Diffusion of an Innovation and Its Effects on the Academic Missions of Universities. *International Journal of Industrial Organization*, Vol. 21, No. 9.

[27] Link, A. N. , Scott, T. J., Siegel, S. D. 2003. The Economics of Intellectual Property at Universities: An Overview of the Special Issue. *International Journal of Industrial Organization*, Vol. 21, No. 9.

[28] Liu, H., Jiang, Yunzhong 2001. Technology Transfer from Higher Education Institutions to Industry in China: Nature and Implications. *Technovation*, Vol. 21, No. 3.

[29] Liu, Xielin and White, S. 2000. China's National Innovation System in Transition: An Activity-Based Analysis. Paper presented at the Sino-U. S. Conference on Technological Innovation, Beijing, April 24-26.

[30] Lu, Qiwen 2000. *China's Leap into the Information Age*. Oxford: Oxford University Press.

[31] Malecki, E. 1991. *Technology and Economic Development: The Dynamics of Local, Regional and National Change*. Essex, UK: Longman Scientific and Technical.

[32] Motohashi, K. 2006. China's National Innovation System Reform and Growing Science Industry Linkage. *Asian Journal of Technology Innovation*, Vol. 14, No. 2.

[33] Mowery, D. C., Rosenberg, N. 1993. The U. S. National Innovation System. In Richard R. Nelson (ed.), *National Innovation Systems: A Comparative Analysis*. Oxford and New York: Oxford University Press.

[34] Mowery, D. C., Nelson, R. R., Sampat, B. N., Ziedonis, A. A. 2004. "*Ivory Tower" and Industrial Innovation: University-Industry Technology Transfer Before and After the Bayh-Dole Act*. Stanford: Stanford University Press.

[35] National Academy of Engineering 2003. *The Impact off Academic Research on Industrial Performance*. Washington, D. C.: The National Academies Press.

[36] National Science Foundation (NSF) 2007. *Asia's Rising Science and Technology Strength: Comparative Indicators for Asia, the European Union, and the United States*. Arlington, VA: National Science Foundation, Division of Science Resources Statistics.

[37] Poyago-Theotoky, J., Beath, J., Siegel, S. D. 2002. Universities and Fundamental Research: Reflections on the Growth of University-Industry Partnerships. *Oxford Review of Economic Policy*, Vol. 18, No. 1.

[38] Sampat, B. N., David C. Mowery, Arvids A. Ziedonis 2003. Changes in University Patent Quality after the Bayh-Dole Act: A Re-Examination. *International Journal of Industrial Organization*, Vol. 21, No. 9.

[39] Shane, S. A. 2004. *Academic Entrepreneurship: University Spinoffs and Wealth Creation*. Cheltenham, UK; Northampton, MA: Edward Elgar.

[40] Simon, D. F., Cao, Cong 2009. *China's Emerging Technological Edge: Assessing the Role of High-End Talent*. Cambridge, UK: Cambridge University Press.

[41] Sun, Yifei 2000. Spatial Distribution of Patents in China. *Regional Studies*, Vol. 34, No. 5.

[42] Suttmeier, R. P., Cao, Cong 1999. China Faces the New Industrial Revolution: Achievement and Uncertainty in the Search for Research and Innovation Strategies. *Asian Perspective*, Vol. 23, No. 3.

[43] Tang, Mingfeng 2006. A Comparative Study on the Role of National Technology Transfer Centers in Different Chinese Universities. Presented at the GLOBELICS 2006 (Global Network for Economics of Learning, Innovation, and Competence Building Systems), Thiruvanathapuram, India, 4-7 October.

[44] Vega-Jurado, J. , I. Fernández-de-Lucio, Huanca, R. 2008. University-Industry Relations in Bolivia: Implications for University Transformations in Latin America. *Higher Education*, Vol. 56, No. 2.

[45] Wadhwa, V., Gereffi, G., Rissing, B., Ong, R. 2007. Where the Engineers Are? Retrieved on 28 November 2009 from http://www. issues. org/23. 3/wadhwa. html.

[46] Walcott, S. 2003. *Chinese Science and Technology Industrial Parks*. Burlington, VT: Ashgate Publishing Limited.

[47] Wei, Yehua, Leung, Chi Kin 2005. Development Zones, Foreign Investment, and Global City Formation in Shanghai. *Growth and Change*, Vol. 36, No. 1.

[48] World Bank 2000. *Higher Education in Developing Countries: Promise and Peril*. Washington, D. C. : The World Bank.

[49] Wu, Weiping, Zhou, Yu 2012. The Third Mission Stalled Universities in China's Technological Progress. *The Journal of Technology Transfer*, Vol. 37, No. 6.

[50] Wu, Weiping 2010a. Managing and Incentivizing Research Commercialization in Chinese Universities. *The Journal of Technology Transfer*, Vol. 35, No. 2.

[51] Wu, Weiping 2010b. Higher Education Innovation in China. Background paper for the East Asia and Pacific Region

Human Development Department, the World Bank.

[52] Wu, Weiping 2007. Cultivating Research Universities and Industrial Linkages: The Case of Shanghai, China. *World Development*, Vol. 35, No. 6.

[53] Xue, Lan 2006. Universities in China's National Innovation System. Paper prepared for the UNESCO Forum on Higher Education, Research and Knowledge, November 27-30.

[54] Xue, Lan 2004. University-Market Linkages in China: The Case of University-Affiliated Enterprises. Paper presented at the Symposium on University, Research Institute and Industry Relations in the U. S., Taiwan and Mainland China, Stanford Project on Regions of Innovation and Entrepreneurship, Palo Alto, California, September 7-8.

[55] Zhou, Yu 2008. *Inside Story of China's High-tech Industry: Making Silicon Valley in Beijing*. Lanham, MA: Rowman & Littlefield.

[56] Zhou, Yu Tong, Xin 2003. An Innovative Region in China: Interaction between Multinational Corporations and Local Firms in a High-Tech Cluster in Beijing. *Economic Geography*, Vol. 79, No. 2.

[57] 重庆市统计局:《重庆市第一次工业企业创新调查统计公报》, 2008 年第 1 期。

[58] 复旦大学:《复旦科技年鉴》, 2003 年。

[59] 国家统计局、科技部:《中国科技统计年鉴》, 2000～2009 年。

[60] 教育部科技发展中心:《中国高校知识产权报告》, 高等教育出版社, 2009 年。

[61] 康宁:《中国经济转型中高等教育资源配置的制度创新》, 教育科学出版社, 2005 年。

[62] 科技部高新技术发展及产业化司:《中国科技产业》, 北京: 2000 年。

[63] 马万华:《从伯克利到北大清华: 中美公立研究型大学建设与运行》, 教育科学出版社, 2004 年。

[64] 上海市工商业联合会:《上海民营经济》, 上海财经大学出版社, 2006 年。

[65] 史永铭、马美英、刘新荣等: "湖南工业企业自主创新能力研究——基于湖南省首次工业企业创新调查数据的分析",《企业家天地》, 2008 年第 9 期。

[66] 薛澜、何晋秋、朱琴: "高校科技: 在机遇与挑战中寻求发展",《中国高校科技与产业化》, 2005 年第 4 期。

[67] 阎凤桥: "我国民办高等学校区域分布、时间变化及其影响因素分析",《大学研究与评估》, 2008 年第 5 期。

[68] 杨继瑞、徐孝民:《高校产业安全的理论与实践》, 中国经济出版社, 2004 年。

[69] 应望江主编:《中国高等教育改革与发展 30 年 (1978～2008)》, 上海财经大学出版社, 2008 年。

[70] 张珏:《中国高校高新技术产业的发展研究》, 华中科技大学出版社, 2003 年。

[71] 中国科学技术信息研究所: "中国科技论文统计结果", 2003～2008 年, http://www. istic. cn/。

“中关村现象”与中关村“科学城”研究

吴良镛　陈保荣　毛其智

Study on “Zhongguancun Phenomenon” and Zhongguancun “Science City”

WU Liangyong, CHEN Baorong, MAO Qizhi
(School of Architecture, Tsinghua University, Beijing 100084, China)

Abstract Since the 1950s, especially in the recent two decades, a series of major technological revolutions, which represented by nuclear energy, microelectronic technology, aerospace technology, biological engineering, new materials development, etc., have pushed the scientific and cultural progress and the productivity development. It not only has been profoundly changing the world, but also has presented problems with regard to human's social life and the development of city construction. New national policies on science and technology and the redistribution of productive forces in all countries result in the emergence of a number of new-type cities or regions which are characterized by the combination of scientific researches, scientific experiments, and high technologies. These cities or regions are usually called “Science City”. During the research process of “Study on the Development Law of Urban Structure and Morphology in China”, it is of great significance to study the establishment and development of the “Science City”. In terms of the city itself, the development of new disciplines, the applications of new technologies, the emergence of new

作者简介
吴良镛、陈保荣、毛其智，清华大学建筑学院（毛其智为通讯作者）。

摘　要　自1950年代以来，特别是近20年来，以核能利用、微电子技术、航天技术、生物工程、新材料研制等为标志的一系列重大技术革命，推动了科学文化的进步和生产力的发展，深刻地改变着世界的面貌，也对人类社会生活，对城市建设的发展，提出了亟待解决的问题。新的国家科学技术政策，各国生产力的重新分布，产生了一批以科学研究、科学实验及高技术产业相结合为特征的新型城市或地区，通常泛称为“科学城”。在进行“我国城市结构与形态发展规律研究”这一课题中，对“科学城”的建设与发展的研究，具有十分重要的意义。就城市本身而言，新学科的发展，新技术的应用，新企业的涌现，新市场的开拓，对城市原有的布局结构和形态，也提出了按照事物发展的客观规律而进一步发展和演变的独特要求。因此，我们将“科学城”的研究作为一个子课题，拟从研究北京市西北郊文教科研区的发展入手，在借鉴国内外有关理论和实践经验的基础上，剖析“中关村现象”的实质，初步探讨中关村地区发展模式的构成及西北郊文教科研区今后的结构形态，以作为有关方面在建设发展中国式“科学城”实践中的参考。

关键词　中关村现象；科学城；文教科研区；高技术；发展规划

位于北京西北郊的中关村，现为中国科学院（京区）主要科研机构集中地。在其周围分布着北京大学、清华大学等数十所高等院校和国务院各部属的研究院所。近年来，以中关村路口为中心又兴办起“电子一条街”，几十家以电脑业为主的科技开发公司聚集一处，为海内外所瞩目。今天

enterprises, and the expansions of new markets require that the urban structure and morphology should develop in accordance with the objective law. "Science City", therefore, as a sub-project, is supposed to begin with its researches on the development of the cultural and educational research area in the northwestern suburbs of Beijing. On the basis of the theory and practical experience at home and abroad, it explores the essence of "Zhongguancun Phenomenon". It further discusses what constitutes the Zhongguancun development mode and the future composition and morphology of the cultural and educational research area in the northwestern suburbs of Beijing, which may provide a reference for the practice of Chinese "Science City" in the relevant constructions.

Keywords Zhongguancun Phenomenon; Science City; cultural and educational research area; high technology; development planning

的北京市西北郊科研文教区，堪称我国目前规模最大、密度最高的一处“智密区”，中关村则已是人所共知的“科学城”。

1 “中关村现象”

1.1 历史的回顾

翻开中国古老而悠久的文明史，都城从来既是政治中心，又是文化中心。都城内外，聚全国之精英，汇八方之信息。从辟雍、太学到国子学，京都的文脉源远流长。

北京作为有800年历史的古都，早已是全国重要的文化中心。从明至清，以东城的文庙和国子监为中心，国学鼎盛。至19世纪末叶，欧美文化传入，西学始兴。除城内兴建京师大学堂外，北京的西北郊被选为新的文教区。昔日的园林墟址，为办学提供了良好的自然环境；海淀古镇作为地区服务中心，成为文教区建设的重要依托。1911年清华学堂开办，1926年燕京大学新校舍竣工，初步奠定了西北文教区的基础（图1）。

从1930年代起，西北郊作为北平市的一部分进行了初步的建设规划，并一直将这一地区构想为大学区和文化旅游区，在1940年代后期还制定过海淀卫星市等方案。但由于历史的原因，这些设想和方案均无法付诸实现。

至1948年北平解放前，西北郊还相继发展了几个农事科研机构及有关学校。海淀镇一直保持着万人集镇的水平，镇内小型手工业及商业服务业均有一定的发展。

此时的中关村，虽东有平绥铁路，西靠万人古镇，但仍是一片郊野，只有疏落分布在道旁的农户与狐兔坟火为邻。

新中国刚刚成立，北京市人民政府都市计划委员会就提出重新制定城市建设总体规划方案，在专家们提出的多种方案中，都明确规定西北郊为文教区和旅游区。1951年已有在此筹建科学院之议[①]。同年秋，都市计划委员会制定了文教区计划草案，明确将拟建的中国科学院作为整个文

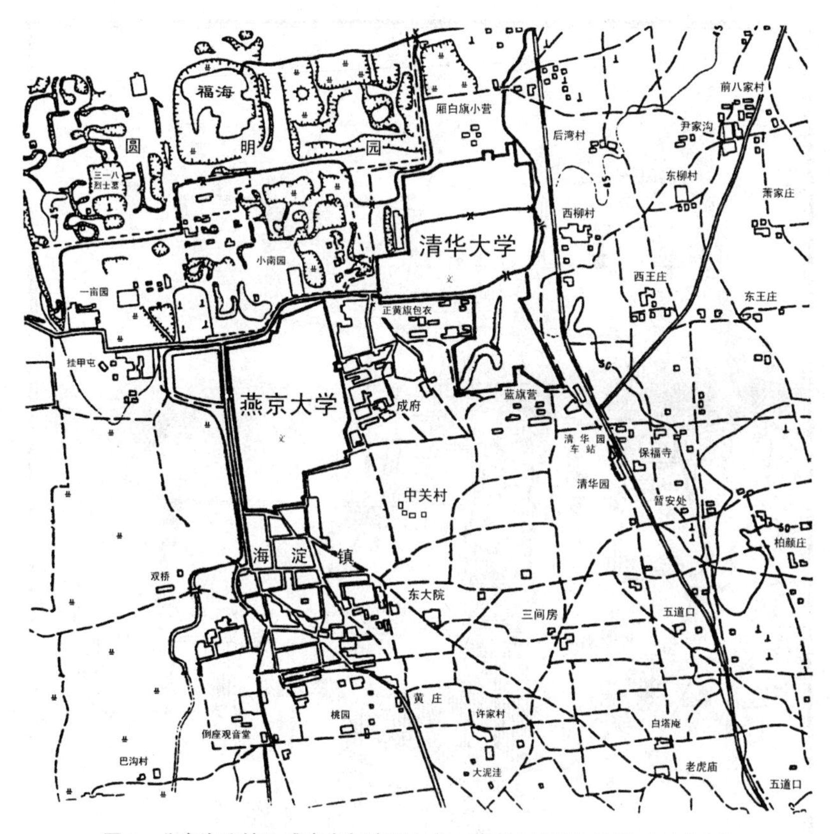

图 1 北京海淀镇及成府街与清华大学、燕京大学周边地形（1948 年）

教区的中心（图 2）。1952 年，随着第一批研究院所的开工，中关村这个名字，才第一次登上文教区发展的历史舞台。

当时选定的中国科学院院址，大体上包括了整个中关村至保福寺地区。其范围南起大钟寺，北至蓝旗营，东抵京包铁路，西邻海淀镇，总面积约 800hm^2。

1952 年院系调整，原燕京大学撤销，成为北京大学的校址，北大与清华得到了巨大的发展。此后，一个更大的文教区建设高潮在西北郊京包铁路两侧同时兴起。铁路以西，从 1954 年西颐路（海淀路段）新线竣工，到 1960 年京包铁路（清华段）迁线工程完工，沿西颐路和苏州街依次建成中国人民大学、中国科学院（京区）研究所群、国务院外国专家局（友谊宾馆）、北京工业学院、北京外语学院和中央民族学院等大专院校、科研机构及其他有关单位。在颐和园北，开始兴建中央党校、国际关系学院和农业大学。北京大学与清华大学在原有基础上又继续扩建。与此同时，沿西颐路出现的海淀镇、双榆树、魏公村等商业服务网点的建设有力地支持了文教区的发展。

铁路以东，南起明光村、铁狮子坟，北至六道口、北沙滩，五公里长的学院路上新建的林业、农

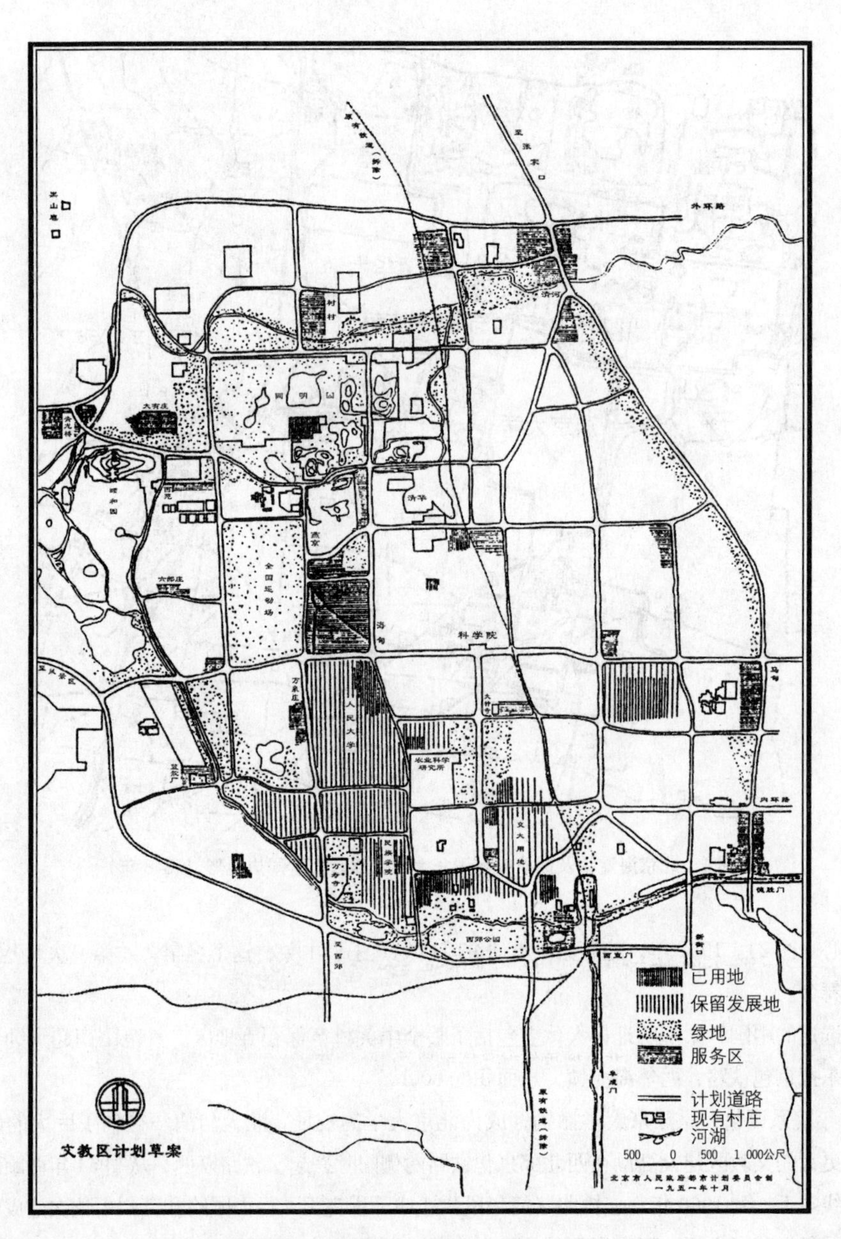

图 2　北京市文教区计划草案（1951 年 10 月）

机、矿业、石油、地质、钢铁、航空、医学八大学院与邮电学院、政法学院、北京师范大学等整齐排列，与其他院校及科研机构一起，在短短几年内，形成一个全新的大学区。然而，该区的主要商业服务中心，由于多方面的原因，建在了偏于西北一隅的五道口（暂安处），原规划中的卧虎桥和黄亭子二处，由于条件所限一直再未建设。加之新区仿苏联形制的规划模式，为了形成街道广场建筑群，教学区均面街排列，生活区分散其后，使后勤工作和社会服务难于组织。

十年动乱，文教区建设停顿，部分学校、科研单位被下放，一批不应设在文教科研区内的单位硬挤了进来。由于城市规划停止执行，更有种种违章占地、违章建房的情况发生，造成土地使用的混乱。这些都给尔后的规划调整和更新改造设置了重重障碍（图3）。

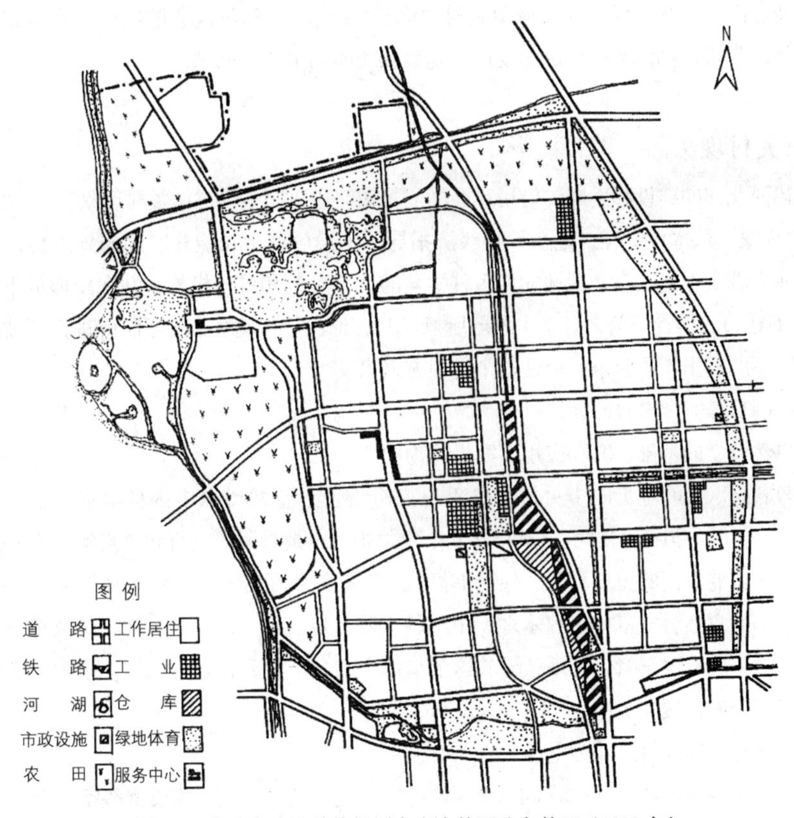

图3 北京城市建设总体规划方案中的西北文教区（1982年）

从1976年起拨乱反正，西北文教科研区的建设进入一个新的阶段。迁出的单位大部分回到原址，几乎所有的单位都着手进行扩建，区内仅存的一部分建设预留地上，由于缺乏整体的考虑，又陆续安排了一些新的单位。1980年代初，大规模的住宅建设开始，商业服务业和市政配套设施的建设随之跟上，各方面的建设都以前所未有的速度向前推进[②]。

根据1983年底的统计资料：以中关村科学院所在地为中心，5km为半径，西北科研文教区总占地面积为75km^2，其中城市建成区50km^2；常住人口53万，其中在业人口30万。

科研文教区内有各类单位约1 700个，其中有科研院所近百个（包括60多个国家级院所）、大专院校 30 所（包括重点大学 15 所）、工厂企业 200 多家、商业服务业网点 500 个。

区内道路总长约 100km，其中主次干道 40km。京包铁路穿过文教区中部，西直门火车站日到发客车十对次，清华园铁路货场年运量 200 万吨。

随着建设用地的逐渐用尽，文教科研区的建设布局也开始趋于稳定。此时，由于四化建设事业发展的需要，随着对外开放、对内经济搞活政策的实施，区内出现了新的变化。一些以新技术开发为特征的小型企业在区内陆续出现，并形成中关村“电子一条街”。这种现象的出现，显示着该区又面临新的发展形势的契机。如何考虑今后的发展，是大家所密切关心的问题。

1.2 “中关村现象”

纵观上述西北郊的建设和发展，借用社会学的术语，可以归纳为“中关村现象”。

“中关村现象”从本质上说，是在计划经济指导下，遵照城市功能分区的规划思想，依托城市的原有基础，在大城市近郊区有计划地发展多种学科的大专院校和科研机构，并在新形势下发展高技术产业的过程（图 4）。尽管当前未开发土地已所剩无几，但由于人类社会的不断前进，新技术的不断开发，对智密区不断提出新的要求，而使这个过程方兴未艾。

“中关村现象”的几个特征：

（1）以自然科学的基础研究和应用研究机构为中心

地处文教科研区中心地带的中关村，在 $2km^2$ 的土地上，聚集着以中国科学院（京区）为主的近 30 个科研机构，包括了中国科学院自然科学 6 个学部中的一批骨干研究所和重点实验室，还有航天工业部等尖端军事工业部门的重要科研、生产单位。这里有约 2 万名职工，配有国内第一流的仪器设备，已形成首屈一指的自然科学基础研究基地。中国科学院的数、理、化、天、地、生及第一、第二技术科学部中最有声望的专家学者，长期领导着这个基地中的各个学科，并由此推动全国自然科学基础研究和应用研究工作的开展。

（2）以学科齐全的高等院校为主体

环绕着中关村科研基地，分布着 30 余所高等院校，包括了国家教委划定的综合、理工、农医、文史、师范、文体艺术全部六类院校，还有以中央党校和国防大学为代表的一批非教委系统院校。这些院校共占地 1 $200hm^2$，有各类建筑物 400 多万平方米，教职工近 6 万人，是全国无可争议的最大的高等教育基地。这里每年可向国家输送近 2 万名大学毕业生和数千名研究生，并且是国内主要的师资培训地之一。

（3）以智力、知识、信息的高度密集为特征

分属社会科学和自然科学的近百个学科，数百个专业，几万名学有专长的科学研究和高等教育的专门人才，大批高水平的科学技术装备，大量的最新图书信息资料，在中关村地区不断汇集和储备；加之频繁的海内外学术交流，使这一地区蕴藏着丰富的智力资源，其“智力密集程度为世界罕见”。

（4）以“大院”式布局为主的城市建设模式

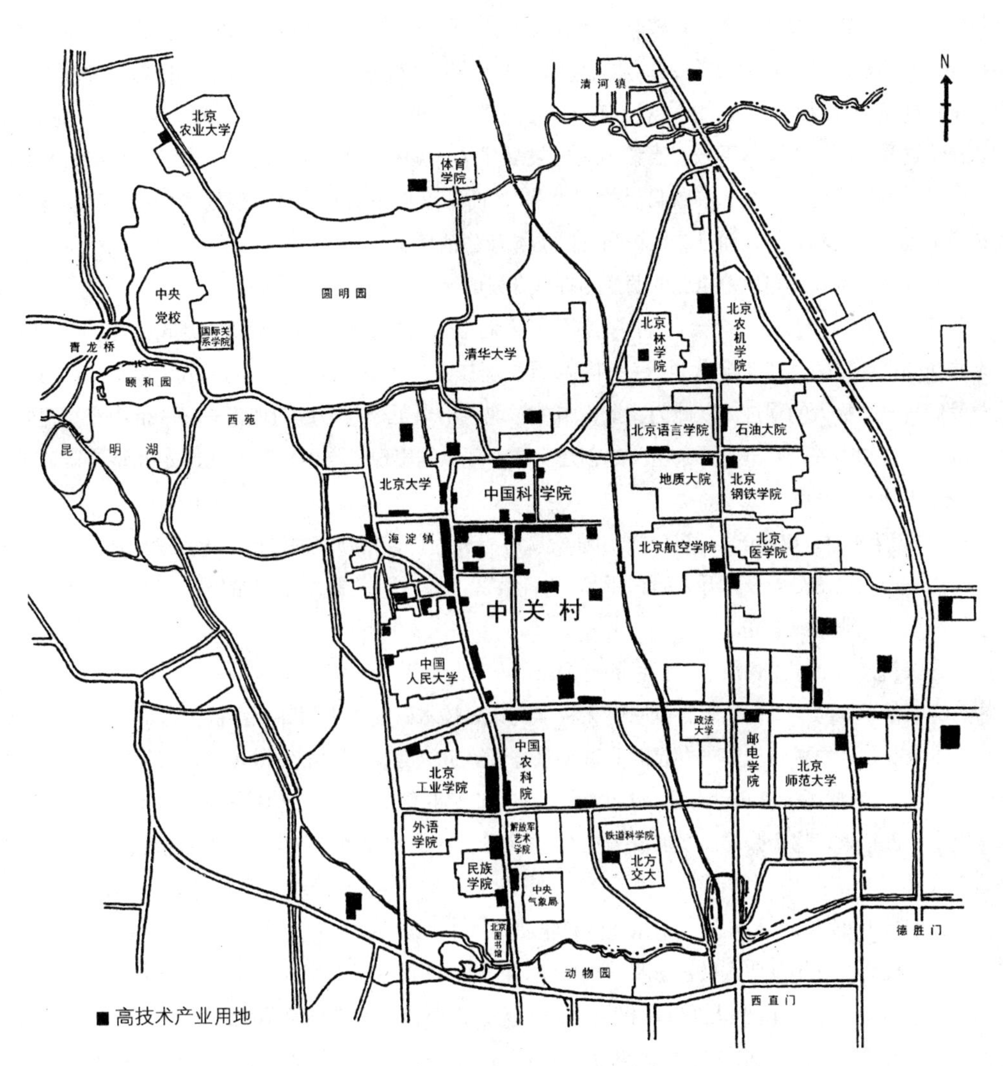

图4　中关村地区高等院校、科研院所与高技术产业分布

“大院”式布局是西北郊文教科研区土地使用的主要特点。从20世纪初清华、燕京的建设开始，至1950年代大规模征地建设，其建设方式多按单位拨地，各自分头规划设计建设。由于大规模的建设齐头并进，缺乏经验，又地处当时的城郊，即使是规划单位，对科学利用和控制城市土地也认识不足。一些单位对尔后的发展心中无数，有相当一部分单位占地过大，早征迟用，或征而不用。在西北郊近80km^{2}的土地上，竟形成50个以上“学校大院”、“科研机关大院”和“工厂大院”。这些“大院”以西颐路和学院路两条南北干线为轴成串布置。“大院”式布局在文教科研区建设之始，有其发展的

必然性。当初，清华和燕京大学建校时，因远离市区，除利用旧有的园林，依附城市设施不完备的海淀镇外，必须建设自给自足的学校城。同样，1950 年代初建校的人民大学、民族学院等，由于财力所限，市政建设一时跟不上去。如不自己有一套生活设施，便难以满足教学、科研、生产与生活需求。问题在于这种状况一直延续下来，当该地区已发展成为人烟稠密的市区时，这种状况仍未有所改变。截至今日，各单位仍在致力于经营自己的“大院”，而缺乏统一明确的城市规划思想和行动。这不仅浪费了土地、资金和人力，而且难以提高地区的城市生活质量。

(5) 以高技术开发与风险企业的萌生为地区开发的新动力

1978 年党的十一届三中全会召开后，解除了人们思想上的禁锢。振兴经济、建设四化，成为举国上下共同的奋斗目标。1980 年代世界各国积极开发新技术，迎接新技术革命的挑战，高科技的蓬勃发展对我们是一个极大的促进。以此为背景，中关村地区出现了令人瞩目的现象——一批中小型高技术产业群的兴起和中关村“电子一条街”的创建。这一现象的出现是与中央政策的制定及地方政府的直接支持分不开的。

从 1983 年 4 月，以中国科学院物理所研究员陈春先为首，创办中关村地区第一家集体所有制科技开发机构——北京华夏新技术开发研究所起，“科海”、“海声”、“鹭岛”、“希望”、“海华”等，各有特色的高技术企业相继成立。

在这些新技术公司中，最引人注目的有两家：

第一家是 1983 年 7 月 28 日，以原中国科学院计算技术研究所工程师王洪德为首的八名中、高级工程技术人员，在白颐路上率先办起的北京市京海计算机机房技术开发公司（后改名为京海计算机技术开发公司)，组成了一支从计算机机房设计到施工的专业化队伍，迅速填补了我国计算机机房工艺这一空白。近年来，这个公司已发展成为拥有 18 个分公司的综合型专业集团，有百余名专业技术人员和施工队伍，承接了 300 多个项目，客户遍及全国。

第二家是 1984 年 5 月 16 日，由原中国科学院计算中心软件工程师万润南牵头，组织 15 个科研单位和大专院校的中青年科技人员，与四季青乡联办的北京四通（STONE）新兴产业开发公司（后改名为北京四通集团公司)。由于认准以微机汉字处理为开发重点，又得到乡信用社为期一个月的百万元贷款（中国的风险投资)，很快推出自己的“拳头”产品——M2024 打印机，17 天收回成本，站稳了脚跟。这个公司从最初创办的十几个人已发展到 270 多人，从 2 万元开办费起家，当年营业额达 998 万元，1985 年上升为 3 200 万元，1986 年预计可达 9 000 万元。公司三年上缴各种利税 1 200 万元，并形成 100 万元的固定资产。公司相继办起了四通研究所、实验厂、电子技术市场等独立核算的经济实体。1986 年 5 月推出的四通 MS-2400 中英文打字机获三项专利及全国发明二等奖。四通在全国各地设分公司、办事处和经销点共 60 家，科、工、贸结合的道路越走越宽广。

至 1984 年夏，在中关村路口的商业街上，已出现 20 余家电脑商店，总建筑面积约 2 000m²。这里不但有买有卖，同时又是有关业务牵线搭桥的中间场所。各种技术咨询、转让业务开展得十分活跃。“电脑街”一时名声大振，被外电誉为“北京西北角的一个小型硅谷”。它的出现，与中国科学院体制改革有关。1984年7月，中央批准了《关于中国科学院改革问题的汇报提纲》，中科院所属各科研机构纷纷响应，各种新技术服务公司在各所成立，与各高等院校的技术服务公司一起，成为"电脑街"的坚强后盾。

至1985年上半年，在海淀区范围内，各种新技术开发公司和中小型高技术企业已达200多家。仅从中关村路口到白石桥一线的道路两侧，就集中有40多家，成为"全国电脑市场的重要组成部分"。这些公司在建筑布局上常采取前门市部、后科研机构和高技术企业的纵深式布置。由于行业密集、竞争激烈，加之技术水平较高，商品质量也有一定的保证。霎时间，中关村地区开发出巨大的宝藏。

1986年夏，仅据"科海"、"四通"、"京海"、"信通"等16家较大的、自筹资金、自负盈亏、独立核算的集体所有制科技经济型企业统计，在两年多的时间内，他们完成的技术开发项目达3 700多项，其中16项达到国际水平，200多项属国内首创或填补国家空白，有27项获市级以上奖励。16家公司总收入达12.352万元，占海淀区1985年工农业总产值的11.7%。

这些公司的开发和经营活动，已从初期的利用各种渠道，打开门路，筹集资金，转卖电子产品，发展到目前的以计算机技术的二次开发为主的时期。把科学与智慧化为财富，把科研成果变为产品，打入市场，已成为经营的主流。由于多方面的原因，"电脑街"在1985～1986年经历了一次"整顿"的考验。100多家公司倒闭或与其他公司合并，有的改变了经营方向，但剩下的几十家已站稳脚跟。其中与海淀区联办的8家最大企业，上升为（区）局一级公司。中国科学院也于1986年3月对所属几十家技术服务公司重新登记，进行了整顿。中关村地区的新技术开发工作正在改革的洪流中顺利地向前发展。

1.3 "中关村现象"的背景与本质

1.3.1 "中关村现象"的背景

（1）优美的自然环境与悠久的历史

北京西北郊地区的园林开发至今已有800多年的历史。它位于城市的上风上水，既是山明水秀的风景旅游区，又是重要的城市水源地。目前在西北郊文教科研区范围内，有保留下来的国家和市级文物保护单位及较大的公园绿地20多处。其中除著名的颐和园、圆明园（遗址）、五塔寺、大钟寺等之外，还有北京动物园（前身为清代的万牲园）、紫竹院公园等。一系列皇家、私家园林，连同其周围优美的自然景观，在历史上曾吸引大批文人墨客前往游览并吟诗作画。如今，每年的游客有几百万乃至上千万之多。

本区自明代起有较大发展，到清代更加大规模经营园林。西北郊成为重要的皇家园林所在地，也相应形成了一定的交通、电信等设施，为文教区的初创奠定了一定的基础。海淀镇作为京城近郊唯一规模较大的集镇，在文教区的发展过程中也发挥过重要作用。清华大学、燕京大学（今北京大学）所选定的皇家园林墟址，具有良好的地理位置和环境条件。两校在几十年建设中，不断开拓创新文化科学技术领域，积蓄师资力量，购置图书设备，培养一代新人，并积累了丰富的办学经验。以此为基础，在1950年代文教区大发展时，不但有力地支持了八大学院等新建院校，而且还为中国科学院各研究院所输送了大批业务骨干。

(2)“功能分区”思想指导下的城市布局规划

1930年代《雅典宪章》问世，城市土地布局规划从一般性的土地分区使用管理，上升到更为理性化的城市“功能分区”。其中，由于第二次世界大战前后各国教育事业的发展及与科研生产的结合，大学区（文教区）规模越来越大，数量也日益增多。加之美国新发展的大学校园，甚为重视校园的独立性、特殊性，这对中国新建大学如清华及一些教会学校影响很大。影响所及，使文教区的建设模式，有意识地不同于一般市街的布局。

在第一个五年计划期间规划的各大城市及省会城市中，大都安排了一两片较为独立、相对集中的近郊文教区或文教科研区。本区就是在这一背景下得到巨大发展的。当时认为，这种按土地使用的不同功能划分和相对集中的布局，既可满足各文教科研单位较高的用地及环境要求，又可加强各院校、科研单位之间的交流与合作，并减少外界的干扰。

(3) 以城市总体及分区规划作为建设的依据

十年浩劫之后，拨乱反正，1978年起对文教区的规划研究工作又重新展开。

1980年，中国科学院编制了包括中关村地区和北郊地区的十年发展规划。

1982年，北京城市建设总体规划方案编制完成。

1983年起，清华大学建筑系在吴良镛教授指导下，在市规划局的支持下先后进行了海淀镇改建规划、海淀城市亚中心规划研究、北京西北文教区城市分区规划研究以及海淀六郎庄近郊村镇建设规划等。

1984年初，“加速开发中关村地区的智力资源，建设具有中国特色的科学城”的思想开始在文教区内外较大范围内酝酿，并得到一些领导同志的支持。7～9月，在国家计委的组织下，有国家科委、教育部、北京市、海淀区以及清华、北大、人大等高校参加成立了中关村科技开发规划办公室，对西北文教区今后的发展进行了一次带有战略性意义的探索和研究。

同年，市政府原则通过了海淀镇改建规划。同时，北京大学与清华大学也完成了“七五”期间学校建设的总体规划，为中关村地区近期发展规划的编制准备了条件。

1984年下半年起，在市、区政府组织下，按照北京城市总体规划的要求，全面展开了城市分区规划工作。至1985年年底分区土地使用规划完成，并于1986年春通过评议。当前该区的城市建设，就是在上述规划指导下进行的。

(4) 新技术发展洪流的冲击

前已述及，发展新技术是不可抗拒的世界潮流。在这一前提下，各国都面临着如何迎接21世纪新技术挑战的问题。我国也不例外。这一趋势从1984年以来尤为明显。

①中央领导的积极倡导

1984年国务院办公厅印发的《新的技术革命与我国对策研究的“汇报提纲”》(国办发1984年42

号文件）中，提出要在北京、武汉、上海、广州等13个城市中“挑选科技人员比较集中的地方，按其所长，试办新兴技术，新兴产业密集的小经济区，发展新兴产业”。

1984年5月7日，宋平同志指示国家计委“可以找人研究一下，中关村一带大学、研究所非常集中，如何加强他们之间的联系，并同工业部门结合，形成一个科研开发的中心”。

1984年秋，由国家计委科技局具体主持的中关村科技开发规划办公室提出了一份《中关村科技、教育、新兴产业开发区规划纲要》，在11月3日召开的专家会议上，得到许多领导和学者的赞同。

1985年3月，在《中共中央关于科学技术体制改革的决议》中，又一次提出“……为加快新兴产业的发展，要在全国选择若干智力资源密集地区，采取特殊政策，逐步形成具有不同特点的新兴产业开发区”。

1985年4月30日，国家科委在《关于支持新兴技术新兴产业发展的请示》中提出，“在北京中关村、上海嘉定、武汉东湖、广州石牌（五山）及其他地区优选、试办几个新技术新产业开发区。”赵紫阳总理于5月4日批示说：“这是件好事，很需要办。”但“要悄悄做，不要宣扬，……一开始不打出‘新产业开发区’的牌子，以免各地争上……”。

1986年4月，北京市召开“首都发展战略第一次讨论会”，在首都发展战略研究领导小组的报告中，将“加强智力开发，发挥科技对经济社会发展的先导作用”，作为选择战略对策的基本原则之一。并就此提出：“组织以中关村为中心的新技术联合开发区，建设微电子，光纤通信，新型材料和生物技术四个新技术联合开发研究中心。并以一定的组织形式在高层次上进行协调。”“……通过一个区和四个中心的建立，摸索经验逐步推广。”

② 地方政府的大力支持

海淀区政府在兴办中小型高技术企业和“电子一条街”的过程中，表现出极大的热情。他们提出：通过各种渠道和形式，进行技术转让、技术咨询、技术服务和技术协作攻关，引进和消化科研单位、大专院校的新成果、新技术；从驻区院校和科研单位引进新技术、新成果和专业技术人才，采取多种形式、多种层次的联合，开办生产型企业；以较优厚的资金和生活待遇条件，调入和招聘来我区工作的科技人员；创造条件，使地方和高等院校、科研单位合办以技术开发为主、技工贸相结合的集体所有制经济实体。

区政府将已在广大农村获得成功的经济体制改革政策带到了“电子一条街”上，将在“承包”中获取的资金投入中小型高技术企业的开发中去。通过落实“自立课题、自由组阁、自定计划、自支经费、自我用户”的“五自一包”的责任制，找到一条得以开发中关村地区智力资源的切实可行的道路。

③ 有关单位的积极行动

中国科学院在向中央汇报的提纲中提出：“关于在中关村建立科学园区问题，我们拟通过中科新技术发展总公司，先建立中关村科学园区中科分区，把有关工作组织起来，从速进行。我们愿与北京市联合投资、联合经营、共同把这件事办好。科学院将从技术和资金等方面进行投资，希望北京市能从土地和资金等方面进行投资，并在基建上予以保证，以便尽快发展出一批知识和技术高度密集的小型企业。”

清华大学于1984年成立了科技开发部，短短一年时间，就与有关部门建立了13个高水平的科研生产联合体，并发展成为技贸结合研究、开发、生产、应用、服务、销售统一的新型经济实体。

1.3.2 “中关村现象”的本质

城市的聚集（aggregation）规律，在中关村地区的发展过程中得到了充分的印证。由于本区具有前述特征，与国内外某些“科学城”相比，其聚集效应的优势是显而易见的。由于聚集而带来以下几个特点：

（1）多样化。中关村地区各行各业具全，产学住兼备，使城市充满活力，避免了由于城市构成的单一化所带来的城市生活刻板、单调。

（2）丰富。城市构成的多样化，决定了城市内容的丰富多彩。多种学科，各方人才应有尽有，为古今中外的科技文化交流中心。“人才荟萃”对首都作为文化中心来说是件了不起的事，而且，其水平远非任何时代所能相比。仅多样化与丰富这两点，使中关村地区从整体上与其他国家的“科学城”相比，至少并无逊色。对此，我们必须有足够的评价。

（3）竞争。在学术上百家争鸣、百花齐放，在工作及技术开发上有一定的竞争，这在安定团结的政治局面中是有可能做到的。

（4）市场。将科学技术自觉地转化为生产力，这一点在本区已出现好势头，并显示出了强大的生命力。需全力以赴促其发展，力求使之成为本区的重要组成部分。

当然，如果人口与城市功能过于集中，也会带来弊端，即出现近代“城市病”。如何既取得聚集效益，又避免或将不利因素降到低限，是需要解决的问题。对我们来说，发挥潜在的优势，弥补我们的不足，集约使用土地及基础设施等，在有限的资源条件下，取得最大的经济、社会及环境效益是我们的重要任务。这就需要管理，它包括多方面的管理，从政策的制定直至城市的维护。从科技教育政策，到城市环境的建设、经营和管理，包括科学、教育、经济、政策、日常生活等多方面，都需要规划工作者认真加以研究。

1.4 矛盾与展望

由于长期以来“左”的思想的干扰、经济基础薄弱和法制政策等方面的种种原因，使中关村地区丰富的智力资源并未得到很好的开发。目前在“中关村现象”中所显示出来的，有许多还属于潜在的优势。

分析其原因，大致有以下几点：

（1）规划建设文教科研区的指导思想还有待于进一步明确。长期以来，若干高校和科研单位虽然在地理位置上集中布置，但在体制管理上却缺乏内在联系。它们尽管同处于文教区内，有的仅一街、一墙之隔，却长期各自为战。各单位之间人员难以流动，致使近亲繁衍，知识、人员、课题老化问题严重。

(2) 政出多门，机构臃肿，力量分散。本区科研单位分属中国科学院、国防科工委、国务院各部委、高等院校以及市、区属地方单位，号称五路大军，而区内 30 余所高等院校竟分属 20 多个部委管理。这样，一方面造成项目的重复，浪费了人力和资金；另一方面，又将本来有限的资金和人力继续化整为零，特别是近年来一些徒有虚名的“研究所”、“中心”，如雨后春笋，重重设置。许多单位做了低水平的重复劳动。这样，就难以形成真正的优势和竞争能力，削弱了攻取尖端的力量。

(3) 科学研究与技术开发长期脱节。从研究、开发到生产的环节长期不畅，互不协调，形成一种畸形发展的局面。一方面，一些单位的科研能力，可以在一些尖端技术方面有所突破，为我国的“两弹一星”做出贡献；另一方面，设在区内的近百家工厂，绝大多数尚处于极为落后的状态。生产工艺设备陈旧，污染扰民，职工素质很低，吸收新技术能力薄弱。表现出科研、教学能力强，技术开发能力弱。广大科技人员业务活动范围十分有限，善于经营、管理的人才的用武之地尚有待于进一步开拓。

(4) 新技术的开发未得到足够有力的支持和发展。一些耗水量大、污染严重、不适宜在首都发展的大型工业企业，在违背首都发展总体规划的原则下仍盲目发展，这一方面说明体制方面的问题，另一方面也反映了对新技术发展政策并未全面落实。

(5) 有关方面对建设文教科研区所需的基础服务设施、科研教学工作必不可少的支撑条件和能够为广大科技人员解除后顾之忧的起码生活条件，缺乏一个基本的认识和解决问题的能力。文教区内住宅缺乏，工作用房紧张，交通拥塞，通讯不畅，购物不便，停水停电以及由于各种污染造成的地区环境恶化等一系列问题，长期困扰着在这里工作和居住的人们。往往为求得一个最低的工作条件，耗去许多科技人员宝贵的时间，极大地削弱了文教区长期积蓄起来的智力优势，并带来“低效率”这一致命弱点。

(6) 中关村地区现在可供发展用地已基本分光吃尽。大多数单位的基本建设，除在自己的“大院”中打主意外，进一步发展困难。但本区又面临着新的发展趋势，出路何在？这是亟待研究解决的课题。

例如，在对所剩无几的城市用地使用上，就面临着几种抉择：

① 迁出某些单位，使其他单位松动一些；

② 新发展的或扩建的科研单位、企业、学校设在区外，住宅区建在区内，以便于充分利用相对完善的城市设施，缓解工作人员的后顾之忧；

③新发展的或扩建的科研单位、企业、学校设在区内，相应的住宅区建在区外，以便于利用现有单位的设备和人力，合用一些投资昂贵而又共同需要的设施。

几种出路都有各自的优缺点，总的看去，解决起来都各有困难。

(7) 在探索中关村地区进一步发展战略的过程中，可以看到，有关经济管理、政策体制等上一层次的矛盾，对地区的物质环境建设、相应的规划管理等下一层次的工作，起着决定性的影响。突出地反映了政治、经济、科学技术、文化教育等各方面体制全面改革的重要性和紧迫性。上一层次的矛盾不解决，下一层次的工作就往往无所适从，甚至出现越卖力气越帮倒忙的情况。在城市建设上，常称之为"破坏性的建设"。

以住宅建设为例，为了解决缺房矛盾，目前是几路大军各显神通，以致不惜代价、不择手段地抢夺土地、密集建设，并且兴起一股兴建高层住宅之风。其结果，不但侵吞了大片规划中保留的城市绿地和水源保护地，直逼颐和园、五塔寺等国家重点文物保护区；而且竭泽而渔，用尽了建设市政基础设施、商业服务设施的保留地和必要的科研教学发展用地。在已建成住宅的分配上，又多置本地区严重缺房状况于不顾，将住房高价出售给"财大气粗"的区外各单位，更加剧了问题的严重性，以致现在北京大学和中国科学院等单位在安排"七五"期间住宅建设项目时，都因用地问题而无法落实。

再以城市建设为例，文教科研单位集中布置成区的主要目的之一，是便于加强相互之间的联系和交流，共用某些服务设施和仪器设备。在目前我国经济状况并未根本好转的情况下，更应本着"合则两利、分则俱损"的原则，统筹协商解决。但目前由于种种原因，却万难实现。甚至同在一个"大院"内，也是各盖各的锅炉房，各修各的汽车库。仪器设备方面的交流也很少，以致一方面利用率普遍低得惊人，另一方面仍在通过不同的渠道盲目引进。

(8) 由于习惯势力的作用，"大锅饭"和"铁饭碗"的影响依然存在。个体、集体企事业单位至今仍为大多数科技人员所侧目。社会上的传统势力也给他们的发展带来一定的困难。从整体看，这类企业仍属创业阶段，需要披荆斩棘，在克服重重阻力的过程中发展、前进。

在现实中，也确实存在着一些开发公司与国家科研机构在人才方面的竞争，与长远战略目标、重点项目、中长期项目等在人、财、物、设备、用地、住房等分配上的种种矛盾。"电子一条街"的发展状况，可成为各阶段所采取政策的晴雨表。对于那些大项目，小开发公司和个体户一时难以涉足。但对一些中小项目，宜给他们保留一定的驰骋余地，允许竞争的存在，使中小企业有更多的机会脱颖而出。这样做，不仅有利于挖掘智密区的潜力，调动各方面的积极性，而且对发展科学、填补空白也是大有好处的。

综上所述，可以看到：

第一，中关村地区的建设是全国社会主义建设的一个组成部分，它的改革必须与全国各项改革同步前进。

第二，中关村地区是藏龙卧虎之地，一旦调整见效，将会以很快的速度向前发展。

第三，由于一系列矛盾的存在，还由于经济发展水平所限，"科学城"的建设启动不可能太快，但却亟需对一系列有关城市建设的问题，进行多方面可行性研究。

1.5 小结

(1)"中关村现象"是20世纪初至1980年代以来，我国文化、教育、科学建设事业的缩影。在这里有如此丰富的城市现象，如此复杂的城市问题，如此广阔的发展前景。解剖这只"麻雀"，对研究我国文教科研区城市建设实践，总结经验，探讨未来，有着十分重要的意义。

（2）一个庞大的、中国式的"科学城"基本构架已在中关村地区初步形成。它不是某种设想，而是实实在在的现实。这一现实既是几十年来以大量人力、物力辛苦经营的结果，又是走向21世纪的出发点。

（3）基本构架虽已形成，但距现代化要求却相距甚远，它像一块璞玉有待于进一步雕琢。

（4）因此，分析"中关村现象"的目的在于探讨中关村地区的"发展模式"，即从对矛盾的归纳和分析转入对一些基本问题的可行性研究，从而使对今后的战略决策成为自觉的社会目标。

2 "中关村模式"

通过对"中关村现象"的归纳和分析，深入探查其内在实质，并由此预测未来的发展趋势，即"中关村模式"的内核。

本节拟将国外"科学城"的模式作一概要的综述，并与从"中关村现象"总结出的原则和优势进行对比，在此基础上试提出"中关村地区发展模式"（简称"中关村模式"），供进一步讨论。

2.1 国外"科学城"模式浅析

从"科学城"建设体制、性质功能、内容形制、建设方式、与母城的关系、布局形式和发展速度等方面，对本文第一部分中所提到的国外各种"科学城"的建设模式进行归纳分析：

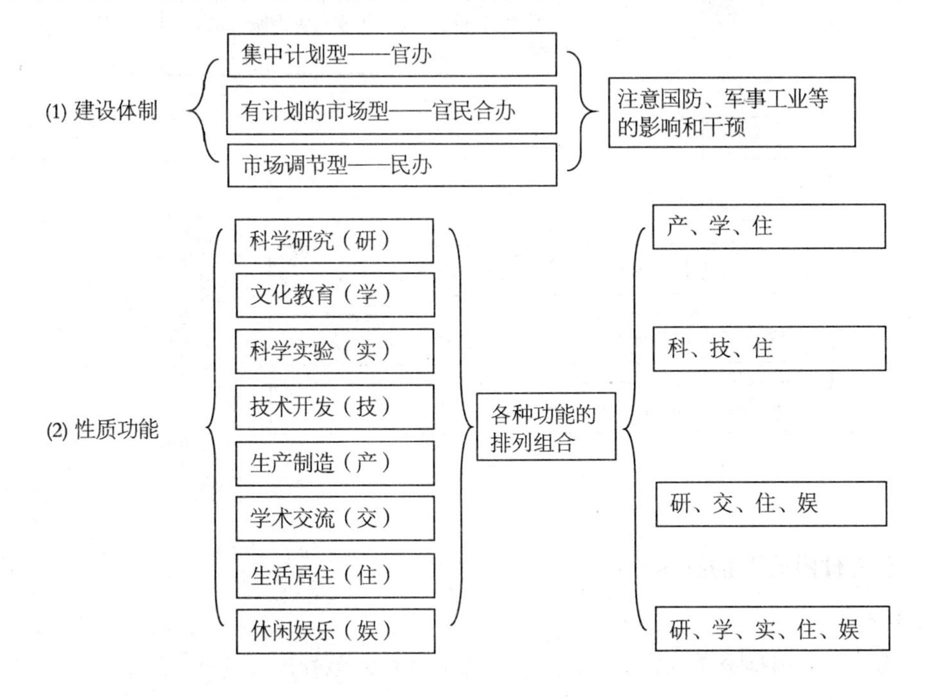

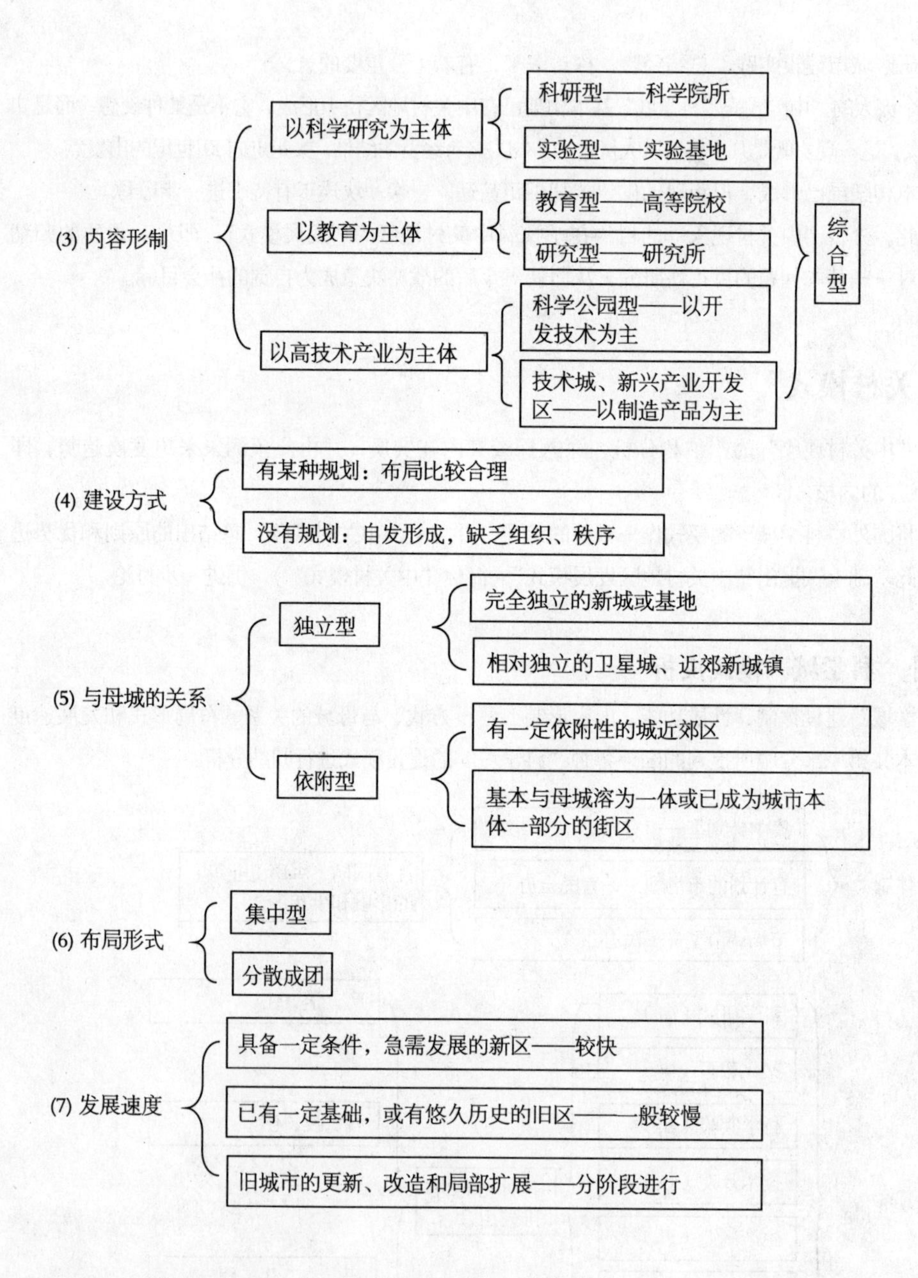

2.2 对“中关村模式”的探索

2.2.1 现状模式

对照上述分析，中关村地区的现状模式如下（图5）：中关村文教科研区是在计划经济指导下建设的，以科研、教学、实验、居住为主的综合、大型文教科研区。该区集中布置在北京市区的西北翼，经过多年的扩展与经营，已成为城市不可分割的组成部分。30 多年来，它基本上是在国家文教科学规划及北京城市总体规划指导下进行建设的。在历史上，它曾经历过几次大的发展和变化，原规划用地现已基本用尽。在新的发展形势下，需进一步明确规划建设的指导思想，按照一定的章法，对它进行充实、完善和改造，并对今后进一步发展用地做战略性的考虑。

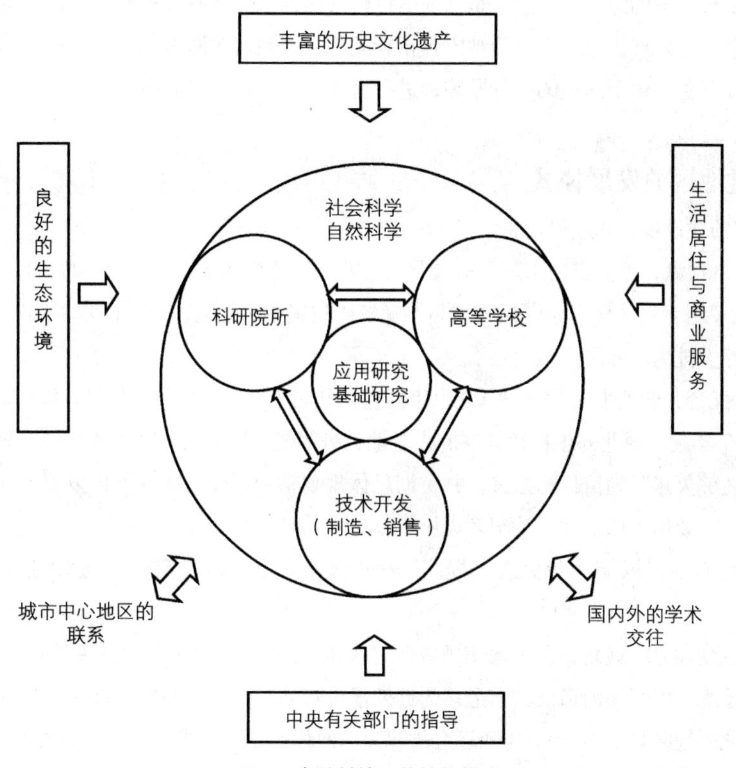

图 5　中关村地区的结构模式

2.2.2　现状模式的优势与不足

从城市布局形态看，中关村地区既是北京市区的有机组成部分，又是具有相对独立性的个体。它居于伸向西北郊的市区边缘，兼具城、乡的特点，进可攻，退可守，既有广阔的发展前途，又有较强的消化吸收能力。从科学教育组成结构看，本地区高等教育与科学研究并举，社会科学与自然科学、技术科学交叉，基础理论研究与应用研究、科学实验互相促进，有大量的信息与多层次的人才，加之充满生机的高技术开发事业开始蓬勃发展，使本地区不仅具有强大的内在实力，而且还蕴藏着极大的发展潜力。从地区环境及生活设施水平看，中关村地区与市中心有通达的道路相连，本身又处于举世闻名的风景园林区，区内和周围还建有若干所国内第一流的中小学。经过数十年的经营和积累，地区各项设施已初步配套，居住生活条件相对完善，它作为首都的文教科研区，与目前其他地区相比，在工作、生活等方面，都已形成一定的吸引力。

其不足表现为：地区优势的发挥，有赖于各种体制改革的进展。它关系到人才的交流、设备的利用、投资的效益、土地的挖潜等多方面潜在力量的发挥。在资金有限的情况下，如何避免低标准的重复建设，特别是如何按照现代化的要求，统筹规划本区的未来。在这一目标下，使当前的每一项建设都自觉地成为实现目标的组成部分，这是当前亟待解决的课题。现有文教科研区已成为充分城市化的地区，本区的进一步发展，除向更远的地方开拓新区外，面临着对原有单位和设施的进一步调整、充实、完善和改建任务。由于前述的种种原因，进行这项工作，会遇到重重困难。

2.3 中关村地区的发展模式

2.3.1 已制定的建设规划和发展设想

(1)“已基本摆满，需另谋出路”——《北京市城市建设总体规划（1982～2000）》

规划指出：“西北郊是科学研究机构和高等学校比较集中的地区，……已基本摆满。”今后需新建扩建单位，一律安排到远郊区。

(2)“综合配套，就地平衡”——《北京市西北郊分区土地使用控制规划（1985～2000）》

1984年下半年起，西北郊根据较详尽的人、地、房普查资料编制分区土地使用规划，提出一个以配套发展和偿还“欠账”为目标的方案，并贯彻总体规划精神，提出区内不再发展就业单位，所剩不多的建设用地，主要用于住宅和市政配套设施建设。

(3)“资金有限，只能逐步完善、提高”——《北京市市政基础设施近期建设规划（1982～2000）》

通过总体规划和分区规划，在土地使用规划的基础上，1982～1985年，陆续编制完成了电力、电讯、煤气、上下水、雨水、河道及城市道路的近期建设规划。同时，积极开展了全市快速轨道交通系统的研究。西北郊地区将随着1990年亚运会的建设、西郊风景游览线交通状况的改善、华北天然气管线的引入、地区集中供热的推广、电话28局的改造等项工程建设的完成，其基础设施水平将得到一定的提高。

(4)“内部挖潜为主，适当向外扩展”——以中关村为中心的各单位具体建设计划

①《中国科学院中关村基地发展规划（1980～1990）》；

②《北京大学发展规划（1980～1990）》；

③《清华大学发展规划（1980～1990）》。

这三个单位都在自己的用地范围内编制了独立的发展规划，并尽可能地征用了近旁的建设用地，以供近期发展之用。

(5)“万众瞩目，但迟迟不能上马”——海淀镇改建规划和北京市西北亚中心的规划与建设

1982年批准的北京市总体规划，提出在海淀镇建设市级商业服务中心的设想。清华大学建筑系在

北京市规划局和海淀区有关方面的配合下，先后完成了海淀镇改建规划及海淀亚中心规划研究。前者于1984年夏得到北京市市长办公会议的原则批准，有待于组织实施。后者的研究报告也得到有关方面的肯定，进一步工作正在继续进行。

2.3.2 中关村地区的发展模式

(1) 发展模式与支持系统

“科学城”的概念是与高技术产业的存在和发展联系在一起的，而支持系统则是维持和保证高技术得到发展和正常运行的必要条件。

一般说来，技术发展可分为研究、发展、传播、生产四个阶段。事实证明，这四个阶段的发展不是线性的，而是循环往复和相互作用的。程序中的任何一个阶段都可能逆转，或与其他阶段相交叉。例如一种产品的生产，不能拒绝新的研究成果或某种改进措施。

同时，高技术产业又区别于一般传统产业，后者有地方性特点。举例来说，它依靠交通运输、原材料供应、大批熟练劳动力和国家及地方市场。而前者所需要的则是专门的教育和研究机构，是风险投资和国际市场。可以看出：

① 在高技术产业发展的每一阶段中，都需要各自相应的支持系统；

② 由于技术的非线性发展，在高技术产业的生长过程中，需要一个复杂的、综合的、多层次的网络体系；

③ 支持系统从其内容看，是一个政治、经济、社会、文化、科学技术、物质、精神等的综合体，它所构成的网络体系是支持高技术产业得以产生、存在和发展的前提；

④ 对发展高技术产业来说，支持系统是必要的，但其具体内容则视不同的高技术产业而各有不同，因此，支持系统没有固定的模式。

以下，仅就支持系统中的几个方面作简要说明：

① 信息情报与交往：技术发展中各阶段最基本的联系是信息情报，而在不同阶段所需的信息情报又有所不同。在研究阶段，购买或获取研制情报是重要的，而在生产阶段，市场信息则是经营成败的关键。在这里，会议中心一方面与旅馆联系，另一方面又与大学和研究所挂钩，它在高技术产业的支持系统中起重要的情报传导作用。此外，图书馆、信息中心、宣传工具和出版物等也是进行情报交换的渠道。现代信息工业需大量投资，提供必要的基础设施来帮助建立或改善信息网络。因为创造一个能最大限度地交换情报和形成战略性关系的环境，是高技术发展得以成功的关键。

② 教育和研究设施：具有国际水平的、以某方面科学研究见长的大学和技术研究所的存在，是对高技术发展的重要支持。大学不仅为这类产业提供所需人才，而且还是高技术产业发展所需的新思想的蓄水库。处于应用研究前沿的专门研究机构，应受到格外的重视。美国斯坦福研究院即为加州硅谷高技术发展的推动者。与研究机构同样重要的还有研究实验室和培植机构的建立，著名的贝尔实验室和王安实验室都是其中杰出的例子。

③ 政府的支持：政府在高技术发展过程中所提供的支持是十分重要的。尽管国外已在强调政府与

研究项目签订合同，但对应用和基础研究直接提供基金仍是重要的。其他在税收、分配、关税保护等方面的照顾也是必不可少的。在重要的基础设施方面，有些项目只有政府才能提供，如飞机场等。

在许多情况下，地方政府起着重要的作用。许多国家通过为地方经济开发制订计划和实施，成功地促进了高技术的发展。各级政府对高技术的发展，在政策上总的支持是必不可少的。这种支持对维护和建立高技术区的形象，协调有关行政部门的行动，避免在同一地区内有关部门为狭隘的利益而竞争现象的发生，也是必要的。

④ 基础设施：基础设施主要指那些对确保企业运行效率必不可少的服务事业和公用事业。如：

(a) 高质量的供水，其中包括水质与水量；

(b) 安全可靠的电力供应；

(c) 四通八达的光纤通信系统；

(d) 有毒废弃物的处理设施；

(e) 方便、配套的运输系统，其中包括港口和机场。

从以上分析可以看出，由于高技术产业是“科学城”的重要组成部分，因此在研究中关村地区的发展模式时，不能不受相应的支持系统所制约。不同的国情与市情，不同的历史、现状、自然、地理与环境条件，就会产生不同的发展模式。因此，发展模式也不是某种固定的、僵化的东西，而影响其变化的最根本条件，就是支持系统本身所提出的要求。

(2)“中关村模式”

将中关村“科学城”的规划和发展分为几个层次考虑：

① 核心区

范围：北京大学、清华大学、中国科学院中关村基地、海淀镇及其相邻地区，总面积 800hm²，常住人口 12 万人。

规划原则：充分发挥老基地的作用，在可能的条件下，完善现有的支持系统。近期以挖潜为主，适当向外发展。

基本设想：以现有北大、清华、中国科学院中关村基地发展规划和海淀镇改建规划为基础，考虑“科学城”的合理布局要求，分别进行四个地段的用地调整规划，在建筑布局上为单位间的横向联系创造条件。

为促进海淀亚中心建设的起步，争取在 1990 年以前完成第一期工程。亚中心的构成与“科学城”的支持系统建设结合起来，在内容上除一般商业服务设施外，应成为就业中心。有为“科学城”服务的会议中心、新技术展销中心、向全社会开放的旅馆、开发公司办公楼等。逐步完善区内道路、公共交通、电信、给排水管网、集中供热等基础设施。快速轨道交通规划和建设与亚中心的布局与建设结合考虑。在可能的条件下力争开辟一些公共绿地，多建设一些住宅和服务设施，但环境容量应得到合理的控制。本区建筑密度总的说来，应南高北低，东高西低，特别是靠近圆明园、清华园和未名湖一带，应严格控制建筑高度。在建设过程中，应视具体情况区别对待。但总的建设方针还应是高密度、高质量，特别是海淀镇在建筑密度和容积率的选择上，应取上限为宜。

②大文教科研区

范围：北到农大、清河，南抵白石桥、紫竹院，东至德清公路，西接京密引水渠，总面积约8 000 hm^2，常住人口65万。

规划原则：统筹安排土地、交通和社会服务设施，逐渐实现打开"大院"、社会一体化的目标。促进学科群的靠近，并有步骤地向北扩展。

基本设想：集团发展与轴向发展相结合，在建立各学科基地的基础上，冲破部门所有制，进行横向联合。整体地呈辐射状向西北方向延伸，逐渐形成：

(a) 昌西—玉泉路的核技术基地；

(b) 中关村—齐家豁子—酒仙桥一线的电子技术群带；

(c) 中关村—农业大学（马连洼）的生物工程集团；

(d) 保福寺—北京航空学院的卫星航天基地；

(e) 北中轴地区的地学研究中心；

(f) 沿苏州街布置的社会科学研究所群；

(g) 后八家—清河镇东区的新兴企业群带；

(h) 海淀城市亚中心和其他地区服务中心。

根据地区资源、环境和各方面条件，有步骤地进行大区内部结构的调整和疏解。对外迁项目的选择可有多种方案，但那些与本区无关，特别是有污染而又难于治理的单位，应首先在迁出之列。至于对现有文教科研机构本身的调整和疏解，亦有多种方案可供选择，这些拟在第三部分中予以讨论。

③进一步发展的模式

北京作为全国文化科学中心，从发展趋势看，现有的文教科研区，在用地上会有较大突破。至于在首都圈内，京津唐地区应否考虑建设单独的"科学城"，不在本文讨论的范围之内。我们仅就当前已存在的文教科研基地的发展趋势在北京市域内寻找出路，但考虑到上述因素，应使发展方案具有一定的灵活性。

发展用地选择条件：

(a) 有一定的现状基础；

(b) 有良好的环境、用地条件及高质量的水源；

(c) 有可能与基地形成快速交通联系。

规划设想：

(a) 成组成团发展，以便于分期建设，并形成良好的环境；

(b) 每片有一定的规模，以便于组织城市生活，增加其吸引力；

(c) 考虑到投资的限制及各发展用地现状基础设施的实际情况，除特殊项目（如核能研究基地建设）外，应从现有基地出发，由近及远，沿交通走廊向西北方向扩散（图6、图7）。快速交通线随着

图6 中关村文教科研区向西北方向进一步发展示意

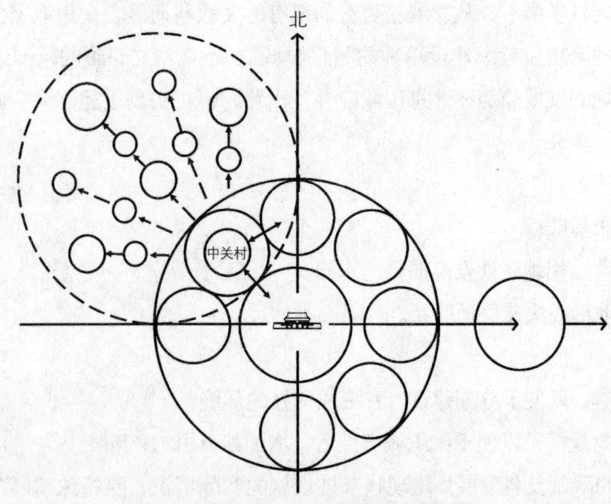

图7 北京市西北郊文教科研区发展模式

新区的发展而逐步延伸，最后形成网络，并与机场有便捷的联系。

2.4 对中关村"科学城"的评述

(1) 高技术产业的存在和发展，是区别于一般依附型、赡养型的文教科研区与充满发展活力的"科学城"的重要标志。

就中关村地区而言，从前者向后者的转化不仅已经开始，而且正以迅猛的势头向前发展。因此，这里已不存在建不建"科学城"的问题，而是怎样做才符合客观规律，才能更有利于促进这种转化。

(2) "科学城"的建设始于发达国家，特别是发达的资本主义国家，其成败的衡量标准不外有二：一是看是否符合"科学城"自身发展的规律；二是看是否符合国情，满足国家发展的需要。

就我国来说，在学习国外经验，建设我们自己的"科学城"时，有几点是特别需要加以注意的：

① 我国以计划经济为主，区别于资本主义国家。各级政府的领导和决策，对"科学城"的建设起举足轻重的作用。

② 我国是发展中国家，区别于苏联及西方发达国家。财力有限，必须在中央统一领导下，从全局出发，做多方面的可行性研究。在此基础上，有选择、有计划、有步骤地发展，避免各地一哄而上。同时，在"科学城"的规划和建设上，必须更多地考虑现状，注意发展的阶段性，不断协调需要与可能之间的矛盾，坚持长期稳定的发展。

③ 充分估计传统思想影响对"科学城"建设的反作用。现代化的过程也是与旧思想、旧意识进行斗争并不断取得胜利的过程。当前的各项改革就是这一斗争的组成部分。而"科学城"的建设，无论对改革的速度、深度和广度都提出了更高的要求。

④ "科学城"是一种复杂的城市现象，它牵涉的面很广，更根本的是社会、经济、文化、教育、科学技术内部结构的改革，城市建设只是其中一个组成部分，是物质建设上的反映。但物质环境的建设、支持系统条件的改善，有助于科学技术的发展与生产力的提高，而后者的推进必然又对深化内部的改革提出更多的要求。当前急需开展多学科的综合研究，理出更为具体的发展战略脉络，以便在此基础上制订出先进而又切实可行的行动计划。

(3) "科学城"的建设，一方面有力地推动国家和地区的科学水平以及经济的发展，同时，它的发展本身又需要大量投资。

这是由于高技术产业发展所需要的支持系统所决定的。按其要求，具体分析，在中关村地区发展"科学城"有较多的优越条件，同时按"科学城"要求，其现状中之不足也是显而易见的。我们的任务是明确其建设的指导思想，因势利导，把各阶段、各系统的有限资金，自觉地、有计划地用于支持系统的建设和完善，使城市建设的每一进程都成为"科学城"建设的有机组成部分。

3 对中关村“科学城”的问题讨论及建议

3.1 对中关村地区近期建设发展中若干问题的讨论

3.1.1 关于土地使用规划问题

(1) 关于西北郊的环境容量

本区现状常住人口，人均用地为110～120m²。从对环境保护的需要出发，目前的人口容量已基本饱和。实际上，如果考虑到本区的特点（如对环境的特殊要求、流动人口多等）和西北郊文物古迹、风景园林较多的现实，人均用地指标还应有所提高（国外类似状况一般在200m²左右）。由于考虑到具体的国情与市情，在进行分区规划时，计划进一步提高密度，将人均用地指标降至80～100m²。事实上，由于本区自身人口的增长和旧城人口向此方向扩散等原因，即使降至80m²/人，也难以满足要求。与此同时，西北郊的环境质量却会大大下降，将进一步面临着绿地被蚕食、文物古迹被挤占、各项公共服务和基础设施无安身之处、各重点单位无发展余地的窘境。

良好的环境质量，是“科学城”赖以发展的重要条件之一，而本区环境质量的下降状况却是令人不安的。管理和经营良好的环境，需几代人的努力，而政策和管理上的失误，则会在较短的时期内将过去的种种努力很快地毁掉。那时，人们需花几倍、几十倍的力气，去改正原来可以避免的错误。而且，应该指出的是，有些损失是难以弥补的。当然，影响环境质量的因素是多方面的，但恰当的环境容量的选择，则是其中极其重要的条件。

我们认为，中关村“科学城”用地，不是一般城市用地，人们应以不同的价值观，对这里的环境容量和监测标准，重新予以考虑。

(2) 关于土地的使用模式

有两种土地使用模式：一种是在发展初期形成的散点式，另一种是目前应予提倡的集约式。

采用集约式的土地使用模式，在人多地少的条件下尤为重要。将可能集中的建筑在用地上尽量集中布置，这样不仅可使建筑使用灵活、联系方便，节省基础设施投资，而且为创造良好的外部环境提供了有利条件。例如，在北京大学校园用地极其匮乏的情况下，清华大学建筑系为该校设计的理科教学楼群，即体现了这一战略思想。十几万平方米的建筑集中布置在北大校园的东部，既可分期分块发展，又采用一定的模数，易于根据需要改变其使用性质。东区的极大集约，赢得整个校园的开朗和对园林风貌的保护。

当前，我国尚无完整的土地政策，但土地的价值规律要求在建设规划中必须集约使用土地。为了使土地使用更为合理，经过综合研究，在必要的地段上，甚至可以有计划地拆除、更新少量房屋。当然，不是漫无目的地大拆大改。在这方面，可能需要较多的投资用于支持系统，但就中关村的具体条件还是值得的，它得到的补偿是科研工作运转的高效率。

集约用地并不意味着一定要建高层建筑，多层高密度同样可以做到土地的集约，但要算大账，算总账，以达到预期的效果。最大限度地综合规划，集中成团成片地进行建设，是在土地使用上满足多种功能要求与提高三大效益的必要途径。

(3) 关于本区近期的向外扩展

对原地区集约土地使用与局部的改造和有计划地向区外扩展是一个问题的两个方面，是规划工作者基于对客观形势的分析所采用的另一种方式。

在用地固定、环境容量固定而本区的继续发展又是大势所趋的情况下，就必然出现向何处发展和怎样发展的问题。

① 向外发展

有限的投资，迫使人们采取就近发展的策略，有两种方案可供选择（图8）：

(a) 在清河及西北旺建设"近郊新城"，用城市绿带与城市本体相隔。在这里，除保留已有科研、文教、住宅及无害工业外，可考虑安置占地不大的新建单位或从中关村本部各高校、科研单位萌生出来而又相对独立的学校、研究所等，但重点放在建造大批住宅以解决"科学城"本体各单位对住宅的需求上。从某种意义上讲，它带有一定的"卧城"的性质。

这样做的优点是，在对中关村"科学城"本体的进一步调整中，可着重考虑原有各类基地本身的合理发展和配套，更大限度地调节利用"科学城"已有的支持系统。

新城占地1 000～1 500hm^2/个，建设投资10～15亿元。同时为使其有一定的吸引力，还应配备：与城市及"科学城"本体连接的快速公共交通线，如轻轨铁路、地铁等（投资另计）；新区服务中心，标准应适当高于本体（投资另计）；有高于本体的居住条件，如居住面积10～12m^2/人；建高质量的、设施完善的中小学，这不完全是投资问题，重要的是师资队伍的配备与提高，这是需要花力量予以郑重对待的。

经过努力，这种"新城"可具备一定的吸引力，但综合投资可达2～4万元/居民，似乎超过目前经济条件的可能，若勉强上马，则会重蹈中科院北郊基地的覆辙。

(b) 在清河及西北旺建"新基地"，以搬迁或安置中关村本体老单位的新建、扩建项目以及某种类型的高技术综合体为主，适当安排一定的就近居住人口。

这样，大量住宅仍建于中关村基地，可充分利用原来较好的生活服务设施，高质量的中小学，免除科技人员的后顾之忧，新区建设由于现状的限制较少，也可建得更为合理。

"新基地"用地规模为500～1 000hm^2/个；安排科技、教学等就业人员1～2万人/个；大专院校学生2～4万人，常住居民2～4万人，合计常住人口4～8万人/个；房屋、土地投资5～10亿元/个。

为保证有一定的工作条件，还应同时建成快速公共交通系统和通信网络（投资另计）、较完善的科研、教学辅助设施及支持条件，创造良好的地区环境。

经过努力，这种基地可具备一定的工作条件，其投资也有一部分可有着落（如新建项目纳入"七五"计划部分和自筹建设而无合适用地者）。但这种建设，需有较大项目带动，而目前的条件似乎尚不成熟。

清河及西北旺两个地方都已较有基础，是先集中一地建设再发展另一个，还是两处并行发展，尚需要进一步论证。

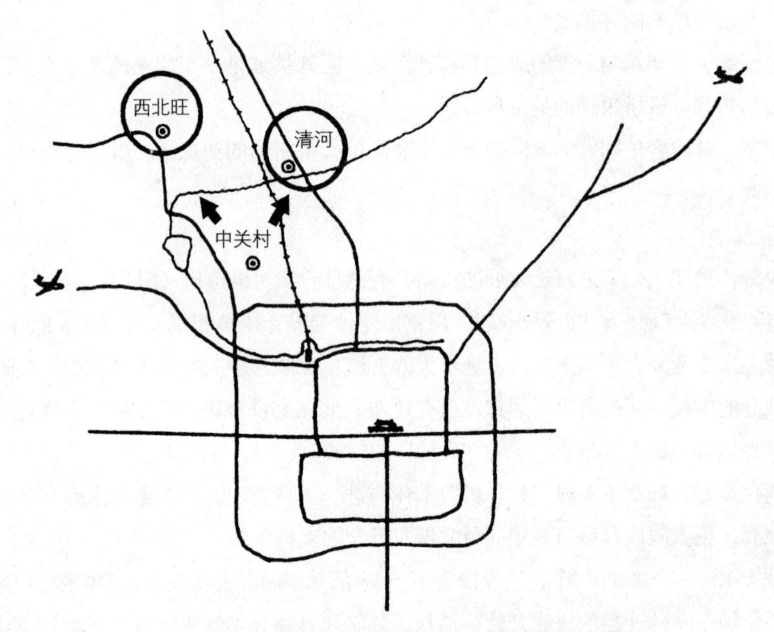

图8 北京市西北郊文教科研区近期向外扩展的设想方案

② 现有文教科研区内部挖潜、充实提高

现有文教科研区尚有一定的潜力，目前最直接、最现实的发展方式是“挖潜”。如何挖潜？我们面临的问题是各“大院”各挖各的潜力，自谋出路，还是由各级政府进行干预，统筹安排，并在此前提下，通过竞争进行一定的市场调节。

这是一个敏感的问题，但在中关村“科学城”的建设中却是不能回避的。放任各“大院”继续自行发展，将产生或深化一些越来越难以解决的矛盾。如：

(a) 有条件的“大院”设施齐全，却得不到充分的利用，而条件差的小单位，则只能望“院”兴叹，无法解决最基本的问题；

(b) 各“大院”重复建设，占用过多的资金，同时，由于资金的分散使用，也不可能高标准地满足要求；

(c) 在资金有限的条件下，各“大院”的重复建设，就更加剧了为全社会服务设施的短缺；

(d) 种种原因使“大院”内的居民成分逐渐变化，致使“大院”内非本单位职工住房比重逐年上升，给“大院”带来越来越沉重的负担；

(e)“大院”各自挖潜，“零敲碎打”，“见缝插针”，降低环境质量；

(f)"学城"高墙深院，各自为政，不仅浪费资金，工作、生活不便，而且难以形成开放的、和谐的建筑体型环境。

"大院"的改革牵涉的面很广，首先需要的是各个领域中的体制改革，而这点需要与全国同步。我们希望国家计委、科委及北京市建设委员会对"科学城"的发展问题，组织专人进行认真的研究，在此基础上有准备地召集会议，委托有关方面拟定规划，最后能落实成指令性文件及规划发展方案，进一步明确"科学城"建设的指导思想。这样，在安排新建项目，特别是重要的项目时，有一个通盘的考虑，至少不使今日的建设加剧明日的困难。这点是应该而且必须做到的。此外，强化地区的管理，赋予有关单位以更高的权力，并加强地区的经营，使之更为协调地运转，也是需要研究的课题。

3.1.2 关于"科学城"的建筑文化与环境艺术质量问题

这个地区是首都作为文化中心的重要组成部分，中关村"科学城"区别于日本筑波、美国硅谷，还在于它的文化活动内容。这里原是北京市建筑文化精华所在。从金代开始开拓的西郊园林，至明清有了极大的发展和成就。新中国成立前就已建造的清华大学、燕京大学校园，特别是燕京大学的未名湖畔建筑群与清华大学的工字厅礼堂区等都是高质量的。新中国成立后清华、北大主楼建筑群的形成，中央党校、八大学院也基本上是在统一规划下进行的。总的来说，形成了一定的整体格局。"文革"前后新建筑陆续出现，首都体育馆的建造与国家图书馆的兴建，以及圆明园区部分水面的恢复，都对丰富地区的建筑面貌做出了成绩。

但是，现在这个地区的建筑文化面貌却面临着严重的威胁，表现在原有建筑文化环境逐步遭到破坏甚至毁灭。如北大的蔚秀园、朗润园的新建筑，清华的高层公寓等，它们破坏了整个校园的气氛。

因此，在这类地区，从消极上看对文物风景区要进行更为严格的控制。对原有的园林，首先是保护好其自然环境和对原有建筑物的维护和修缮。在资金不足、设计水平不高的情况下，不宜大张旗鼓地进行建设。从积极方面着眼，要努力创造反映新时代民族文化和地方特色的新建筑，创造科学文化区特有的文化环境风貌。为达到此目的，必须加强本地区的城市设计工作。

3.2 近期规划的实施

中关村"科学城"是一项长期的建设目标，根据这一目标制定长远规划，并在此基础上确定近期规划，作为向长远目标发展的依据。

在全面规划尚有待于进一步研究、确定的情况下，对近期建设项目确定的原则为：

第一，作为"科学城"正常运转所急需；第二，在经济上有实现的可能；第三，不为今后的合理建设制造困难。

以下几方面是急需注意并逐步加以解决的。

3.2.1 信息与交往条件的改善

对于"科学城"来说，信息与交往问题应作为支持系统极重要的部分去考虑，它牵涉到交通、电信、邮政等多方面，在规划中需统筹安排。例如对本地区交通拥挤问题的解决，固然需要从调整道路网、改善公共交通体系等方面加以治理，但同时也需考虑到有些出行是由于电话太少或通话困难所致(据杭州市对高等学校一般教师家庭的出访调查，有34.7%的出访次数可由电话所代替)。本区由于有旅游过境人流，情况有所不同。但无论如何，至1983年年底文教区的电话交换机普及率仅为1.544门/百人，尚不足市区平均数的1/2。据统计，至1986年年底装设门数有所提高，但相对比例依然如故。“科学城”的电话安装率与其需要完成的任务太不相称。由于它需要更多地交往，于是一方面增加了交通负担，更重要的是大大地降低了工作效率。现在有关方面已对交通的治理问题比较重视，但对电话，特别是电话的设置与交通拥挤之间的有机联系，尚缺乏足够的认识。对“科学城”来说，较高的电话安装率不是奢侈，而是必要的工作效率的保证。

我们认为，即使在财力有限的情况下，也需将几项设施综合考虑，才不致头痛医头、脚痛医脚。当然，好事不能一天办完，要分期分批，但指导思想需要明确。

(1) 道路交通的综合治理工程应尽快着手。目前中关村地区存在道路网稀疏、干道间距大、支路断头多、公交客流分布不均、自行车出行比例极高的状况，建议从以下几方面着手治理：

①按照已制定的近期建设规划，尽早打通几条道路，进一步完善中关村地区的道路结构；

②重新调整地区公交线路，新建、扩建各处公交转乘枢纽；

③多方论证，积极筹备轻轨交通线的建设，从较大范围改变中关村地区的公共交通结构。

(2) 电信、电话、邮政设施的改善应在可能条件下尽快发展，并有所超前。例如中关村地区的电话机拥有量，希望能在1990年前后达到200门/百人的水平，至少也应不低于城区的普及率。

3.2.2 城市亚中心的一期建设工程

西北郊城市亚中心在海淀镇的设立，不但在改变北京市总体规划结构中起着重大作用，而且是“科学城”的重要组成部分。

近年来，实际上中心区正在自发地、如雨后春笋般地建造形成中。除了已经建成者外，还有计划中的项目，如海华大楼的新技术展览中心，拟在友谊宾馆东北角兴建，市规划局已批准建设用地，如此等等。现在确有必要在筹建大型商场、专业商店等之外，从各方面集资修建为“科学城”服务的会议中心、展览馆、博物馆、贸易大楼、旅馆等。文化中心事业的建设与管理等也应该逐步由国家赡养型转为经营型。为了提高土地、资金及设施的使用效益，应避免无统一规划地沿街蔓延，或在“大院”中低标准地重复建设。这样下去，资金得不到正确、充分的利用，城市的亚中心也难以形成，无法充分发挥经济、社会和环境效益。但这种情况已持续数年，并未引起足够的重视，现在已是进行整体研究、论证、宣传、推动并按一定指导思想实施的时候了。

3.2.3 地区环境的综合治理工程

根据本区生态环境的特点和矛盾，提出以下措施：

(1) 调整工业结构及布局：近期改造、调整、搬迁那些污染严重的单位。

(2) 增加绿地面积，调整绿地分布。分两种尺度进行：

① 大范围地区的绿化，包括城市绿环、绿带和绿楔。

② 本区内的环境绿化，除街道广场及主要公共建筑群的绿化、美化工作外，应逐块落实统建居住区内的居住区级和小区级的绿地及体育运动场地。按定额在住宅区内应保持1～2m²/人的公共绿地及1m²/人的体育运动场地。

(3) 节约农业用水，保持地下水源。逐步用果林、经济林取代现有农田，并有效地保持水源水质。

(4) 文物古迹保护工作与环境绿化相结合，有效地改善文物古迹的环境和景观。

(5) 落实并保留市政设施用地，给全面改善地区环境质量和生活条件提供切实的保证。

同时，要继续较大规模地兴建住宅，力争逐步做到住宅区与单位"大院"分离，实现管理社会化。有计划地布置和调整一些高技术型、少污染并易于治理的工业小区，为新兴的产业群开拓必要的空间。在规划中注意为一些"自发"形成的产业以竞争、演化和发展创造必要的条件。用政策控制土地使用状况，用经济杠杆筛选更具有生命力的产业。在此基础上逐渐形成各具特色的科学工业园区。

3.3 规划和实施的重要条件

北京市西北郊文教科研区，是全国人民经营了几十年且投入了几十亿资金的地区；同时，又是为新中国培养了大批科技人员，并产生出许多赶超世界水平的尖端科研成果的地区。这个地区虽已形成"科学城"的基本构架，但却与客观需要相距甚远。从"科学城"的特点及我国的实际情况看，欲进行合理的规划，并使规划得到认真的实施，需具备以下条件：

(1)"科学城"的建设事关重大，非一个市、一个区所能推动，需要国家级的决策研究，在做出决断后，应通过国家指令性措施予以执行。

(2) 成立多学科组成的专门机构，对"科学城"进行全面规划，力图从实际出发，因势利导，不违背事物发展的客观规律，从规划的先进性和现实性方面提高规划的权威性。

(3) 制定"科学城"建设法规。在规划区内严格执法，以逐渐达到统一规划、统一建设、统一管理的目的。同时努力做到统而不死，以便发挥几个方面的积极性，提倡一定程度的竞争。

(4) 首都文化中心的建设将进一步推动"科学城"的发展。目前，中关村地区归属于人口已达100多万的海淀区，由于该区规模过大，问题复杂而特殊，现有的区属机构实难真正起到管理的作用。建议将海淀区的行政区划重新调整，或将"科学城"从现有的行政区中游离出来，成立专门的管理机构，并赋予更高的权力，使之有可能从更高的层次上，对"科学城"的专门问题进行协调、经营与管理。

(5) 在进行规划的同时，必须对以下方面进行控制和管理：对非建设用地的控制，在本区尤为重要。对位于城市边缘的亦城亦乡地区，必须对农房建设进行控制，这个问题至今尚为一片空白，漏洞极大。这虽然是本市乃至全国较为普遍的问题，由于中关村地区的发展十分敏感，如有较大行动就更加难以控制，对此需认真从速加以解决。对基础设施用地的重视和保留；对建筑红线的控制，与此相关的是对临时房屋建设的控制和管理。

“科学城”是一定国策下的历史产物，对我国来说也不例外。为了实现四个现代化的宏伟目标，迎接新技术革命的挑战，我们总结国内外的实践经验，研究自己的国情，在此基础上，提出了全面的可行性研究及行之有效的规划实施方案。目前开展的中关村“科学城”研究和规划的试点，行动的步子要稳，但研究要走在前面，要以只争朝夕的精神积极进行。我们相信，在国家计委、科委、教委根据总的方针组织人力做出的决策指引下，通过各级行政及各方面人士的积极努力，经过一定时期的建设与经营，在中关村地区建设一个新型的中国式的社会主义“科学城”的目标一定能够实现。

致谢

本文系《北京市西北郊文教科研区发展规划研究》总报告的第二、三部分的删节本。该报告是记述1980年代我国开拓高科技产业园区的一份重要历史文献，其研究基础之一是1983～1986年清华大学建筑系的本科生毕业设计及研究生论文。总报告由清华大学建筑与城市研究所于1987年2月完成。在开展课题研究和指导学生毕业设计及研究生论文写作过程中，承蒙北京市城市规划委员会、北京市城市规划管理局、北京市委财贸部、国家教委基建司、中国科学院基建局、地矿部遥感中心、北京大学、北京市公交总公司、交通研究所、北京市环保研究所以及海淀区委、区政府、区建委等有关同志的热情支持和协助，提供有关资料并给予指导，谨此表示衷心的谢意。

注释

① 早在1950年8月24日中国科学院的院务汇报会上，提出可能作为新院址的地方有四处：一是圆明园附近；二是西郊公园附近；三是海淀镇以东，京绥铁路以西，华北农业科学研究所北边的土地；四是西郊公园以南，阜成门外法国教堂以北的土地。会议决定由钱三强去清华大学请两位建筑专家，会同陆学善等到上述四处先行了解情况。几经踏勘和比较，并与各有关部门协商后，才确定以中关村一带为新院址。1951年2月3日，院长会议讨论第一期基建计划，决定近代物理所、社会所等在中关村建楼，当年年底即开工。1952年2月，院长会议通过了《中国科学院建筑委员会暂行规程》，指定吴有训副院长为建筑委员会主任，陶孟和、竺可桢为副主任，钱三强、曹日昌任秘书。1954年5月27日，吴有训主持建筑委员会会议讨论了永久院址中关村1955～1957年的建设规划。——摘自《中国科学院编年史》中“确定西郊中关村为新院址”一节

② 西北文教科研区的建设实际上是从1975年邓小平同志主持中央工作，胡耀邦等同志来中国科学院工作时就开始了。当时还有“五子登科”之说，即整治“文革”的创伤，努力解决该地区就学、就业以及生活服务设施配套问题，但不久这项工作即告停顿。

参考文献

[1] Leafy, E. M. 1986. High Technology Development in Oxford and Cambridge. Working papers / Oxford Polytechnic. Department of Town Planning.

[2] Roberts, B. H. 1986. The Role of Support Systems in the Promotion of Advanced Technology Development.

[3] Wicksteed, S. Q. 1985. *The Cambridge Phenomenon: The Growth of High Technology Industry in a University Town*.

[4]《北京大学建校规划（1985～1990）》，1985年。

[5] 北京建设编辑委员会编著：《建国以来的北京城市建设》，北京建设编辑委员会，1986年。

[6] 北京市城市规划管理局科技处情报组:《城市规划译文集 2:外国新城镇规划》,中国建筑工程出版社,1983 年。
[7] 北京市城市规划委员会:《北京市城市建设总体规划》,1982 年。
[8]"北京市分区规划评议会"资料集,1986 年。
[9]《国外经济统计资料》编辑小组:《国外经济统计资料(1949～1976)》,中国财政经济出版社,1979 年。
[10](美)罗杰斯、(美)拉森著,范国鹰等译:《硅谷热》,经济科学出版社,1985 年。
[11](苏)帕拉顿诺夫等著,詹可生等译:《科研建筑群设计》,中国建筑工程出版社,1980 年。
[12] 清华大学建筑系:《北京市海淀镇改建规划》,1983 年 7 月。
[13](日)日本野村综合研究所著,孙章等译:《广岛中央科学城构想》,上海交通大学出版社,1985 年。
[14](苏)斯莫利亚尔编,中山大学译:《新城市总体规划》,中国建筑工程出版社,1982 年。
[15] 张淑君:《苏联新城市建设》,中国城市规划设计研究院,1985 年。
[16] 中国建筑工业出版社城市建设编辑室:《城市规划译文集 1》,中国建筑工程出版社,1980 年。
[17]"中国科学城学术讨论会"会议论文集,广州,1985 年 12 月。
[18]《中国科学院近期发展规划(1980～1990)》,1980 年。
[19]"中国智密区学术讨论会"会议论文集,北京,1986 年 6 月。
[20] 周晓芳等编:《高技术密集区资料汇编》,中国展望出版社,1986 年。

“道德之境”：从明清永州人居环境的文化精神和价值表达谈起

孙诗萌

The Environment of Edification: On Cultural Spirit and Value Expression of Yongzhou Human Settlements during the Ming and Qing Dynasty

SUN Shimeng
(School of Architecture, Tsinghua University, Beijing 100084, China)

Abstract Moral edification was one of the core values that guided the creation of human settlements in ancient China. Consciously expressing and pursuing a common cultural spirit and social values within built environment was a fundamental character of ancient Chinese human settlements. In this paper, the author proposed a specific concept “Environment of Edification” to summarize these built environments, and systematically studied its spatial structure and the rules of its planning and design as well. Yongzhou, with a long history focused on the construction of “Environment of Edification”, was selected as the study case. Here Yongzhou was examined from the following three aspects: its basic functional elements, the logic of its spatial layout, and a special network consisted of texts. As an essential subject of historical researches on the human settlements in China, the author hopes this study would shed some light on the current cultural dilemma of Chinese cities.

Keywords moral edification; city culture; spatial order; Yongzhou; Daozhou

作者简介
孙诗萌，清华大学建筑学院。

摘　要　道德教化曾是引导中国古代人居环境营建的核心价值，在人工环境中有意识地体现和追求社会共同的文化精神与价值观念是古代人居环境的基本特征。本文提出“道德之境”的专门概念用以概括这一物质环境，并对其空间构成和规划设计原则展开系统研究。本文选取了历史上对“道德之境”着重经营并形成悠久传统的湖南永州地区为例，分别从其基本功能构成、空间组织逻辑、文字环境经营三个层面展开分析，并进行相关理论的建构与总结。作为人居环境历史研究的一个小专题，本文也希望能有助于对当前城市文化困境的深刻反思。

关键词　道德教化；城市文化；空间秩序；永州；道州

中国古代的人居环境规划营建自成体系，不仅有其独特的规划设计理念、技术、方法、实践机制，亦有其清晰的价值观念：一方面强调人工建设与自然山水环境之间的融浑谐和；另一方面则尤其重视道德文教环境的经营，重视人工环境自身空间文化秩序的建构。它们表现出人居环境作为一种特殊的大尺度“人造物”最本质的文化精神与价值追求，也是中国古代人居环境呈现出迥异于其他文明景观的内在根源。然而在今天，这两项曾经长期引导中国古代人居环境规划营建的核心价值却都不同程度地遭到破坏。对后者的忽视和曲解似乎更甚，不仅今天的城市建设与中国悠久的文化传统关系甚微，甚至愈发陷入贫乏、庸俗的尴尬境地。因此，本文对中国古代人居环境中道德文教环境相关问题的关注，不仅是人居环境历史研究的一点补充，也希望能有益于对当代城市文化困境的反思。

1 道德教化是中国传统文化的基本特征与人居环境建设的核心价值

古代社会对道德教化的突出重视是中国传统文化的基本特征之一。关于道德精神在中国历史与文化中的重要性，许多学者都曾有过精辟的论述。历史学家钱穆曾以"道德精神"概括中国文化精神之本质："中国文化精神，应称为'道德的精神'。这一种道德精神乃是中国人所向前积极争取蕲向到达的一种'理想人格'。中国文化乃以此种道德精神为中心，中国历史乃依此种道德精神而演进。中国的历史、文化、民族，即是以这一种道德精神来奠定了最先的基础。"[①] 哲学家牟宗三则指出中国传统哲学的本质即"道德性"[②]：中国传统哲学的"着重点是生命与道德性，它的出发点或进路是敬天爱民的道德实践，是践仁成圣的道德实践，是由这种实践注意到'性命天道相贯通'而开出的"[③]。伦理学家罗国杰亦指出，中国传统道德"是中华民族在长期社会实践中逐渐凝聚起来的民族精神之所在，是中华民族思想文化传统的核心"[④]。

在人工环境的规划营建中有意识地体现、追求并宣扬社会共识的价值观念、行为准则与道德文化精神，也是中国古代人居环境的基本特征。一方面，这种对道德教化及其相应空间秩序的追求根植于中国古代关于人居环境的共同理想中，它是古人自发且自然的表达。例如西汉政治家晁错在论述边塞移民城市的设想时，不仅谈到要建造坚固适用的居住环境（"营邑立城，制里割宅"，"先为筑室"），营造公平便利的生产环境（"通田作之道，正阡陌之界"，"种树畜长"），更强调要提供必要的物质与精神服务设施（"为置医巫以救疾病"，"修祭祀"，"生死相恤，坟墓相从"），以及形成良好的社会秩序（"室屋完安"，"男女有昏、生死相恤"）。只有这样的物质环境和社会环境才能使民"乐其处而有长居之心也"。再如东晋文学家陶渊明虚构的理想人居"桃花源"中，亦十分强调人工环境规划建设的整齐有序（"土地平旷，屋舍俨然，阡陌交通，鸡犬相闻"），以及社会和谐、生活安逸的整体氛围（"黄发垂髫，并怡然自乐"说明老有所养，少有所依，社会稳定）。由此可见，在古人对理想人居环境的描述中，物质环境的丰美富足与社会环境的和谐有序是缺一不可的。而这种理想显然会渗透到最现实、最具体的人居建设过程中，使其物质结果自然地体现出人们的精神追求与价值取向。

另一方面，对道德教化及其相关物质环境的特别重视也是地方实现政治治理、社会教化、文化传播的客观需要。有学者指出，中国古代道德价值的建构、传播和维系主要通过"礼俗、法制、学校、智识"等方式实现[⑤]。但除此之外，一个经过特别设计、具有道德教化意味的物质环境则更加具备广泛存在、持续作用、潜移默化、直指人心等特征；正所谓"谯楼以戒昏旦之节，楼橹以壮金汤之防，亭台以节劳逸之政，坊牌以表贞贤之里，修而治之，亦政教之一助也"[⑥]。在（明清）地方社会，这一物质环境的重要性就更为突出：其一，相比于中央政令对基层地方的鞭长莫及和受制于实效性等困扰，这一物质环境能更加持久有效地发挥作用，使外在的道德准则、行为规范内化为个人的道德信念与自我约束，从而降低道德教化的社会成本。其二，地方社会的宗族结构本就是传统道德生长、传播、维系的沃土，重视这一道德教化环境的建构是地方社会的内在需求和自我表达。其三，对于那些偏僻荒远、靠近蛮夷的边地，这一物质环境的着重经营还具有民族同化的重要意义；这也正是边地（包括中国大陆的边缘地带及台湾地区）文庙甚至比中原地区规模更大、建筑更华美、更倾全邑之力鼎建的原因。

既然这一道德教化相关的物质环境对古代人居环境而言如此重要，那么它究竟如何构成？有何特征？其规划设计中又遵循哪些规律或原则？我们不妨提出一"道德之境"的专门概念，以更准确地描述这一物质环境对象，并对其构成、特征及相应的规划设计原则作更进一步的讨论。

2 "道德之境"概念及其基本构成

"道德之境"，指在人居环境的营造过程中以实现道德教化为主要目的所创造的环境总和或整体，即通过特定的功能场所要素和空间组织手段建构起有裨于传播价值观念、规范社会行为、弘扬道德文化精神的物质环境。在此，"道德"并不仅仅是狭义的儒家伦理道德，还泛指传统地方社会运转所依照之基本规律以及人们对这一社会秩序的文化理想。

从逻辑推导结合对大量明清地方城市的相关考察，笔者认为这一"道德之境"至少由以下三个层次构成。第一层次，"道德之境"中为道德教化相关活动提供空间场所的各类功能要素，是"道德之境"中的实体，直接发挥着传播价值观念、规范社会行为、弘扬道德文化精神的作用。第二层次，上述功能要素所构成的空间秩序本身也体现着传统道德的价值观念，间接发挥着规范、传播、教化的作用。第三层次，"道德之境"中的文字（如匾额、楹联、碑刻等）也构成一个特殊的环境层次，直白、高效、持续地发挥着道德宣教的作用。支撑文字的物质设施的规划设计则决定了这些文字出现的位置、形态、数量和频率。下文将结合特定的案例地区对"道德之境"上述三个层次的具体问题作详细阐述。

此外还需指出，"道德之境"亦存在不同的空间尺度[7]，本文主要作中尺度（即城市尺度）层面的考察。

3 永州地区"道德之境"营建的悠久传统与独特背景

为了更深入地解析地方人居环境中的"道德之境"，笔者选取了湖南省南部的永州地区[8]作为开展进一步研究的主要对象（图1）。

永州地区位于南岭山脉北麓，潇湘流域上游，湘、粤、桂三省区交界处。明清永州为府，辖零陵、祁阳、东安、道州、宁远、永明、江华、新田一州七县[9]。全境"袤五百九十里，广三百四十里"[10]，总面积约2.34万平方公里[11]。永州由南至北被三条东北—西南走向的山岭（南部的萌诸岭—九嶷山、中部的都庞岭—阳明山、北部的越城岭—四明山）夹围成两个盆地；自南向北的潇水和自西向东的湘水贯穿全境，汇合后由东北出境；明清永州一府八县八座城池即沿着潇湘上游及其主要支流在

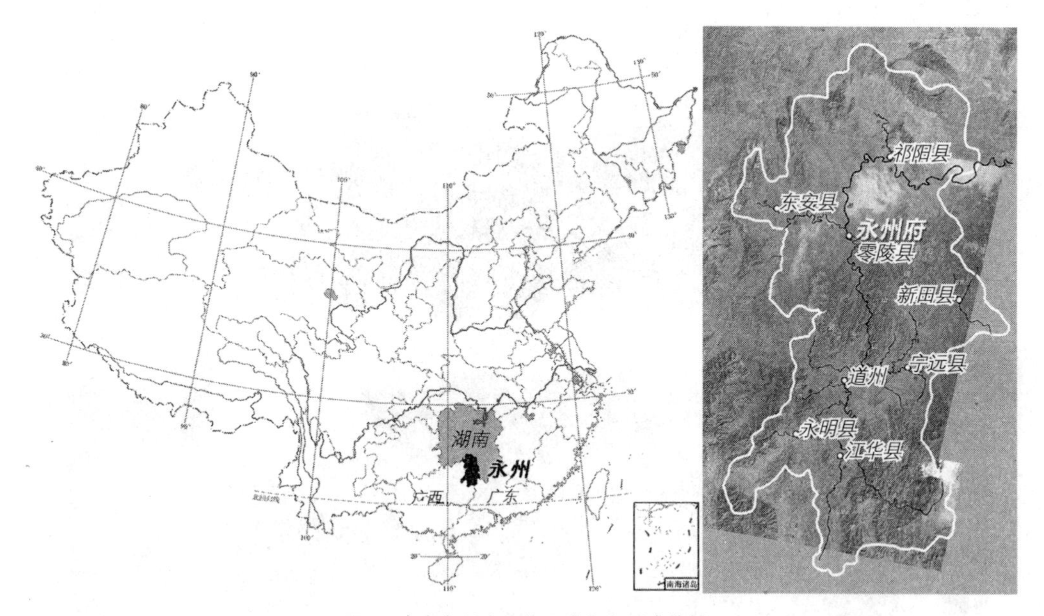

图1 今日永州市区位及清代永州府辖域

两个相对平缓的盆地中展开。这一分县和疆域格局在唐宋初步建立[12]，唐宋两代也是永州地区人居环境最重要的早期开发阶段[13]，经过这一时期的持续开发，"至明人文蔚起，财赋所出几与中土俟矣"[14]。

之所以选择永州地区作为研究"道德之境"的案例，一方面是因为其历史上有着对"道德之境"突出重视和持久经营的重要传统。当地府县方志中对这一"道德之境"及相关设施的历史营建过程均有非常详细的记载（方志图像中亦有详细描绘）；并且从这些记述文章中能充分感受到当地官民对这一事业的巨大热忱和文化传承的责任感。从今天这一历史环境的实物遗存中，也能充分感受到其建设之初的"举合邑之力鼎建"和历史过程中的精心维护。永州八县今天仍保存有四座文庙、六座文塔及其他祠庙、楼阁、牌坊、城垣等若干。这些设施在兴建之时已是临邑间相互攀比竞争的对象，从今天宁远、零陵两座文庙完好保存的24根镂空石雕龙柱精妙绝伦的雕刻工艺中，足以管窥当地对这一"道德之境"的极度重视（图2）。以上可以说是永州地区作为"道德之境"研究案例的典型性。

另一方面，永州又是中国南方一个极为普通的地区。自秦汉纳入统一帝国的行政体系后，永州在中国历史上一直处于普通甚至边缘的地位。无论自然、地理、政治、经济、军事、文化等诸方面，它都与中国广大南方地区[15]同属一脉。就其人居环境规划营建的总体而言，一方面受到来自中央的有限控制，另一方面受大区域文化和当地生发的乡土传统的影响。可以说，永州地区在"道德之境"规划经营方面的特征和规律不仅是其个性，也多少反映出当时广大南方地区人居营建的共性。这是永州地区作为"道德之境"研究案例的一般性。

此外，这一地区的自然地理环境相对稳定，历史文献记载丰富，历史遗迹并未遭受现代建设的

图2　现存完好的宁远文庙及其镂空龙凤石柱

“毁灭性”破坏，遗存相对较多等，这些都为其作为研究案例提供了较充分的可行性。

那么，历史上永州地区为何如此重视“道德之境”的规划经营？这与以下三个特殊的历史文化背景密切相关。

3.1　“舜帝过化之乡，濂溪发祥之地”：永州文化自豪感与责任感由此而生

永州历史上乃“舜帝过化之乡，濂溪发祥之地”。舜帝、周敦颐[16]两位圣贤是永州最重要的文化标志，也是当地文化自豪感与责任感的主要来源。据《史记·五帝本纪》载，舜“践帝位三十九年，南巡狩，崩于苍梧之野；葬于江南九疑，是为零陵”。舜帝历来被视作道德典范，因此永州官民也自觉地视道德教化为其珍贵的文化传统。理学鼻祖周敦颐与永州的渊源则因道州濂溪乃其故里。据《宋史·道学列传》载，“周敦颐，字茂叔，道州营道人。……因家庐山莲花峰下，前有溪合于湓江，取营道所居‘濂溪’以名之”[17]。此濂溪即道州城西二十里周氏故里。周氏祖先世居青州，唐永泰间卜居宁远大阳村，至周敦颐曾祖父迁至道州濂溪定居[18]，景定四年（1263年）时已是“环溪数百家皆周氏子孙”[19]。程朱将理学发扬光大后，周敦颐作为理学开山鼻祖的身份得到了世人的公认与推崇，他也由此成为永州文化传统中的重要标志。既浸染于圣贤之遗风，永州官民自觉地视宣扬教化、振兴文风为

不可懈怠的责任，对于"道德之境"的规划建设也尤其重视。永州府县每每兴修学宫书院必提及二君：如元欧阳元"修道州学记"云："道州为子周子之乡，其学校兴废于四方观瞻所系甚重，今郡学颓圮，过者骇焉，将何以逭当道之责乎？"[20] 又如清嘉庆《宁远县志·学校》云："教士必先建学，重道所以尊师……宁远为虞帝过化之乡，实濂溪发祥之地，由唐以降，明贤辈出，皆不外于学校。"[21] 此外，永州地区建"濂溪祠"祭祀元公，并依托"濂溪祠"或以"濂溪"为名兴建书院的情况也十分普遍。

3.2 "猺峒基错"，民族矛盾严峻：着重"道德之境"经营是民族同化、政治稳定的重要手段

永州地区历史上长期"猺峒基错"，民族矛盾曾颇为严峻，重视道德文教及其物质环境是实现民族同化、政治稳定的重要策略。永州方志中将当地土著民族统称为"猺峒"。"猺峒，即古棘蛮也，种类至众"[22]，常居五岭深山中。永州地区在秦汉时虽已有行政建置，但汉人相对较少。唐宋两代人居环境开发渐盛，但整体上仍是"猺峒基错"，永州被作为朝廷重要的流贬之地即与这一状况直接相关，正所谓"汉以后（永地）稍被声教，而唐宋犹以处谪迁，岂非猺峒基错，叛荒不常，文告阻隔乎？"[23] 在永州地区的人居环境开发过程中，一方面是汉族移民不断迁入、与原住民争夺土地；另一方面则是原住民逐渐接受汉族治理、认同汉族文化的汉化过程。文明教化被视为实现汉化的核心手段，如康熙《府志》有云，今"猺人亦吾人矣……要之德礼政刑，兼施并举，世固无不可化之人也"[24]。道光《府志》亦云，"文命诞敷深林密箐，既生成于耕凿，复沐浴于诗书，一时人才济济，若宁远登贤书者且相继而起，惟涵濡于陶淑之化者深也"[25]。以诗书礼教化育猺峒，正是永州地区特别重视"道德之境"经营的重要现实原因。由此可见，"道德之境"不仅关乎文风科名，更于系民族团结与政治安定。

3.3 唐宋两代重要"流贬之区"：贬官流寓对当地"道德之境"营建及文化宣传发挥重要作用

唐宋两代，因为远离中原、偏居东南、山水阻隔、蛮夷杂居、人居环境落后等诸多因素，永州地区曾是朝廷安置贬官的重要地区[26]。贬官群体中虽不乏确实无德无才、罪当获贬者，但仍有相当部分是因特殊政治原因而被无辜牵连的忠义贤俊之士。贬谪对他们的政治生涯无疑是一场灾难，但对于偏远落后的永州却未尝不是一件幸事。如道光《府志》云，永地"岩壑深峻，风雨不时……士大夫非迁谪则鲜有至焉"[27]。唐宋两代的贬官流寓[28]尤其对当地的人居环境开发和文化宣传做出了重要贡献。其一在于带来先进的观念与制度，引导当地人居环境的规划开发，尤其着重"道德之境"的经营与风景游憩地的掘发；正所谓"贤达之来率以迁谪，山川文物，赖此日新"[29]。其二在言传身教、树立榜样，使当地人士耳濡目染，陶淑感化；如杨万里所云，"前辈诸钜公不容而南者，名德相望而寓于此，其人士见闻而熟化焉，往往以行义文学骏发而焯者，视中州无所与逊也"[30]。其三则在对当地文化的提炼与宣传："（永郡）层峦委流、绝谷飞瀑，寥寥万年，罕接人语；或唐而闻，或宋而彰，逃名者终不掩

其名。”[31]又如汪藻言“零陵一泉石一草木，经先生品题者，莫不为后世所慕，想见其风流”[32]。唐宋贬官流寓们为永州的人居及风景创作了大量文章题刻，如柳宗元、颜真卿、黄庭坚、邹浩、张浚、张栻、胡铨、汪藻、方畴等都留下了大量文章和书法真迹。这些艺术作品使偏远荒僻、默默无闻的永州为世人所知，“终不掩其名”，正所谓“地以人传也”。

基于上述的典型性与一般性，笔者将主要以永州地区一府八县为例对明清地方人居环境中的“道德之境”营建展开研究。根据前文对“道德之境”基本构成的初步分析，以下将分别从功能层次与场所要素、空间秩序、文字环境三个层面展开，以期获得关于古代地方“道德之境”营建的一般性结论。

4 永州府县“道德之境”的功能层次与场所要素

“道德之境”之为物质环境的第一要义是为各种道德教化相关活动提供相应的空间场所。据笔者对明清永州府县的相关考察，“道德之境”中的各种功能场所至少可划分为行为规范、道德教化、旌表纪念、信仰保障和慈善救济五个层次，各层次中又主要包括12项最基本的场所要素（图3）。

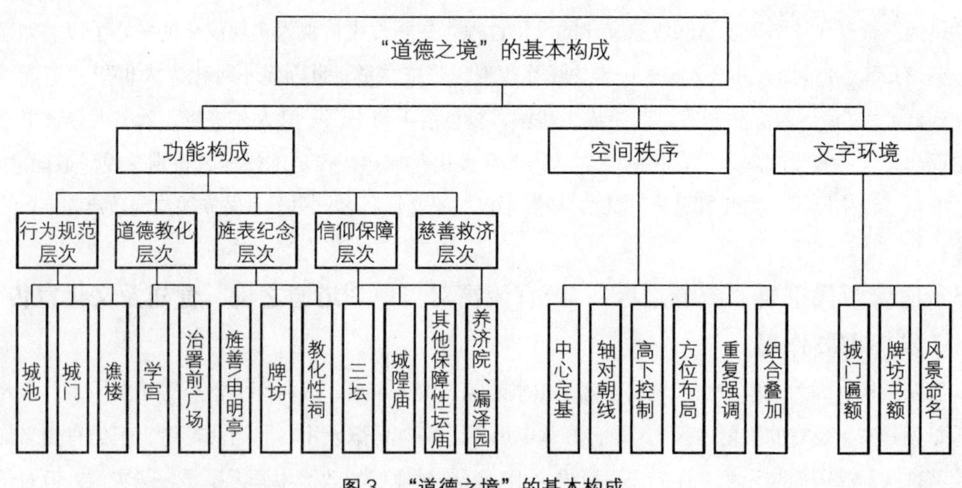

图3 “道德之境”的基本构成

行为规范层次指在空间和时间上对人的日常行为进行规范与约束的场所及设施：城池（1）与城门（2）作为区隔内与外、人工与自然的边界，也限定出一个集中实现道德教化的空间范围；谯楼（3）不仅是计时报时、规范作息的基础设施，还象征着宣政教、彰美盛的德化中心。道德教化层次指专门实践狭义道德教育和教化的场所及设施：学宫（4）及其相关联的一系列文教设施主要容纳教育活动；治署前广场（5）则主要容纳如宣谕讲约、公众集会等社会教化活动。旌表纪念层次，指对道德典范进行旌表、祭祀、纪念的场所及专门设施，主要包括由官方设立（或授权设立）的申明/旌善亭（6）、牌坊（7）和教化性祠（8）等，其中教化性祠兼有祭祀、纪念并激发地方认同感与荣誉感等多重功能。信仰保障层次，指祭祀对人类社会构成隐性“保障”之神祇的特定场所，主要包括社稷、山川、邑厉三坛（9）、城隍庙（10）及其他官方保障性坛庙（11）。这些对“保障性神祇”的信仰、祭祀和“报功”活动构成了“道德之境”的一个特殊层次，在这里人类社会与外部自然之间的关联是道德层面的。慈善救济层次，指容纳慈善救济活动的专门场所，主要包括养济院、育婴堂、漏泽园（12）等。

上述五个功能层次和12项基本场所要素在明清永州地区的府县人居环境中普遍存在，构成了其“道德之境”的基本配置。

4.1 行为规范层次

4.1.1 城池与城门：具有空间约束力之人工边界

城池作为“道德之境”的人工边界，具有约束行为与限定内外的重要作用。这种约束与限定，一方面体现在对外防御、对内保障：城池在抵御自然灾害和战争劫掠方面的功用在人类社会早期尤为显著：“夫城郭之设，自三代以来盖已有之。所以保障生民，以御外侮，不可一日无也……是则山川城池乃设险之大端，有民人社稷者，欲守土安民，其可不以此为先务哉?”[33]后来随着人类对外部形势掌控力的提升，城池使人“心恃以安”的心理保障功能逐渐明显：“城之形，万目可睹也，其有无形而可以保民于永者，岂众人所得共睹哉？……岿然杰障永为人心恃以安者，信在此而不在彼也。”[34]另一方面则体现在通过这一人工城池，人们得以建立起一个易于控制的人工环境。在这里，人们能够暂时摆脱外部的威胁和干扰而建立一符合人类社会理想的空间秩序。城池的规模、形态、格局都成为人们施加道德教化的物质手段，例如城池规模曾与等级制度有直接关联。

城门，作为封闭、静态的城池上唯一可以启闭、动态的出入口，是调节同时强调这一人工边界约束力的重要元素。城门总是城墙营建中着力最多处：为提高城门的防御性能往往建设瓮城增加防护；城门之上常建为楼，一则瞭望军情，二则壮一邑之观瞻；有些城门设钟鼓以警示报时，有些则供奉神灵以保地方平安；城门的名称通常也强烈体现着当地特定的文化与期许。

永州地区除永、道二州城外，其余六县均至明代始有大规模的城池修筑（此前多无城垣或为土城），并在明代全部完成砖石砌筑。明代的大规模筑城运动使当地城池的稳定性、持久性、防御性均较此前有了极大进步，为明清时期人居环境的稳定发展奠定了基础。

（1）城池规模

除永州府城依宋城之旧外，其余诸城皆在明初的重建或新建中重定规模：其中道州城周948丈（约5.3里），其余六县周长皆在360～540丈（2～3里）之间，又以360丈最多（表1）。对比王贵祥关于明代城池规模与等级制度关系的研究[35]，永州地区明代城池规模表现出严格的等级差异——府城[36]约5里，县城约2～3里。其等级规模控制甚至较其他地区[37]更为严格；在数值上则与全国同区位地区（如四川）类似，但略小于畿辅和中原地区[38]。在明初确立的城池规模基础上，永州诸府县此后均发生了超越其规模的人口及住区扩张。有些城市随之不断修拓城池，如祁阳县城自明景泰三年初建后的350年间发生了三次拓城，周长自480丈增至1 674丈，增幅约3.5倍；有些则跨越城垣发展却并不拓城，典型者如江华县。

(2) 城池形态

永州诸城迥异于中原地区常见的规整矩形，全部呈现由自然山川所限定的自由形态，主要受制于河流形态（详见下文图12)。零陵、东安、祁阳、道州、宁远、永明、新田七城至少一侧紧临河流并以之为壕堑，多数则有两至三面临河或临溪。江华县城距河流较远且规模较小，城垣大致呈圆形，主要出于易防御和省功料的考虑。

(3) 城门设置

永州诸府县明代初建时城门多以东、西、南、北四向为基本设置（祁阳、江华、新田初设四门，东安、永明初设东、南、西三门)，但方向并非正南正北，而是以治署朝向为“正南”而论。在日后的城池修拓中，许多县城突破最初的四向格局在临水面增辟城门。如祁阳县城清代增辟三门，皆临水，就是在规制之外更多地考虑到实际功能的需要。关于城门名称的道德教化作用详见“文字环境”一节。清代永州诸府县城池大部分在战争中遭到破坏，或在新中国成立以后被陆续拆除，今仅永州府城存有东门及瓮城门两座，道州城存有南城墙段及东、南城门两座。

表1 永州诸府县明代初立城垣规模

府县	时间	周围	等级
永州府城	明洪武六年（1373年）	1 633.5丈（9里27步）	府城
道州城	明洪武二年（1369年）	948丈（5里96步）	
宁远县城	明洪武二年（1369年）	540丈（3里）	县城
东安县城	明景泰中（1450～1457年）	350丈（2里）	
祁阳县城	明景泰三年（1452年）	480丈（2.6里）	
永明县城	明天顺八年（1464年）	360丈（2里）	
江华县城	明天顺间（1457～1464年）	360丈（2里）	
新田县城	明崇祯十三年（1640年）	537丈（3里）	

4.1.2 谯楼：时间限定与德化象征之中心

明清地方人居环境中在时间上实现规范与约束的主要设施是谯楼（亦称鼓楼)。谯楼出现很早，《史记》中已有“谯门”之称，颜师古注云：“谯门，谓门上为高楼，以望远者耳”[9]，最初指城门上用于瞭望军情的战楼。汉时警众、报时则另有“建鼓”制度[10]。鼓楼之设始自北齐兖州，用于警惕盗贼；唐张说始设京城之内[11]。大概鼓楼的警众功能逐渐与报时需要相结合，至唐代在地方州军子城中普遍形成了以报时为主的“鼓角楼”制度。郭湖生指出：谯楼亦称鼓角楼，即唐宋州军子城正门门楼，上置鼓、角以报时[12]。谯楼在唐宋时期地方城市中普遍建设，元代“令各地堕毁城垣，于是罗城子城毁弃殆尽，外城虽后来修复，而子城之制乃绝，唯有鼓角楼往往独存，后世称为谯楼，以为城市晨昏警时之用。"[43]

明清在州县治署仪门前设立谯楼，仍是地方城市规划建设的基本制度。"凡郡必有城，城有楼，其名曰谯楼，之上设鼓、角与漏三物，所以壮军容，定昏晓，兴居有节，不失其时"[44]。但计时与报时只是谯楼基本功能的一部分，从永州府县方志中对谯楼的相关论述来看，谯楼对地方"道德之境"的形成与维系还具有更多层面的重要意义：首先，作为"启朝昏，节作息"的基础设施，谯楼也是"号令有时，百职具兴"，形成良好安定社会秩序的重要标志。其次，谯楼也被视为官员勤政、政治昌明的直观表征。保证谯楼的修缮完备、更漏分明是政府官员的重要职责，是其"敬民事、为善政"[45]的重要表征。古代官员到任地方，必先关注谯楼修缮事宜，如宋绍兴间向子忞出任道州，"下车之初念所以听政修令之时，莫急于漏刻之法"[46]。若修缮不利，则恐遭邑民诟病，被视为"政之疵"[47]也。第三，因为居县治首起，登临可尽览城郭内外景象，谯楼也常作为官吏"视察民情，商论治道"的治理场所。如清代零陵知县宗霈曾云："登（谯）楼啸歌，远而望潇湘之溦流，西山之晖景，既足以旷志而舒情；近而见市廛氓庶，宛转目前，当必怦然动子爱之心于不觉；因之指点疆圉，商论治道，其有赖于斯楼非浅鲜也。"[48]第四，也是最重要的，谯楼还被视为"使民气达、民形聚、流行以德"的德化中心。由于通常在基地高程和建筑高度上都居于全城制高点，谯楼不仅是全城的视觉中心，在心理层面上也成为具有强大凝聚力、感召力和归属感的重要标志。如清祁阳令王颐所云，谯楼之重并不仅在"壮观"，更在"居高广播，响应远闻"，使民知"德之所载"，知"心之所归"也。谯楼以其"声与势"而能使"民气达"，使"民形聚"，实象征着"德之流行"[49]。换句话说，谯楼在使人感受到无比权威与震慑的同时，也建构起一种地方家园感与归属感，使民众在震慑中亦接受道德精神的感化与同化。

永州地区诸府县除新田外均曾设有谯楼（表 2）。永、道二州谯楼始建于宋代或更早，为其子城制度的一部分。其余诸县谯楼均始设自明代，或与治署同建（如祁阳），或于治署重修时添建（如永明、

表 2　永州诸府县谯楼（鼓楼）建设信息

名称	始建时间	位置	迁/废情况
永州谯楼	宋咸淳九年（1273 年）	子城阛上	清光绪二年拆毁
祁阳谯楼	明景泰三年（1452 年）	县大门左	清初谯楼毁；康熙八年重建；康熙三十五年以形家言有碍风水移建城隍庙左宣文楼
东安谯楼	明嘉靖六年（1527 年）	县治头门	—
道州鼓角楼	宋天圣四年（1026 年）	州治仪门前 郡治之谯门	宋天圣、庆元、元、明洪武、嘉靖、清康熙均有重建
宁远谯楼	明正德十三年（1518 年）	县仪门前， 即县头门	明正德十三年重建
江华鼓楼	明	县治仪门前	—
永明谯楼	明成化十三年（1477 年）	县治头门	清顺治九年重建县治省谯楼；康熙三年复建谯楼于县治头门；嘉庆间撤谯楼

东安)。永州谯楼位于“子城阃上”[50]，“阃”指瓮城之门；道州鼓角楼宋时“距牙门十余步”[51]，明时在“州治前门”[52]；其余诸县谯楼均位于县治头门。谯楼在基地地势和建筑设计上均力求高度，通常择高地而建，若地势低洼则人工补足，欲成为一邑建筑制高点和视觉标志物。这一方面是报时传声的功能性需要，另一方面则是宣政教、系观瞻的象征性需要。

4.2 道德教化层次

“道德之境”中实现狭义道德教育及教化的专门场所主要包括两类：其一是对特定群体实行专门性道德教育的官私学校、书院等；其二是对更广泛民众实现道德教化的公共广场及其相关设施。前者以府县学宫为中心；后者以府县治署前广场为中心。

4.2.1 学宫文庙：学校教育之中心

学校教育是实现道德教化的重要方式，也是国家治理的重要手段。三代已有学，“皆所以明人伦也，人伦明于上，小民亲于下，有王者起，必来取法，是为王者师也”[53]。后世执政者皆明白这一道理：“教者，政之本也；道者，教之本也。有道然后有教也，有教然后政治也”[54]；“治国之要，教化在先；教化之道，学校为本”[55]。国家设学兴教，其根本目的在于培养符合儒家道德标准的理想人格：一则“学而优则仕”，进入国家官吏系统；二则在民间陶淑感化，培植风气。因此，设立学校历来是国家之大事，并逐渐制度化，即全国郡县皆有学宫之设。自汉武后，儒家思想逐渐成为学校教育的主要内容；又至唐贞观四年（630年）诏令“州县学皆作孔子庙”起，孔子地位始超越其他圣贤成为全国郡县官学中专门祭祀之对象，学宫亦由此始称“文庙”。自唐以降，历代均有敕令州县建学立庙的记载，又以明初的一次规定最详、成效最著[56]，“从教官编制、学生人数、学生待遇、教学内容诸方面对地方学校提出了具体要求，改变了以往各朝地方学校无严格制度，守令得人则兴、去官则罢的松散局面”[57]。在府州县官学之外，宋元明清还出现书院、社学、义学等多种学校形式，但学宫文庙始终是一邑文教环境之中心——除去讲学、祭祀之职能外，文教事务管理机构（如教谕署、训导署等）和道德教化的重要集会仪式（如乡饮酒礼等）也以学宫为主要场所。

不仅是为遵行中央政令[58]，地方社会亦发自内心地热衷学宫建设。道德教化与文事经营的重要意义是地方社会的普遍共识：一方面，文教关乎一邑之社会风气、道德风尚，为官民所共瞩，“文庙、郡治、考棚、书院，凡夫风化所关、政教所系，郡人士莫不同心协力”[59]；另一方面，文教关乎科名，这不仅是地方荣耀，也会为当地日后的发展带来实际利益。

在永州地区，学宫书院、甚至奎阁文塔等文教设施的选址、规划、建设总是被视为地方上的头等大事。其制度沿革及每一次的修建始末皆被详细记录在专门的《学校志》中，《学宫图》（或《文庙图》）也是方志卷首的必备图。学宫文庙选址因牵扯文运科名而往往多变，这也成为风水先生大展拳脚的领域。明清风水理论中甚至将学宫文庙、楼阁文塔的选址规划方法作为一专门领域，如清《相宅经纂》中就有《都郡文武庙吉凶论》、《文笔高塔方位》、《庙星方位》等多个专篇。尤其学宫文庙作为道德教化的核心场所和标志性建筑，更是集合邑之力而鼎建，其规模之宏伟、建筑之精美往往成为邻邑间相互攀比竞争的对象。在漫长的历史变迁中，它们总能得到最优先和细致的维护，以致今日所存明清古建遗迹中文庙往往占据较高比例。永州地区今日仍有零陵、宁远、新田、江华四县文庙被不同程度地保存下来。

永州地区历史上共有一府八县九座学宫。永、道二州至迟在唐元和年间已有学宫建设，其余诸县大都在宋代始有设学，然而其规模制度完备则迫至明代。

考察永州府县学宫的选址情况，发现其变迁十分普遍，甚至可以说频繁。据笔者统计，此九座学宫在其府县治所选址稳定后发生的选址共有30处。对它们的选址时间、地理位置、使用时间、山水朝对关系等进行比较分析（表3），我们可以总结出永州地区学宫选址的若干基本特点。

表3　永州诸府县学宫选址迁建信息

府县	选址时间	位置	方位	历时/年	地形、山水朝对关系
永州府学（5处）	唐元和间	潇水西红蕖亭	西	—	
	宋庆历中	东门内	东南	约150	高山之麓
	嘉定间	（徙而下之）	东南	约400	高山南麓
	明万历四十七年（1619年）	高山旧址	东南	153	高山之麓（嘉庆复高山旧址）
	清乾隆三十七年（1772年）	太平门内	南	48	千秋岭
零陵县学（7处）	宋嘉定初	黄叶渡愚溪桥左	西	约150	
	明洪武三年（1370年）	城南	南	120	
	弘治三年（1490年）	城北	北	55	地高（以避水徙）
	嘉靖二十四年（1545年）	城东百户康庄宅地	东	196	东山南麓
	清乾隆四年（1739年）	县治后万寿宫左	北	36	
	乾隆四十年（1775年）	城东旧址左十余步	东	71	其地高敞
	道光二十六年（1846年）	徙旧学北数十步	东	65	前向嵛峰，后倚东冈
祁阳县学（3处）	明嘉靖前	小东江高冈	东	—	
	嘉靖时	龙山南麓	东	约350	背倚龙山，泉流汇为泮池
	清顺治十四年（1657年）	县治左	东	10	前临潇水，后枕祁山，左冈右溪
东安县学（3处）	宋	城南二百步	东南	约400	清溪绕其前
	明景泰元年（1450年）	城中	—	—	
	清嘉庆六年（1801年）	城内东北隅	东北	110	
道州学（2处）	唐元和七年（812年）	城西营川门外	西	约1 100	濂水绕其外，有泮宫之制
	宋绍兴十三年（1144年）	州治东北隅	东北	7	

续表

府县	选址时间	位置	方位	历时/年	地形、山水朝对关系
宁远县学（3处）	宋乾德三年（965年）	县治西南二十步	西南	约900	巽水环绕其前
	明嘉靖十五年（1536年）	东门外莲花桥侧	东	11	势位崇隆，清流环合如泮宫形
	清同治十二年（1873年）	城西南隅	西南	38	—
永明县学（1处）	明洪武三年（1370年）	县署西	西	540	正对兴文门，辟门对学
江华县学（3处）	明天顺六年（1462年）	县署前	南	270	高阜南麓
	清雍正十年（1732年）	南关外（后为试院）	东南	61	
	乾隆五十八年（1793年）	城内县署东	东	118	
新田县学（3处）	明崇祯十三年（1640年）	东门内	东南	30	高爽之地
	清康熙八年（1669年）	东门旧基之上	东	98	面临羊角峰，其峰最峭，文庙向焉
	乾隆三十二年（1767年）	西门内县治右	西	144	龙凤山下，爽垲高敞

注：学宫选址使用至清末未更改者，使用时间计算至1911年。灰底条为诸府县使用时间最长之选址。

（1）城内选址多于城外选址，且使用时间更长。在总30个选址中，位于城垣之内者23个（占77%）；在诸府县使用时间最长的9个选址中，位于城垣之内者7个（占78%）。可见学宫选址仍主要偏向于城内。这应当与学宫文庙兼具行政管理、祭祀庆典等职能有关，城内选址更便于使用、管理和保护。

（2）偏爱高阜地势。在总30个选址中，位于高阜及山麓者15个（占50%）；在使用最长的9个选址中，位于高阜及山麓者5个（占56%）。说明学宫选址对高阜地势的偏爱是较为明显的。其中，永州府学、零陵、祁阳、江华、新田诸县学均选址于城中高阜之南麓，依山势而建（图4）。

（3）重视基地水环境，尤其偏爱天然水形环合如泮宫者。学宫选址总是格外重视基地水环境，除去生活用水、防火安全等实用考虑外，对古代"泮宫之制"的追溯与因循也是一重要原因。《礼记正义·王制》载："天子曰辟雍，诸侯曰泮宫……泮之言班也，所以班政教也……按诗注云，'泮之言半，以南通水，北无也'。二注不同者，此注解其义，诗注解其形。"[60]这是古代关于"泮宫"制度与形式的主流观点。后来地方之学继承"泮宫"之名，并力图在选址及形式上再现古制。因此尤其在山水条件丰富的南方地区，基地水环境是否合乎"泮宫之制"成为府县学宫选址的至高原则[61]。在永州地区使用最长的9个选址中，基地周边有溪流环绕、"如泮宫之形"者4个（占44%）：道州学基"水环以流，有泮宫之制"[62]；宁远县学基"巽水环绕其前"；东安县学基"清溪绕其前"[63]；祁阳县学以天然池塘汇为泮池。宁远县学曾在明嘉靖十五年短暂迁往城外，也主要是因为发现了"清流环合如泮宫形"[64]的绝佳地形。

图4 零陵县学倚城内东山南坡而建

(4) 方位偏好次于形局偏好。在可考方位的29个选址中，位于治署东者9个，东南者6个，西者5个，南者3个，北、东北、西南者均为2个。在使用最长的9个选址中，位于治署东、西者均为3个，东南者2个，西南者1个。从统计数据来看，永州地区学宫选址在方位选择上并不表现出明显规律；诸方志中也并未着重强调其方位。

详细考察永州诸府县学宫建筑的规划布局及与周围环境的关系处理，还发现以下一些突出特点：

(1) 以自然或人工标志物确立学宫朝向。明清地方学宫甚至比治署及其他官方建筑更强调轴对朝应问题，因古人视学宫建筑与当地文运科名盛衰相关联，故常以某些特殊设计手法来达到趋利避害的目的。在永州地区，朝向文笔峰、城门或溪流弯曲处，是学宫立向的常见做法。零陵县学"前向嵛峰"[65]；新田羊角峰最峭，"文庙向焉"[66]；宁远县学正对城南三里之鳌头山；永明县学主轴正对城南兴文门[67]。学宫正对天然文笔峰形成"实轴"，正对城门则以重门形成"虚轴"。前临溪流、环如泮宫的格局其实也是一种朝对，主轴所指正是河流弯曲处。

(2) 形成以学宫为中心、文塔魁阁环绕的"大文教空间格局"。明清地方城市中学宫并非独立存在，而是与周围环绕布置的文笔塔、文昌阁、魁星楼等文教辅助设施[68]共同构成一个在物质空间和认知空间中均紧密关联的整体文教环境。文昌阁和魁星楼分别是祭祀文昌神和魁星的场所，二者因关乎文运而受到地方社会的普遍重视，民间祭祀广泛。清嘉庆间又将文昌神列入正祀[69]，导致其后各地出现了新建或修建文昌阁的高潮[70]。文塔，因其具有兴文运、补形势、镇水口、缀风光等多重功能，虽并不存在统一制度，但却是风水形家指点江山的常用手法；在风水术中还产生出专门理论和相应的选址设计法则。这一“大文教空间格局”是以学宫为中心而逐步建立起来的，时间上并非一次成形，但空间上却紧密关联，统筹考虑。

永州地区八县全部建有文昌阁（或文昌宫、文昌庙），有些甚至一县多阁；五县建有魁星阁；六县建有文笔塔（表4）；其建设均集中在明清两代。永州地区的文塔皆建于城外地势高峻处，如东安、道州、江华、永明、新田五县文塔皆位于近郊之山巅，祁阳文塔亦位于湘水畔高崖。它们对基地高度的强烈追求与风水术中的说法十分吻合[71]。文塔与县城的距离，近者0.5～1里（如东安、江华），远者3～5里（如祁阳、道州、永明、新田）；文塔多见七级，高十余丈，这一距离应该是考虑从城中（尤其学宫）远望的视觉效果而有意控制。方位也是文塔选址的重要原则，永州地区六座文塔中三座位于本县学宫之东南，两座位于东方，一座位于南方；与风水论著中提出的“巽”、“丙”、“丁”三吉位[72]基本吻合。

表4　永州诸府县文塔建设信息

名称	始建时间	距离	方位	地形	高度/形态	材质
祁阳文昌塔	明万历十二年	3里	东南	万卷书岩之巅	七级八面/高110尺	砖石
东安文塔	清乾隆	0.5里	东南	诸葛岭之巅	—	砖石
道州文塔	明天启	5里	东	雁塔山之巅	七级八面/高29.4米	砖石
江华凌云塔	清同治八年	1里	东	豸山之巅	七级八面/高23米	砖石
永明圳景塔	—	5里	东南	塔山之巅	七级六面/高24米	砖石
新田青云塔	清咸丰九年	5里	南	翰林山之巅	七级八面/高35.46米	砖石

今天这六座文塔仍完好保存。其选址和设计不仅充分考虑与学宫的距离、方位，也特别强调与自然山川形势取得和谐的关系。从今天诸塔遗存来看，它们皆是对所处自然环境的“点睛之笔”，正所谓以“补山川之缺也”。它们也因此成为今日诸县最具代表性的历史人文景观之一（图5）。

4.2.2　治署前广场：社会教化之中心

明清地方城市中更广泛的社会道德教化，主要表现为官方通过张布公告、宣讲政令以及特定的庆典集会等定期向民众普及主流价值观念、道德准则和行为规范。容纳这些活动的包括治署、学宫、城隍庙等重要官方建筑的前广场、城门口、十字街口等特定公共场所。其中，治署前广场作为行政中心的对外窗口，最适宜承担社会教化功能，因此无论在空间或等级上，它都居于这一公共教化环境的核心。

治署前广场上发生的教化相关活动主要包括发布政令、宣谕讲约、庆典仪式和公开审案四类。官方正式发布的诏敕、圣谕、政令等通常张贴于广场中的“粉壁”；从宋代的宣诏、颁春亭到明清的八字墙都是治署前广场粉壁的不同形式，其实质都是道德教化的“宣传栏”。为使不识字的普通民众也

图5 今日祁阳文昌塔、江华凌云塔、新田青云塔

能理解张贴的政令圣谕，广场上还会定期举行宣讲集会；内容主要包括提醒农事、劝行美德、遵守法令等，大都是对日常生活规范的叮嘱。大多数重要的官方庆典仪式也在此广场上举行或起止，除上述“宣讲礼”外还包括“上任礼”、“迎春礼”、“行香礼”、“救护礼”等[73]。必要时，诉讼案件的公开审理也会安排在此广场中举行。

相应地，治署前广场的空间形态也有一定之规。这是一个从治署大门至照壁之间具有特定围合的公共区域，其中主要布置有治署大门、谯楼、八字墙、照墙、申明/旌善亭、牌坊等设施（图6）。大门和谯楼在交通出入、计时报时功能之外还有威仪震慑的作用；八字墙主要用于张布诏敕政令，并有聚拢空间和音效的作用；申明亭、旌善亭是旌善惩恶、指导舆论的专门设施；牌坊既是出入口标志，也是“道德文字”的重要物质载体。照墙、牌坊、八字墙与大门又作为人工边界共同起到围合与限定广场空间的作用。需要指出，这些要素并不一定同时存在：如申明/旌善二亭是明初规制，至明末已形同虚设，甚至毁废不复；又如谯楼多建于明初，后来有些县继承延用，有些则撤楼为门。

永州诸府县方志中对这一广场的建置情况皆有简要叙述[74]；祁阳、新田、永明、江华四县还有专门的《治署图》描绘出其形态（图7）。笔者将九个广场中诸要素的设置情况进行统计（表5），发现大门、谯楼、申明/旌善亭、牌坊、照墙等几项要素大部分府县皆有设置，其中谯楼和申明/旌善亭基本

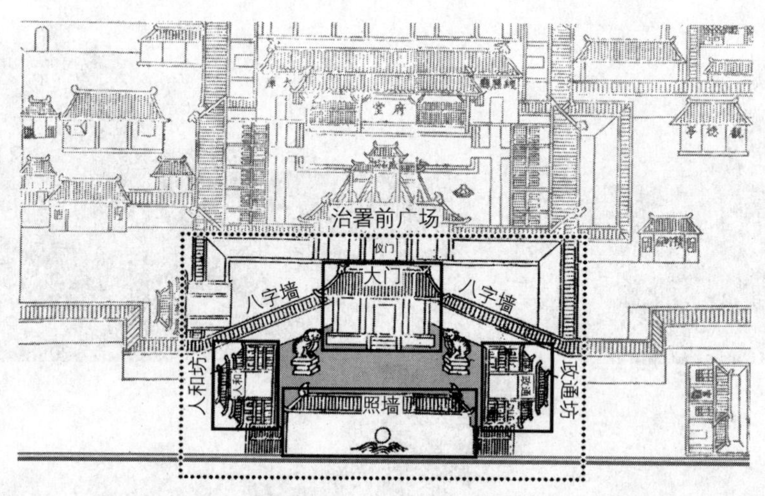

图6　治署前广场空间要素构成（以岳州府治前广场为例）

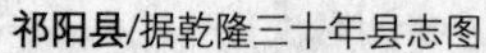
祁阳县/据乾隆三十年县志图

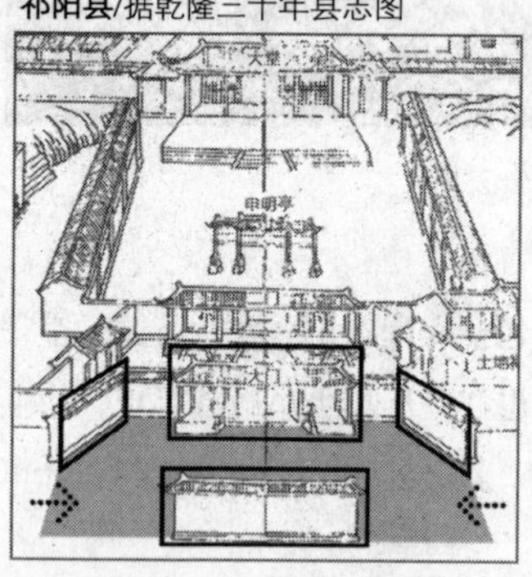

祁阳县//据同治九年县志图

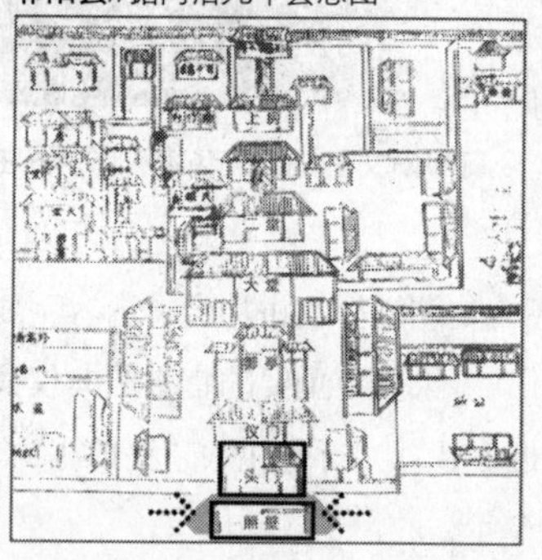

新田县/据嘉庆十七年县志图

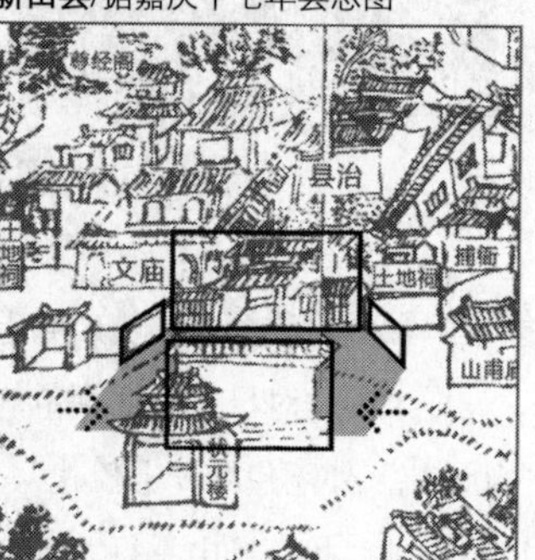

永明县/据道光二十六年县志图

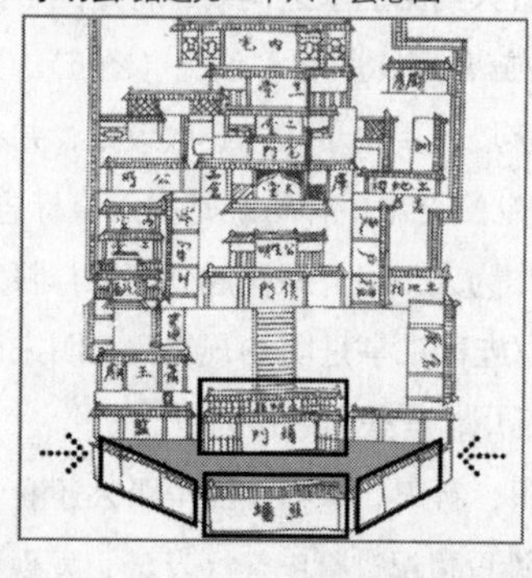

江华县/据同治九年县志图

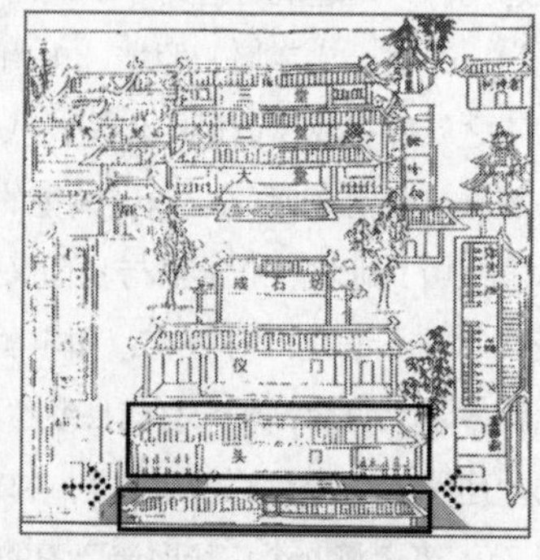

围合界面

广场范围

入口

围合界面

图7　祁阳、新田、永明、江华四县《治署图》中描绘的治署前广场

都是在明初建设治署的同时或稍后建成。

虽然诸广场的具体情况差异较大，但它们皆具备了实现公共教化功能的若干基本特征：其一，通过大门、八字墙、照墙、牌坊等（或其中部分）人工要素形成有边界围合的限定空间，暗示这是一个意图对参与者产生强烈影响的专门性教化场所；其二，广场中的匾额、楹联、牌坊书额以及粉壁/亭榜上的公告等文字均直指道德，形成最直接的宣教；其三，谯门是整个署前广场中的视觉焦点，其至高位置和宏伟形象对整个广场甚至全城都散发出强烈的震慑与影响力，也使民众在仰视和震慑之中不自觉地进入被教化的心理状态。

表5 永州诸府县治署前广场空间要素信息

府县	治署头门	谯楼	八字墙	照墙	申明/旌善亭	牌坊（附书额文字）
永州府	●	●	—	—	●	—
零陵县	●	●	—	—	●	—
祁阳县	●景泰	●景泰	●	●	●景泰	●（宣化）
东安县	●景泰	●嘉靖	—	—	●嘉靖前	—
道州	●	●	—	—	●	●（节爱、平里）
宁远县	●洪武	●洪武	—	●	●嘉靖前	●（善化、甘棠、正德、厚生）
江华县	●天顺	●	—	●同治	●嘉靖前	●（承流、宣化）
永明县	●天顺	●成化	●	●	●嘉靖前	●（承流、宣化）
新田县	●崇祯	—	●崇祯	●崇祯	—	—
统计/9	9/9	8/9	3/9	5/9	8/9	5/9

注：● 表示该要素有设；后附文字为该要素的始设时间。

4.3 旌表纪念层次

旌表纪念是道德教化的重要实践手段。中国古代的旌表制度可追溯至《尚书·毕命》中"旌别淑慝，表厥宅里，彰善瘅恶，树之风声"的古老传统。虽然不同时代的旌表制度不尽相同，但其基本原理无外乎一方面树立正面榜样以激励民众对仁德善道的践行；另一方面例举反面典型使之感到羞耻悔过，并借此警示民众切勿效仿。"道德之境"中的旌表纪念层次主要通过设置具有旌表、纪念或惩戒意义的标志性设施（如旌善亭、申明亭、牌坊等）及标志性场所（如教化性祠、四牌楼街口等）来实现。因为这些场所设施在空间分布上的广泛性和形态上的标志性，它们也最直观地呈现出"道德之境"的外部景观。

在明清永州府县人居环境中，客观上存在着一个个庞大而连续的旌表纪念网络：它们以位于治署前广场的旌善亭、申明亭为中心，以城市内外大大小小、种类繁杂的牌坊和教化性祠为节点。这一网络及其要素喋喋不休地重复着道德教化的主流观念，时刻提醒人们“道德之境”及其影响力的存在。

4.3.1　申明/旌善亭：旌表网络之中心

旌善/申明亭之制始于明太祖朱元璋。据《明太祖实录》：“（洪武五年二月）是月建申明亭。上以田野之民不知禁令，往往误犯刑宪，乃命有司于内外府州县及其乡之里社皆立申明亭。凡境内人民有犯，书其过名，榜于亭上，使人有所惩戒。”其职能最初为普法，之后逐渐衍生出警众、理讼等功能。旌善亭的创制时间则不很明确，仅知“洪武十五年十月初九日，礼部官钦奉敕旨：天下孝子顺孙、义夫节妇，宜加旌表，以励风俗”[75]；其职能也相对单一。此后，在地方府县治署前设立申明、旌善二亭就成为社会教化、公共宣传、舆论导向的固定设施。虽然至正德、嘉靖年间乡里申明亭之制渐渐废弛，但位于府县治署前广场的二亭则因于系观瞻而多被保留下来；纵使不如明初时重要，也仍有一定象征意义。

明廷曾对申明、旌善二亭颁降“定式”，令诸府县照此创立：“国朝颁降（申明亭）定式：厅屋一间，中虚四柱，环堵，前启门，左右闼，于前匾‘申明亭’三字，中揭榜版，遇邑人有犯法受罪者，则书犯由罪名以警众。旌善亭制度一如申明亭，基址视申明亭稍高三等，在申明亭之左前，匾‘旌善亭’三字，中揭榜版，凡邑人有善则书以为劝。”[76]按此定式，两亭并列左右对峙，但旌善亭基址较申明亭稍高三等，显然是“崇善抑恶”的专门设计。

永州诸府县除新田县外均曾在治署头门前左右两侧设申明、旌善二亭（表5）。其始建时间均早于明嘉靖元年（1522年）[77]。新田县治新创于崇祯十三年（1640年），大概当时申明/旌善亭之制久废，故无建设。明《洪武永州府志·府署图》中绘有二亭形象，这应该是永州地区关于二亭的最早图像记载（图8）。图中二亭左右并峙于府治头门东西两侧，旌善亭无论台基和建筑均明显高于申明亭。

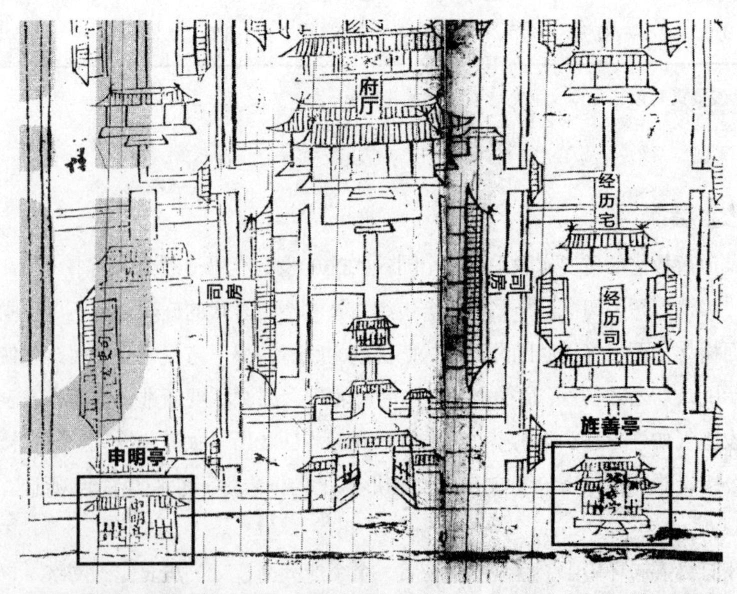

图8　明洪武《永州府署图》中的申明亭、旌善亭（《洪武永州府志》卷首）

4.3.2 牌坊：旌表网络之节点

里坊制时代，闾门曾是旌表"嘉德懿行"的重要设施[78]。随着里坊制的瓦解，坊墙"倒塌"只剩孤零零的坊门，一方面仍具出入口标识与启闭之用；另一方面为保留旌表德行之功能，作为明示道德"文字"的物质支撑。后来门扇干脆也去掉了，变成纯作标识与旌表之用的牌坊。但牌坊依然保留有门的意象，也依然设立于原先门的位置（即通衢入口）。

明清永州诸府县方志中有载的牌坊按旌表对象可分为两大类。其一属公共宣教性，为宣扬特定的精神价值或表达美好的共同愿望而立。如府县治署前之"宣化坊"为宣化教谕百姓之义；治署大堂前甬道上之"戒石坊"[79]为晓戒官员公正廉洁之义；府县文庙仪门前之"金声玉振"、"道冠古今"、"德配天地"诸坊是为颂扬孔子对儒家文化的巨大贡献；上述诸坊几乎是明清地方府县的基本配置。也有些牌坊是为表达地方上公共性的特别愿望而立，如祁阳学宫左右有"祁山起凤"、"浯水腾蛟"二坊表达出对文运昌盛的寄望。其二属个人旌表性，为当地有嘉德懿行的个人道德典范而立。官方通常会颁发专门拨款，牌坊则由授旌表者自行建设[80]。个人旌表类牌坊在城市内外数量众多，远大于公共宣教类。其所立名目主要包括科举中第、忠臣德政、节妇孝子、乐善好施等，又以科举中第和忠义节孝两种数量最多，反映出明清地方社会的主流价值取向。如《光绪道州志》所载 95 座牌坊[81]中，81 座为旌表个人而立（占 85%）；其中旌表忠义节孝者 11 座（占 14%），名宦功臣者 5 座（占 6%），而科举中第者竟多达 65 座（占 80%），遥遥领先于其他小类。

永州诸府县方志中关于牌坊的记载详略不一，难以获得整体上有效的统计分析。因此笔者选取了相关记载（以位置信息为主）较完整详细的祁阳县作为案例，对其牌坊的空间布局规律进行统计分析。《乾隆祁阳县志》中可确定空间位置的牌坊共有 38 座：其中位于公共广场者 16 座（42%）；位于城门内外者 11 座（29%）；位于道路交叉口者 5 座（13%）；位于道路及桥梁两端者 5 座（13%）；位于风景区入口[82]者 1 座（3%）（表 6）。由此我们发现，祁阳县 38 座牌坊的空间分布主要集中在以下五类特定地段：①公共广场（如治署、学宫、城隍庙前广场等）；②城门内外；③主要道路交叉口（如十字街）；④桥梁及道路两端；⑤风景区入口等。这说明牌坊布局的主要原则是交通往来人流密集之地段。

今日永州地区还完好保存有两座明清牌坊：道州明万历四十六年（1618 年）为进士何朝宗所立之"恩荣进士坊"和宁远县清光绪十二年（1886 年）为旌表县内 350 名节妇所立之"节孝石牌坊"。目前皆为永州市级文保单位（图 9）。

表6　祁阳县城内外牌坊位置统计

治署前广场（4）	十字路口（5）	城门内外（11）
【宣　化　坊】　县署前	【司寇名卿坊】县北街/四牌楼	【四代褒荣坊】黄道门内
【戒　石　坊】　县署仪门前	【七藩总制坊】县北街/四牌楼	【九重宠赐坊】黄道门内
【景　星　坊】　仓前	【名世中丞坊】县北街/四牌楼	【两奉玺书坊】迎恩门外
【正　节　坊】　仓右	【内台总宪坊】县北街/四牌楼	【纶褒四赐坊】迎恩门外
儒学前广场（8）	【阜　民　坊】十字街	【五承龙诰坊】迎恩门外
【金声玉振坊】　儒学右		【青云接武坊】迎恩门外
【天高地厚坊】　儒学左	道路两端（2）	【进　士　坊】迎恩门外
【浯水腾蛟坊】　儒学右	【里　仁　坊】长街	【节　孝　坊】迎恩门外
【祁山起凤坊】　学左	【德　化　坊】前街	【尚书里坊】迎恩门大街
【儒　林　坊】　学前	桥渡两端（3）	【诰　封　坊】迎恩门内
【亚　魁　坊】　儒学左		【孝　子　坊】黄道门大街
【孝　子　坊】　儒学左	【熙朝科第坊】青云桥	
【旌　善　坊】　儒学左	【奕世人文坊】青云桥	
祠庙前（4）	【双　烈　坊】县南渡对河	
【贤　孝　坊】　城隍庙左	风景区入口（1）	
【贤　孝　坊】　城隍庙左		
【进　士　坊】　城隍庙左	【谕祭并颁坊】浯溪	
【望　仙　坊】　关帝庙前		总计：38座

注：据乾隆三十年《祁阳县志》卷二疆域/坊表统计有位置信息者，共38座。

图9　道州“恩荣进士坊”（明万历）与宁远县“节孝石牌坊”（清光绪）

4.3.3 教化性祠：旌表与信仰之双重场所

教化性祠[8]是官方为具有某方面道德超越性之个人或群体典范所设立的祠庙。其初衷是道德标榜与精神倡导，但因为这些道德典范通常曾对地方社会做出巨大贡献（即"有功德"），其祠庙也成为民众对他们自发缅怀与纪念的场所。因此说，教化性祠构成了官方旌表与民间纪念的交汇——它们既是官方实施道德教化的手段，也是民众自发表达情感的方式。

明清永州府县城中的教化性祠主要包括两种类型：第一类是凡府县必有，近乎官方定制的"合祠"。例如附于文庙的"名宦祠"、"乡贤祠"、"忠义节孝祠"，以及单独设置的"忠义祠"、"节孝祠"、"昭忠祠"（祀从征阵亡官兵）等，它们从名称上已直白地透露出道德宣教的意味。但有一点颇值得玩味，虽然全国府县皆有名宦乡贤、忠义节孝祠，但在这些地方"合祠"中祭祀的却是各地不同的名宦乡贤、忠义节孝。换句话说，天下统一的道德精神，实际上是通过数量众多且各具特色的地方榜样和典型事迹来实现的。他们生长于地方，又贡献于地方，被当地民众所熟悉爱戴，与地方历史文化有血脉关联。每当想到他们当年的善政义举造就了今天的美好家园和幸福生活，如何能不生发感激缅怀之情？每当想到家乡水土培育出如此之贤德义士，如何能不生发自豪敬仰之感？因此正是通过这些地方榜样所激发的文化认同感与地方荣誉感，自上而下的道德教化和文化灌输转化为自发与自觉。

第二类则是诸府县为其历史上重要的道德典范或功德卓越者单独设立的"专祠"。所祀者主要是当地政绩出众的名宦和对地方文化有突出贡献的名贤（表7）。如永州有柳子祠、浮溪祠、杨公祠、寓贤祠等分别祭祀曾在永州为官或寓居的柳宗元、汪藻、杨万里、元结、黄庭坚、邹浩、范纯仁、张浚诸公；道州有元阳祠、阳公祠、寇公祠、濂溪祠、蔡西山祠等分别祭祀元结、阳城、寇准、周敦颐、蔡元定诸公；祁阳有颜元祠祀颜真卿、元结二公。此类专祠因其所祀者知名度高、群众基础好，也常由民众自发倡立。它们在宣扬道德精神的同时也是地方历史文化的综合展现。

表7　永州诸府县城内及近郊教化性专祠建设信息

府县	祠庙	始建时间	位置	祭祀对象
永州府·零陵县	留侯祠	—	在城南万山	祀张良。张良佐汉诛羽，永故楚地，盖德其报楚仇，所以祠之也
	唐公庙	—	在高山寺右	祀名宦唐世旻
	三贤祠	明嘉靖	在郡圃	祀召信臣、龙述、胡寅
	寓贤祠	—	在朝阳岩上	祀唐宋元结、黄庭坚、苏轼、苏辙、邹浩、范纯仁、范祖禹、张浚、胡铨、蔡元定诸贤
	柳子祠	—	在愚溪上	祀唐柳宗元
	濂溪祠	明嘉靖	在宗濂书院内	祀宋周敦颐
	浮溪祠	—	在望江楼下	祀宋汪藻
	杨公祠	明崇祯	在县左	祀宋杨万里。公为零陵丞，有惠政，故祀之
	忠节祠	—	在郡学左	祀明太仆寺卿陈纯德

续表

府县	祠庙	始建时间	位置	祭祀对象
东安县	诸葛武侯祠	—	在城西	祀诸葛亮。有故垒，有台，并在城外
	唐刺史祠	—	在城南	祀唐刺史者，府志以为唐昌图
	周元公	—	在城东书院内	祀宋周敦颐
	朱文公	—	在紫阳书院内	祀宋朱熹
祁阳县	颜元祠	宋	在县南浯溪	祀唐颜真卿、元结二先生
	忠靖庙	—	在总铺长街	祀唐张巡、许远、雷万春
	昭灵庙	—	在元真观前街	祀三闾大夫屈原
	精忠祠	明	在朝京门外	祀岳飞
	濂溪祠	明	在儒学左	祀宋周敦颐
	武陵祠	—	在长乐门右	祀诸葛亮
	绥来祠	清康熙	在南司左街	祀关羽
道州	元刺史祠	—	在北门外九井	祀唐刺史元结
	元阳祠	清康熙	在东门外	祀元结、阳城。后增祀知州姜国城、翁运标，改名四贤祠
	阳公祠	明万历	在中司左	祀唐刺史阳城
	寇公祠	—	在州治西	祀宋道州司马寇准。乾隆间改建元阳祠右
	濂溪故里祠	宋淳熙	在州西濂溪故居	祀宋周敦颐及其父谏议大夫
	谏议祠	元延祐	在州西濂溪故居	祀宋周敦颐父谏议大夫。元延祐间扩濂溪故里祠时增为专祠
	欧阳崇公祠	宋庆元	在州判厅右	祀宋欧阳修之父欧阳观
	蔡西山祠	宋雍熙	在城内十字街	祀宋蔡元定
	沈公祠	—	在城隍庙左	祀明永道守备沈至绪
	沈公祠	—	在西门内大街	祀明永道守备沈至绪
	翁公祠	清嘉庆	在城隍庙右	祀清知州翁运标
宁远县	泰伯祠	—	在北关外逍遥岩	祀周泰伯
	仲雍祠	—	在黄马山下	祀周仲雍
江华县	忠烈宫	—	多处	祀明高寨营守弁冯国宝
	精忠庙	—	在县西	祀宋岳飞。嘉庆、同治曾重建，左旁设立书室上下两座，为附近子弟读书之所
永明县	濂溪祠	明万历	在文庙东	祀宋周敦颐。后因濂溪书院建成，移奉周子牌位于书院
	萧公祠	—	在文庙东	祀明佥宪萧桢。萧公行部至县，重新学庙，邑人为祠祀焉
	黄刘二公祠	—	在县署仪门外右	祀明知县黄宪卿、刘挥而建

注：本表中主要列出永州地区教化性祠中为诸道德典范单独设立之专祠，空间范围上包括位于城内和近郊者。

明清永州地区的教化性祠在空间布局方面表现出以下规律或特点。其一，多依所祀名宦名贤之故居、故地、故迹而立。如欧阳修之父欧阳观曾任道州判官，后人于州判厅之右立为“欧阳崇公祠”，一方面纪念其仕途功绩，另一方面也鼓励后任再接再厉。又如北宋名臣汪藻曾谪居永州十年，建“玩鸥亭”于西北城墙上，即后之望江楼；明嘉靖间遂在望江楼下立“浮溪祠”以祀汪藻。再如零陵的"范张二公祠"、"元刺史祠"、祁阳的"颜元祠"皆是于诸公故居故迹立祠。其二，多与学宫、书院等文教设施捆绑设置。一方面在文庙中设立名宦、乡贤、忠义、节孝祠等本就是明初文庙规制的一部分；另一方面"濂溪祠"、"朱子祠"也常是书院、义学的前身或重要组成部分。

4.4 信仰保障层次

民间信仰[84]对于古代中国社会甚为重要，人们相信"举头三尺有神明"，人世间所有事务无论巨细皆有专门的神祇掌管，为其正常运转提供庇佑或者说"保障"。"至阴阳风雨之不时，疾病疠疫之无告，里社职司，土谷丛祠，类资保障。氓之蚩蚩奔走，恐后众诚，所寄其在斯欤。"[85]从自然环境的风调雨顺，到农业生产的五谷丰登，再到人间社会的有条不紊，这种超越人力的"保障"关系着古代社会生活的方方面面，地方人居环境中自然也存在有大量容纳相关信仰祭祀活动的坛庙场所，我们称之为"保障性坛庙"[86]。

"庙祀所以报功也。……有功德于民则祀之。能御大灾捍大患则祀之。"[87]人们建坛庙、行祭祀是为了"报功"，报诸神为人间"御大灾、捍大患"之功德，并进一步寻求庇护与保障。虽然今天我们很清楚这些所谓的神祇和神庙并不具有实际的保障作用，但它们的确曾在社会心理层面上构成了维系古代社会正常运转所必不可少的公共安全感，无论对民众或对政府而言。而从功德和报功的角度来理解并处理人类社会与外部自然世界的关系，其实具有强烈的道德意味；因此我们认为，这些保障性坛庙也构成了"道德之境"中一个重要的功能层次，即信仰保障层次。

明清保障性坛庙及其神祇数量众多、种类繁杂，学界的分类亦五花八门[88]。就其对社会生活的重要程度而言，官方的态度或许提供了一条清晰的线索——官方曾明文规定某些神祇只能由官方为其修建坛庙并定期祭祀，其余则或允许或禁止民间的立庙祭祀行为。被正式列入官方祀典的神祇[89]通常"执掌"着国计民生的最重要方面，它们甚至在心理层面上被视为官方职能的重要补充；这在尚未出现现代社会保障制度，且政府职能并不足够强大与完善的古代中国尤其具有重要的意义。按照明初规定，全国郡县皆须设立的保障性坛庙包括社稷坛、风云雷雨山川坛、厉坛、城隍庙、文庙、旗纛庙[90]等；清代又增补了先农坛、关帝庙、刘猛将军庙、火神庙、龙神庙、文昌庙等。其中又以社稷、山川、邑厉三坛和城隍庙地位最高，最受重视——所谓"三坛城隍国典也"。这些坛庙在明清永州府县皆普遍设置。

如果将这些保障性坛庙视为一个"信仰保障"的空间体系，那么官方坛庙无疑充当着这一体系的"骨架"，它们的规划布局受到官方制度的约束，存在特定法则。未被列入正祀的民间坛庙则呈现一种分散、自由的分布状态。在官方坛庙体系中，又存在一个以城隍庙为"中心"、三坛为"边界"的基本架构；其他官方神庙穿插其间，或靠近其所职掌的对象（如自然环境或人群），或靠近执行祭祀的群体（如官署等）。

4.4.1 三坛：官方信仰保障网络之边界

社稷、山川、邑厉三坛何以居祀典之首？据《康熙永州府志》："社稷，所以祈年也。山川，出云雨育百谷也。……厉祀之所以为之，归也。归之则厉不为民病，亦所以保民也。"[91]农业丰收和百姓安康是中国传统农业社会的头等大事，社稷、山川、邑厉有大功德于此，故最受重视。

明初对三坛在府县城市中的规划布局有明确规定。①社稷坛。"洪武元年颁坛制于天下郡邑，俱设于本城西北，右社左稷"[92]；其坛壝、庙宇制度，牲醴祭器体式，具载《洪武礼制》[93]。②山川坛。洪武六年仅令各省设"风云雷雨山川坛"以祭风云雷雨及境内山川；二十六年又令天下府州县同坛增祭城隍[94]，"筑坛城西南"[95]。③厉坛。"祭厉，凡各府州县，每岁……祭无祀鬼神。其坛设于城北郊间。府州名郡厉，县名邑厉。"[96]依上述制度，三坛分别设于府县城近郊之西北、西南及北方。近郊实为密集人工环境之边界地带，构成一种人与自然沟通的隐喻（图 10）。

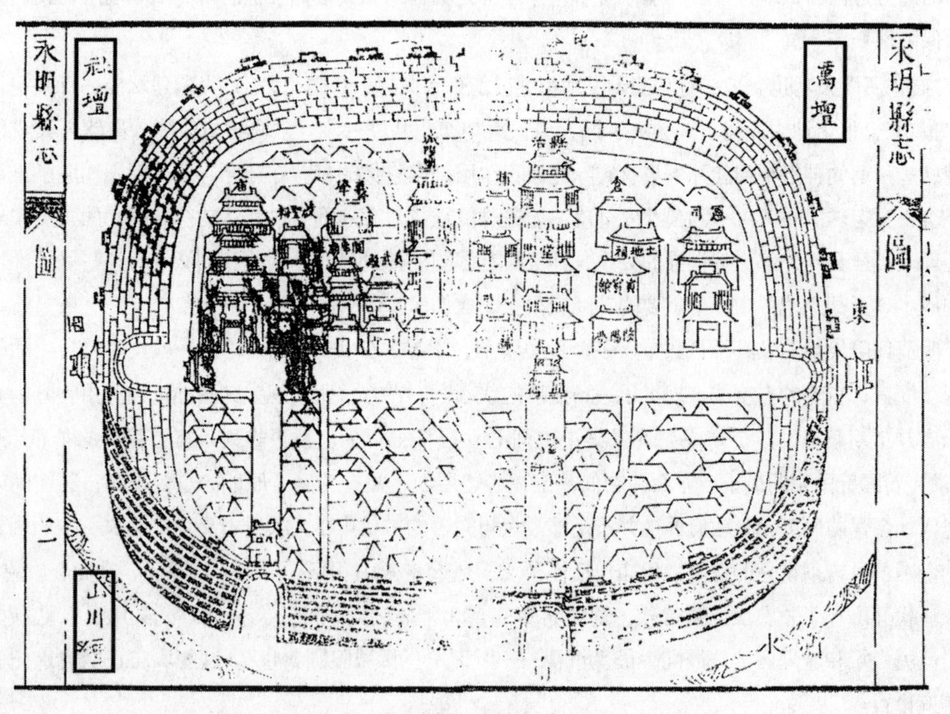

图 10　康熙《永明县城图》中的社稷、山川、邑厉三坛

永州诸府县（除新田县外）在明嘉靖元年以前均已设有三坛，但诸府县三坛在明代的位置与清代位置[97]差异很大（表 8、表 9）。从明《嘉靖湖广图经》中的相关记载来看，当时诸府县社稷坛均设于城北，山川坛均设于城南，厉坛均设于城北，对明初定制的服从度极高。而据清代诸府县方志中的相关记载来看，除厉坛相对统一地设于北方或东北方之外，社稷坛和山川坛的位置并不位于统一方位。

相比之下，山川坛主要集中在南方（4/8）和西南方（2/8）；社稷坛分布则无明显规律。考虑到永州地区自然地形的复杂性，在实际规划建设中对官方规制有所调整实属正常，但就清代诸社稷坛的位置而言，已超出正常的"调整"范围；合理的解释只能是地方在实际操作中并未严格遵守官方规定。

表8 《嘉靖湖广图经》所载永州诸府县三坛位置

府县	社稷坛	风云雷雨山川坛	厉坛
永州府	城北4里	城南4里	城北1里
东安县	县北	县南	县北
祁阳县	旧在城北，弘治中迁县东	县南，成化中迁此	县北
道州	州北/洪武初创	州南/洪武初创	州北
宁远县	县北	县南	县北
江华县	县北	县南	县北
永明县	县北	县南	县北
总计	北7（其一迁东）	南7	北7

表9 清代永州诸府县志所载三坛位置

府县	社稷坛	风云雷雨山川坛	厉坛
永州府	北关外药王庙前/明洪武初	南关外易氏园中/明洪武初	北门外/明洪武初
东安县	东郊/明洪武九年	南郊	北郊
祁阳县	迎恩门（东）外/雍正十年	长乐门（西南）外杨家桥右/雍正十年	朝京门（北）外坛岭
道州	小西门（西北）外/明洪武二年	南/明洪武二年	北门外/明洪武二年
宁远县	西关外/明洪武初建	南关外里许/明洪武初建	北关外
江华县	西1里/雍正十年奉文	东1里/雍正十年奉文	东北1里
永明县	西北1里	西南1里	东北1里
新田县	南门外/射圃右	西门外/龙凤山后左	北门外
总计	北1/东2/西北2/西2/南1	南4/西南2/东1/西1	北6/东北2

4.4.2 城隍：官方信仰保障网络之中心

城隍信仰西汉已有，至唐宋以后因其"保民禁奸，通节内外，有功于人最大"而逐渐成为民间信仰中最重要者，甚至超越社稷信仰[8]。城隍神的"职权范围"也从起初的保障城池、对外防御、对内治安，逐渐扩大到"凡社稷之安危、年岁之丰凶，士民之贞淫祸福，（城隍）神实主之"[9]。有学者指出，宋代以后城隍信仰逐渐超越社稷信仰，"乃是城乡差别扩大，城市发展快于乡村，城市作用日益重要的表现"[10]。"造神"与信仰活动则紧跟社会生活的变化而调整，所谓"礼与时宜，神随代立"也。

明代以前，地方府县大多已建有城隍庙。但明初仍然对地方城隍庙制进行了统一规定：“（洪武）三年，诏去封号，止称其府、州、县城隍之神。又令各（城隍）庙屏去他神。定庙制，高广视官署厅堂。造木为主，毁塑像舁置水中，取其泥涂壁，绘以云山。”[10]由此城隍庙被定为供奉本邑城隍神的专庙。而在空间形态方面则规定其规模形制与本邑官署相同。之所以这样规定，是因为城隍神一直被视为与人间的地方官相互对应，所谓“幽有城隍，明有守令，阴阳燮理，阙职维均”；“城隍之司城，犹邑宰之守土也”[11]。瞿同祖也指出，“在传统中国人心目中，城隍与州县官员具有某种相似之处：两者都关心其辖区内百姓的福祉和公正。一个由皇帝任命，另一个由上苍委派。……州县官负责人力所及的事务，城隍则负责人力所不及的事务”[13]。

因此城隍庙的规划设计当然要仿照人间的官府形制。如清同治年间道州城隍庙重建就提供了一个十分详细的案例：“基址虽仍旧地，而体制均仿阳官。自头门入数武达仪门，内东西廊为六曹。廊上为大堂，堂内设暖阁，阁后两翼为钟鼓楼。直上为正殿，殿后为二堂，为寝室。上下祠宇凡七栋，装塑神像三十余尊，左右之附。祀者沈公、翁公、周公、王公，皆有功德于州人者，亦各修治完好。戏台颓圮，更新而饰之。东西辕门、周围墙垣，筑起而崇之。盖由内达外，赫赫明明，整齐严肃。”[14]“阳官”即指阳间的官府。从引文所描述的头门、仪门、六曹、大堂、暖阁、钟鼓楼、二堂、寝室这些内容来看，俨然就是一座形制完备的县衙；仅有两处透露出阴阳之别——其一在于“正殿”，这是供奉神灵的场所，它暗示着神庙区别于世俗官署的神圣性；其二在于“戏台”，“酬神”、“娱人”亦是中国古代神庙的基本特征之一。

在选址层面上，或许因为明代以前地方府县大多已有城隍庙存在，故明初并未对其在城市中的位置作统一规定。但实际上，府县城隍庙大多居于城市中心且靠近治署。

明清永州诸府县均建有城隍庙（表 10）。诸庙始建时间大多在明代或更早。就选址而言，虽然明初并无统一规定，但诸庙皆靠近治署布局，且一般位于城市中心（详见下文图 11）。

表 10 永州诸府县城隍庙建设信息

府县	城隍庙位置	始建时间
永州府	府治东 200 步	明洪武二年前已有
零陵县	在太平门内	—
祁阳县	在县署左	明已有
东安县	在县治东	明景泰间建
道州	初在铜佛寺后；洪武九年移州治北故营道儒学基	明洪武二年建
宁远县	在县治西	明嘉靖元年前已有
江华县	在县治右	明天顺六年迁治时新建
永明县	在县治西北 50 步	明嘉靖元年前已有
新田县	在北门内武庙右	—

4.4.3 其他官方保障性坛庙

三坛、城隍之外，明清列入国家正祀、规定地方府县必须立庙并定期祭祀的保障性坛庙还有旗纛庙、先农坛、关帝庙、刘猛将军庙、火神庙、龙神庙、文昌庙[⑱]等。这些民间信仰能获得官方认可并在全国范围内广泛设立，皆因其关系国计民生大事：如旗纛庙与军队出征、先农坛与农耕种植、关帝庙与安全保障、刘猛将军庙与驱除蝗害、火神庙与镇治火灾、龙神庙与旱涝水患、文昌庙与文运兴盛等之间的深刻关联。这些保障性坛庙及其神祇被认为掌管着上述专门事务，在某种程度上分担着国家职能（或保障官方的工作），因此朝廷规定地方府县皆须设立。明清祀典中对它们的设立范围和祭祀时间均有详细规定，但对其空间位置大多无特定要求，仅知旗纛庙应"于公廨后筑台而立"，先农坛应"于治所东郊设立"。

永州地区上述保障性坛庙的设置情况详见表 11。其中，仅关帝庙（即武庙）为八府县全部设置。先农坛普及率较高，有七县设置，且始建时间大多在清雍正四年先农坛入祀典之后的 1～2 年间，说明当时地方对中央政令的服从度较高。其余诸庙中普及率由高到低依次为龙神庙（6/8）、火神庙（5/8）、刘猛将军庙（5/8）和旗纛庙（2/8）。龙神庙在永州地区的普及率较高大概是因为这里水系密布，对旱涝灾害的"保障"需求较强。除去祀典中的龙神庙之外，永州地区还建有许多种类的水神庙，所奉神祇大至江河之神，小至溪泉之神，所求庇佑无外乎旱涝均衡与舟行平安。设旗纛庙是明初规制，且仅针对守署，清代祀典中并不见关于旗纛庙的记载，故较不常见。总体而言，地方对官方祀典并不一定完全遵行，会根据地方的实际情况有所取舍调整。

就空间布局而论，由于方志中对坛庙位置的记载比较模糊，难以获得精确的统计结果。但基本上龙神庙多靠近江河湖池泉井等水源地，其他诸坛庙大多建于城内，且靠近官署。

表 11 永州诸府县官方保障性坛庙建设信息

府县	先农坛	关帝庙	旗纛庙	刘猛将军庙	火神庙	龙神庙
永州府	●	●	●	●	●	●
祁阳县	●	●	—	●	—	●
东安县	●	●	○	●	—	—
道州	●	●	—	—	●	●
宁远县	●	●	—	—	●	●
江华县	●	●	—	●	—	●
永明县	—	●	—	●	●	●
新田县	●	●	—	—	●	—
统计/8	7/8	8/8	2/8	5/8	5/8	6/8

注："●"表示有专庙；"○"表示并无专庙，附祀于其他神庙之中；"—"表示方志无载。

4.5 慈善救济层次

明清两代，慈善救济是地方府县"道德之境"中的基本功能层次，其专门场所主要包括养济院、漏泽园（又称义冢）、育婴堂等，它们都是当时中央规定地方府县必须设置的专门机构。明初曾令天下府县皆设养济院和义冢，但具体要求较简略，据《万历明会典》：“洪武初，令天下置‘养济院’以处孤贫残疾无依者。三年，令民间立‘义冢’……若贫无地者，所在官司择近城宽闲之地立为‘义冢’。”[106]关于京畿地区设置养济院、漏泽园及幡竿/蜡烛二寺的相关规定比较详细[107]，大概地方皆仿其制度。清初令“直省州县建‘义冢’，有贫不能葬及无主暴骨皆收埋之”[108]；又令“直省各设‘育婴堂’收养幼孤之无归者”[109]。

其实，慈善救济机构在人居环境中的设置古已有之。如南朝齐有“六疾馆”，梁有“孤独园”，唐有“悲田养病坊”等；“是恤孤养疾，六朝及唐已著为令甲”[110]。直至北宋崇宁年间，令天下郡县皆“设‘孤老院’以养孤老，‘安济坊’以养病人，‘漏泽园’以瘗死者”[111]。关于慈幼之制，南宋“淳祐七年创‘慈幼局’，乳遗弃小儿。民间有愿收养者，官为倩贫妇就局乳视，官给钱米，此又后世育婴堂之始”[112]。由此可知，明清养济、慈幼、义冢之制皆继承自宋，而将其更加制度化、规范化。

明清永州诸府县皆设有养济院，共14所；六县设有育婴堂，共7所；四县设有漏泽园，共10处(表12)。这些慈善救济场所的始建时间主要集中在清代。养济院的建设通常早于育婴堂和漏泽园，诸县在明代或清代前期均已建有第一座养济院，育婴堂和漏泽园的始建则相对略晚。关于养济院和育婴堂的选址布局，明清《会典》中并无统一规定；但陈述了漏泽园的设置原则为“择近城宽闲之地”。就永州地区这三种设施的空间分布而言，养济院和育婴堂大多设于城内或城外近郊；漏泽园则多选址于郊外荒僻处。

表12　永州诸府县官方慈善救济场所建设信息

府县	养济院	育婴堂	漏泽园
永州府	●●/明/清道光	—	●●●
祁阳县	●●/清康熙/清乾隆	●●/清雍正/清同治	—
东安县	●●/明正德/清乾隆	●/清乾隆	—
道州	●●/清咸丰/清光绪	●/清乾隆	—
宁远县	●/清康熙	●/清咸丰	●/清同治
江华县	●/清康熙	—	●●●●
永明县	●●●/清康熙/清同治/清光绪	●	●●
新田县	●/清雍正	●/清雍正	—
统计/8	8县14处	6县7处	4县10处

注：“●”表示有设；后附文字为该要素的始设时间。

5　永州府县“道德之境”的空间秩序

除去“道德之境”中的各功能层次和场所要素直接发挥着道德教化作用之外，这一物质环境的空间秩序本身也体现着传统社会的道德精神与价值追求，间接发挥着道德教化的作用。这里所说的“空间秩序”指前述若干功能场所要素在空间布局上所形成的结构关系。通过对永州地区“道德之境”的相关考察，我们发现“道德之境”并不存在一个“终极蓝图”式的理想模式，或者说诸要素的空间布局并不遵循一个固定的形式，而是通过一系列空间组织手段的综合运用形成一种生成逻辑，来引导其整个实现过程。“道德之境”的外观形态虽看似松散，但其空间组织逻辑却清晰严整，主要包括中心定基、轴线朝对、高下控制、方位布局、重复强调、组合叠加六种基本方式。

需要指出，虽然“道德之境”的空间组织逻辑颇为严整，但它仍然发生在复杂多样的自然山水基底上。这意味着“道德之境”的建构离不开自然环境，它必须谦虚而巧妙地适应并利用这一环境基底来实现其秩序——这也是“道德之境”规划设计的一个重要特征。

5.1 中心定基

这里所说的中心并非城市的几何中心，而是“道德之境”生成的起点和发挥作用的核心，是其他诸功能要素规划布局的依据和基准点。

在永州诸府县“道德之境”中，治署、学宫和城隍庙客观上构成了诸功能层次的中心。行为规范层次中，实现空间限定的城池以治署为其围合保护之核心，实现时间限定的谯楼正位于治署头门，因此可以说治署是行为规范层次定基之中心。社会教化层次中，学校教育的中心在学宫，所谓“文庙为主持文教之源”[113]也；社会教化则以治署及其前广场为中心。旌表纪念层次同样以治署前广场为中心展开其功能网络。信仰保障层次则以城隍庙为其功能架构之核心。宋以后府县城隍神之保障功能不仅包括各种官方事务，也广泛涉及各种民间事务，故成为众多民间信仰中地位最高者；反映在空间形态上，它往往居于城市的中心位置。慈善救济层次本身并不存在中心，若从行政管理角度看其中心亦在治署。

从城市建设的时间或逻辑顺序上看，治署都是最先确定的“基点”；其他官署、坛庙等均以之为中心进行选址布局。城隍庙因其与治署在观念上的对应关系和功能上的紧密联系，一般靠近治署布置。学宫有独立的选址布局原则，文教相关的衙署、祠庙、书院、文塔楼阁等则皆以学宫为中心而确定空间布局。正是在这一层面上，我们说，治署、学宫、城隍庙三者是影响整个“道德之境”构成形态的三个中心（图11）。

5.2 轴线朝对

“轴线”一词是西方概念[114]，中国古代城市的规划设计中则讲“朝、应、向、对”。在地方府县城中，建筑物之间通常不存在严格的轴对关系，但学宫和治署却常常与周围环境中的特定自然标志物建立“朝对”关系。这一做法本身也显露出它们在“道德之境”中的至高地位，以及中国传统文化中“自然秩序”优先于“人工秩序”的观念。

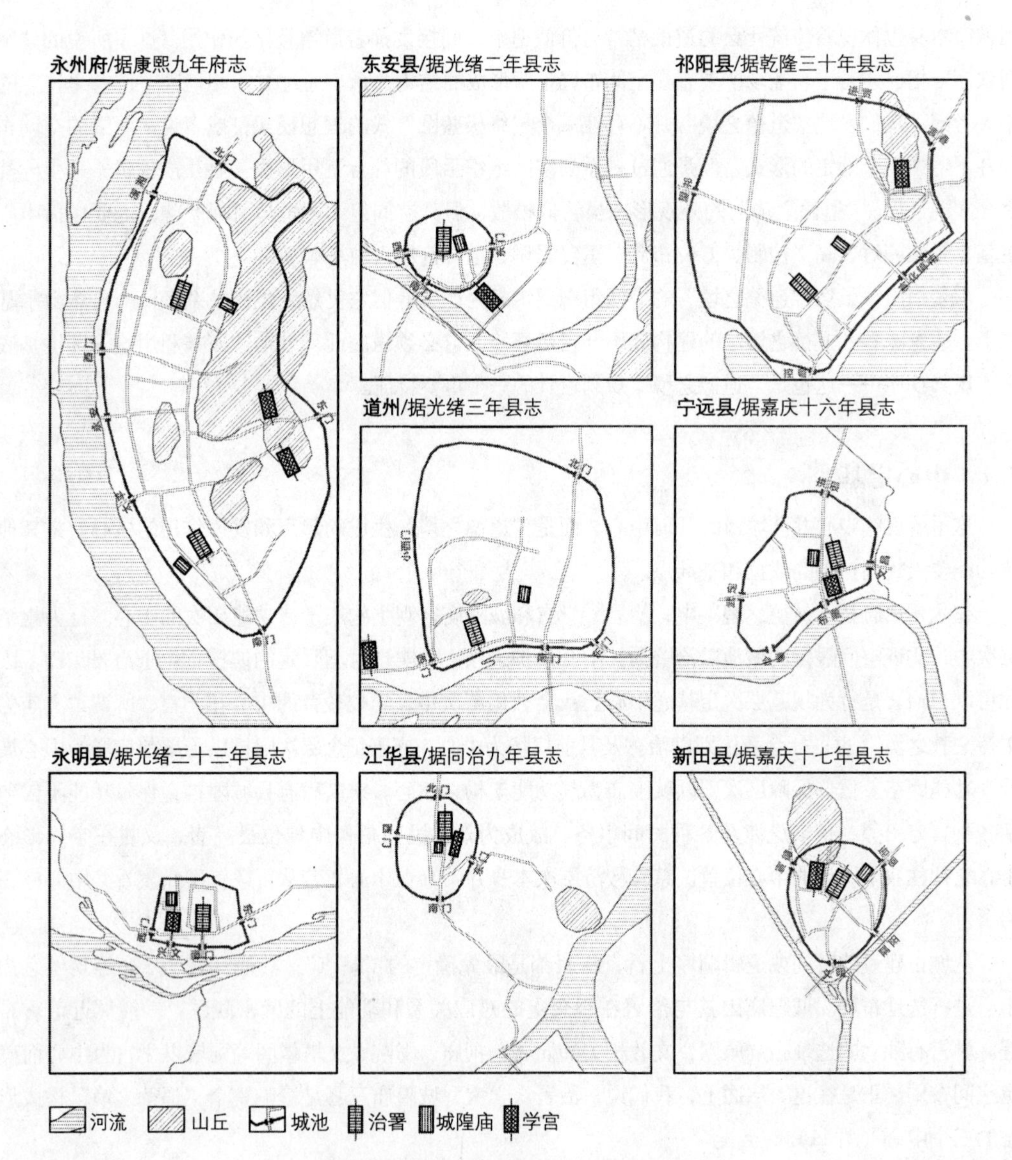

图 11 永州诸府县“道德之境”中的三个中心

如前所述，学宫主轴通常朝向天然文笔峰或河流弯曲处，也有在其主轴延长线上开辟城门以强化轴线的做法。治署则通常朝向正南（如永明、江华、东安、新田四县治），或垂直于地形等高线，即河流走势（如祁阳、道州、宁远三县治），也有与天然山峰（或山坳）直接朝对的做法（如宁远县治）(图 12)。学宫及治署朝向对于“道德之境”的重要意义，在于由它们所影响布局的诸功能要素皆是以其主轴朝向为正南而确立方位的。

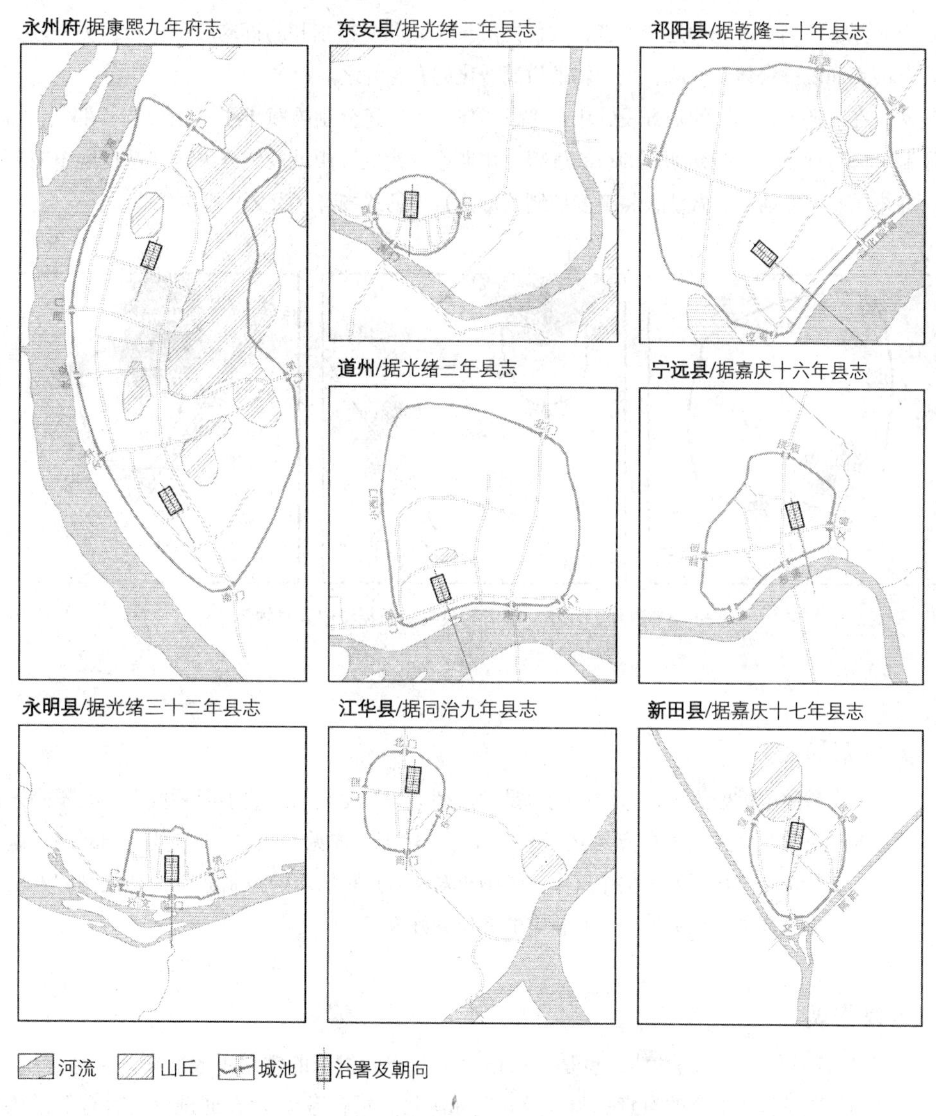

图 12 永州诸府县治署轴线与河流关系

5.3 高下控制

对高下的控制是“道德之境”空间秩序建构的重要手段之一。首先，具有重要道德宣教功能的建筑总是规划布置在城中地势高峻处，如永州府治倚万石山而立，道州治直接位于城中高阜斌山之上，江华、新田二县治分别利用老虎山和嶷麓山南坡依山势而建（图 13）；零陵、祁阳、新田三县学也分别利用各自城中高阜东山（图 4）、龙山、嶷麓山山势而立。这样做一方面是因为治署和学宫等重要公共建筑总是城市规划中最先确定选址者，故首先占据了最利于排水和防御的高阜地带；另一方面，占据地理制高点而以高势体现权威，也是辅助道德教化的有意为之。

其次，在“道德之境”的规划设计中，“高”与“下”还分别被赋予了“正”与“邪”、“弘扬”与“压制”的特殊意义。明初朝廷颁布的旌善、申明亭“定式”中就规定旌善亭“基址视申明亭稍高三等，在申明亭之左前”的做法，将高度控制（形式）与惩恶扬善（意义）直接关联。

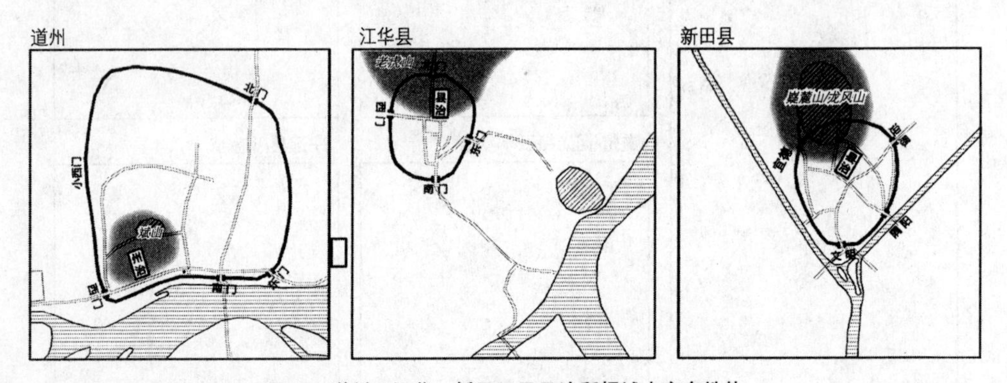

图 13　道州、江华、新田三县县治所据城中高阜地势

5.4　方位布局

方位是空间秩序的重要维度，方位布局也是“道德之境”空间组织的重要手段之一。不同方位通常具有特定的道德关联意义，如东方与文教、南方与宣化等（详见下文“文字环境”部分）。这种关联意义被应用于特定功能场所的方位布局中，如中央对地方正祀坛庙的控制通常会细化到“方位”层面；又如学宫、文塔等文教相关设施均有特定的方位偏好等。

5.5　重复强调

“重复”具有强调、扩大的功能，也是“道德之境”空间组织的常用手段。在“道德之境”中，它通常表现为某些设施或形态的有意识重复设置（如牌坊、祠庙等），旨在通过对具有有限道德教化功能的单个设施的不断重复而形成一个被扩大化的、连续发挥作用的教化环境，其影响力超越多个单体的简单叠加。

5.6　组合叠加

“道德之境”的形成是五个功能层次的共同作用，也是前述五项空间组织手段的综合运用。它们相互补充，能获得比单一层次和单一手段相加更强大的功效。就空间组织手段而言，“方位”是与“中心”、“朝对”关联成立的；“高下”具有强化“中心”与“朝对”的作用；“重复”需要在由“中心”、“朝对”确立的框架中发挥作用——这些手段必须通过组合叠加、构成关联而共同实现道德教化之目的。

6 永州府县“道德之境”中的文字环境

在功能要素及其空间秩序之外，“道德之境”中还存在一个由文字构成的、更直接发挥道德教化作用的环境层次。文字在传达旨意方面具有更直接、准确、有效等优势，因此在“道德之境”的营造中，规划设计者们总是不失时机地抓住一切可以嵌入文字的机会。与文字同样重要的是支撑文字的建筑物，它们构成了这一“文字环境”的物质基础和空间坐标。因此，“道德之境”中文字环境的建构主要体现在文字的斟酌和支撑建筑物的规划布局两个方面。

在明清永州府县人居环境中，城门匾额和牌坊书额是文字环境的着重经营之处，其文字内容直指特定的道德精神，其支撑建筑物则规划布置于人居环境中的关键位置。此外，以命名、题刻等方式人为对自然风景赋予道德意义也是文字环境经营的重要手段。本节将主要就城门匾额、牌坊书额、风景命名三个方面考察永州府县“道德之境”中的文字环境经营。

6.1 城门匾额与道德教化

城门命名常具有特别的道德教化意味（表 13），这与城门把控人居环境中的关键位置密切相关。一方面，城门是封闭城墙上唯一的出入口，人员往来皆经由此；另一方面，城门又是人工环境边界上重要的标志性建筑，于系一邑观瞻，故在“道德之境”经营中，显然要抓住这一切要位置，植入文字，直接点题。明清永州地区城门命名与道德教化的关联主要表现为以下两种。

其一，以方位的道德引申意义命名，隐含一个具有道德教化意味的整体空间格局。如北为“辰”、南为“薰”、东为“文”、西为“武”，是古代（尤其宋代以后）城门命名的传统之一。永州诸府县四方之门也常分别取“辰”、“薰”、“文”、“武”四字而凑成。

“辰”即北辰，有“拱辰”语出《论语·为政》：“为政以德，譬如北辰，居其所，而众星拱之。”历史上有北宋都城大内北门名“拱辰门”，永州宁远县城北门亦名“拱辰门”。“薰”指南风之温和，《史记·正义》云“南风养万物而孝子歌之，言得父母生长，如万物得南风也”[19]。“薰”因而具有南向临民宣化的意味，故常用于南门之名。如北宋都城外城南门名“南薰门”，平遥县城南门名“迎薰门”，宁远县城南门名“布薰门”等。东“文”西“武”则与中国传统方位观念中东方主生长、象文事，西方主肃杀、象武事有关，故“文”、“武”二字常成对出现于东、西门的命名中。如明北京内城东、西分别有“崇文门”、“宣武门”；嘉靖间宁远县城东、西二门则分别称“文昌门”、“武定门”等。从“辰”、“薰”、“文”、“武”四字实反映出一种坐北面南、临民宣化、左文右武、庄正有序的极具

“道德”意味的整体空间格局。

其二，以城门朝对物的道德引申意义命名。例如明清永州诸府县城之北门常因与京师的空间关系而命名“朝京门”（如永州府城北门、祁阳县城北门）、“迎恩门”（如新田县城北门、祁阳县城东北门）等，这一方面是其地理位置的真实写照，另一方面则有“朝拜京师”、“恭迎圣恩”之君臣尊卑的道德意味。此外，学宫也常常成为影响其附近城门命名的重要因素，如明成化间祁阳县城东北门俯瞰城外学宫，故命名曰“进贤门”；明嘉靖间永明县于学宫主轴延长线上新辟一城门，命曰“兴文门”[16]，皆旨在强调道德文教之重要，并寄托文运兴盛的美好愿望。

表 13 永州诸府县部分城门命名

府县	时间	北	东北	东	东南	南	西南	西	西北
永州府	宋/景定	朝京		和丰		镇南		潇清	
	明/崇祯							太平、永安	潇湘
祁阳县	明/成化	望祁	进贤	渡春	镇南	宣化		控粤	
	清/顺治	朝京	甘泉	迎恩	迎秀、潇湘	黄道		长乐	
东安县	清/康熙			宾阳		揆阳		钱阳	
宁远县	明/嘉靖	拱辰		文昌		布薰	会濂	武定	
永明县	明/嘉靖						兴文		
新田县	明/崇祯	迎恩		隅阳		文明		宣德	

注：直接以方位命名者不列入。

6.2 牌坊书额与道德教化

前文已谈及牌坊作为旌表纪念层次功能要素的特点，本节主要关注其所支撑的道德文字。牌坊书额可以说是文字环境中数量最多、分布最广、影响最甚的一类。

在明清永州地区，公共宣教性牌坊上的文字通常较为固定，全国府县大都类似。一类是劝诫官吏、廉政爱民。如祁阳、江华、永明三县治署前左右均有“承流”、“宣化”二坊，此语出董仲舒，是对地方长官基本职责的强调。又如清代衙署中皆有的“戒石坊”，上书“尔俸尔禄，民膏民脂；下民易虐，上天难欺”16 字《戒石铭》，是对为官公正廉明的提醒。再如道州治署前有“节爱”、“旬宣”二坊，宁远县治署前有“正德”、“厚生”二坊，都是此类的常见文字。其二是振兴文教、尊师重道。如道州学宫前左右有“崇正学”、“育英才”二坊，濂溪书院前左右有“崇德”、“象贤”二坊，宁远县学前左右有“青云”、“丹桂”、“成德”、“登圣”、“步贤”诸坊等。

个人旌表性牌坊，其道德文字主要涉及科举中第、忠臣德政、节妇孝子、乐善好施等德目。即便属同一德目，牌坊书额也要追求变化与标志性，以《光绪道州志》中所载当地为旌表科举中第者所立的 65 座牌坊为例，其书额文字就极尽变幻之能事——有“易魁坊”、“登瀛坊”、“登云坊”、“登庸坊”、

“登俊坊”、“传芳坊”、“步蟾坊”、“擢秀坊”、“文魁坊”、“文英坊”、“衣锦坊”、“青云坊”、“登第坊”、“步武坊”、“登科坊”、“亚魁坊”、“毓秀坊”、“钟英坊”、“文奎坊”、“拔俊坊”、“占鳌坊”、“双凤坊”、“飞腾坊”、“联璧坊”、“龙门坊”、“鸣凤坊”、“攀龙坊”、“飞黄坊”等等。这样做一方面避免因同种德目大量重复而使城市环境显得单调，也为刻板严肃的“道德之境”增添些许趣味；另一方面则为突出个性，增强辨识度。

6.3 风景命名与道德教化

古人历来重视对自然风景的命名品题，其中往往融入深刻的道德内涵；也成为以文字实现道德教化的一种重要手段。对自然风景的道德性命名品题，不仅为平凡的环境确立了主题，赋予了灵魂，也使道德借自然之躯而生动活泼，令人印象深刻。道德文字镌刻于天然山水间，是对自然环境的“点睛之笔”，也实现着道德与自然的交相辉映。

具有道德教化意味的风景命名在永州地区不胜枚举，最具代表性者当属唐广德年间道州刺史元结对州城五泉的命名。元结在州城东郭发现有泉七穴，“皆澄流清漪，旋沿相凑”，由此想到“凡人心若清惠必忠孝，守方直，终不惑也”，于是将其中五泉分别命名为“潓”、“㴔”、“涍”、“汸”、“淔”，并刻铭于泉上，使“后来饮漱其流而有所感发”[17]。元结通过命名将君子的五种理想道德赋予了清泉，欲以“泉”弘“道”也。其中，“潓泉”教官吏须为官清廉，以施惠于民为己任；“㴔泉”讲为臣之道，全在尽忠；“涍泉”劝教人子奉亲之心；“汸泉”、“淔泉”则教人为人方正，直而不曲。以题名配合铭文，使后人每每见之清泉，读之铭文，便思及元结关于道德价值的深深教诲。以自然承载道德，不得不说是元结的独具匠心。此外，元结在祁阳浯溪雄浑的天然石崖上镌刻其代表作《大唐中兴颂》，也是寓道德于自然的著名典范。

7 结语：“道德之境”研究的现实意义

以上从功能要素、空间秩序及文字环境三个基本构成方面考察了永州地区诸府县“道德之境”的具体情况。总结了“道德之境”中从属于五个功能层次的12项基本要素的空间布局规律及其规划设计特点；指出它们所构成的空间秩序并不存在一个固定的、终极蓝图式的理想图式，而是通过综合运用六种基本空间组织手段而建构的生成逻辑来引导其空间实现；最后从城门匾额、牌坊书额与风景命名三个方面考察了文字环境的重要作用及其规划设计特点。事实上，“道德之境”建构不仅是明清永州地区特有的文化精神与价值表达，也是当时地方城市的普遍特征。道德教化，曾是引导古代人居环境规划营建的核心价值之一。

相比于道德文教在中国古代（尤其明清）社会中的重要地位，在今天的城市规划建设中，虽然“文化”、“精神”也常常被提到相当的高度，但在城市物质形态上却缺乏相应的逻辑关联和表现。这一方面反映在用地比例上。古代地方城市中与道德文教相关的用地比例相当可观，据王树声对清末河津县城和民初韩城县城内各类功能用地的量化统计，与道德文教相关的用地至少占全城总面积的18%[19]。然而今天一般城市中与道德文教相关的用地比例却远不及此，其中还有相当一部分是以“文化”为名的商业开发。另一方面反映在城市整体空间格局上。今天的城市规划设计中极少有对道德精神与文化价值的追求与表达，物质形态完全是对经济行为的客观反映。真正影响今天城市形态的是市场经济的强大逻辑和相比之下脆弱不堪的政府干预。城市的整体面貌反映出急功近利的普遍心态和对文化的忽视与冷漠。这种现状不仅与中国悠久的文化传统背道而驰，也已令今天的城市建设愈发陷入贫乏、庸俗的困境。吴良镛先生曾多次强调“（城市）是提高人的素质的教育场所……全面提高人的文化素质和精神素质应当是培养现代人的关键所在……城市具有推动这一崇高任务的功能”[19]；而“继承优秀的道德伦理规范，建设人居文化”也是当代城乡发展模式转型的重要任务之一[18]。希望本文对中国传统人居“道德之境”的考察及对其理论问题的探索不仅仅被视为一项历史研究，也能有助于规划设计从业者对当前城市文化困境的深刻反思。

注释

① 钱穆：《中国历史精神》，九州出版社，2011年，第124页。

② 牟宗三：《中国哲学的本质》，上海古籍出版社，1997年，第4页。

③ 牟宗三：《中国哲学的本质》，上海古籍出版社，1997年，第10页。

④ 罗国杰等主编：《中国传统道德：重排本》规范卷，中国人民大学出版社，2012年，第1页。

⑤ 李承贵：《德性源流：中国传统道德转型研究》，江西教育出版社，2004年，第250页。

⑥《康熙永州府志》卷三：建置・宫室，第78页。

⑦ 大者如天下尺度的“道德之境”往往通过山岳河渎等大尺度自然要素与人工营造共同构成具有道德属性的空间架构（如“五岳四渎”格局）；小者如建筑群尺度的“道德之境”主要通过建筑与院落层面的空间组织来实现。

⑧ 本文所言“永州地区”以清代永州府辖域为界，空间上包含自隋至明初的永、道二州范围。

⑨ 清代道州为散州，与县同级，故下文简称一州七县为八县。

⑩《康熙永州府志》卷二：舆地，第41页。

⑪ 毛况生：《中国人口（湖南分册）》，中央财政经济出版社，1987年，第57页。

⑫ 分属永、道二州。其中，唐代永州范围较大，还包括后属于广西全州的湘源、资阳二县。宋代永州缩小至零陵、祁阳、东安三县范围。至明洪武九年（1376年）将道州及其辖县并入永州合为一府。清代因之。

⑬ 永州地区虽然在秦汉已有行政建制（时属零陵郡），但其人居环境开发一直较为落后，唐宋两代仍是全国主要的流贬之地。

⑭《康熙永州府志》卷二：沿革，第30页。

⑮ 主要指长江中下游及以南的中国大陆地区。

⑯ 周敦颐（1017～1073），字茂叔，号濂溪，谥号元公。北宋哲学家，被学术界公认为理学开山鼻祖。

⑰《宋史》卷427列传186《道学一・周敦颐传》。

⑱（宋）龚维蕃（道州知州）：“濂溪故里记（嘉定七年作）”，《光绪道州志》卷七：先贤，第535页。

⑲（宋）赵栉夫："濂溪小学记（景定四年作）"，《光绪道州志》卷七：先贤，第523页。

⑳（元）欧阳元："修道州学记"，《光绪道州志》卷五：学校，第428页。

㉑《嘉庆宁远县志》卷五：学校，第395页。

㉒《康熙永州府志》卷二十四：外志·猺峒，第729页。

㉓《道光永州府志》卷五：风俗·猺俗，第394页。

㉔ 同㉒。

㉕ 同㉓。

㉖ 根据尚永亮对唐五代文人贬官地域分布的定量分析，江南西道、岭南道、江南东道的贬官人数位列全国三甲，是当时出外贬官最为集中的地区。永、道二州隶属江南西道，其贬官人数分别居全道第6位和第11位。资料来源：尚永亮：《唐五代逐臣与贬谪文学研究》，武汉大学出版社，2007年，第80～89页。

㉗《道光永州府志》卷十四：寓贤，第895页。

㉘ 唐宋两代被贬至永、道二州的名士如唐代的李岘（755年）、阳城（799年）、柳宗元（805年）、吕温（809年）、崔能（811年），宋代的寇准（1020年）、蒋之奇（1067年）、范纯仁（1097年）、黄庭坚（1105年）、邹浩（1105年）、张浚（1137年、1150年）、胡铨（1137年）、汪藻（1143年）、方畴（1157年）、蔡元定（1196年）等（括号内为其贬永时间）。

㉙《道光永州府志》卷十三：良吏，第858页。

㉚（宋）杨万里："零陵种爱堂记"，《康熙永州府志》卷十九：艺文二，第532页。

㉛《道光永州府志》卷二：名胜序。

㉜（宋）汪藻："柳先生祠堂记"，《康熙永州府志》卷十九：艺文，第537页。

㉝（明）何维贤："祁阳县修城记"，《乾隆祁阳县志》卷七：艺文，第312页。

㉞（明）夏正时："重修祁阳县城记"，《乾隆祁阳县志》卷七：艺文，第318页。

㉟ 王贵祥："明代城池的规模与等级制度探讨"，《城市史》（第24辑），清华大学出版社，2009年，第86～104页。

㊱ 道州城在洪武二年建设时尚为府，洪武九年方降为州而并入永州府管辖。

㊲ 王贵祥的研究涉及畿辅、河南、山东、山西、陕西、甘肃、四川等地区。

㊳ 据王贵祥统计，畿辅、中原地区县城周长以三四里者最多，府城周长以9里最多，6里其次。而较偏远的四川地区县城周长以3里最多，2里其次；府城周长以9里最多，4里其次。王氏指出城池的实际规模与其所处地理位置及人口多寡有关，"稍微偏远一些的地区，由于人口与财力的限制，其城池规模则比一般的规制略低一些"。

㊴《史记》卷48陈涉世家第18。

㊵ 刘敦桢："大壮室笔记"，《刘敦桢全集》（第一卷），中国建筑工业出版社，2007年，第86～109页。

㊶ 萧红颜："谯楼考"，《建筑师》，2003年第2期。

㊷ 郭湖生：《中华古都：中国古代城市史论文集》，空间出版社，2003年，第153页。

㊸ 郭湖生：《中华古都：中国古代城市史论文集》，空间出版社，2003年，第163页。

㊹（清）迈柱修、夏力恕等纂：《雍正湖广通志》。

㊺（清）万全（藩参）："零陵修谯楼记"，《光绪零陵县志》卷二：建置，第198页。

㊻（宋）吴民先："莲花漏记"，《光绪道州志》卷十一：艺文，第857页。

㊼（宋）义太初："鼓角楼记"，《光绪道州志》卷十一：艺文，第872页。

㊽（清）宗霈（零陵知县）："重修鼓楼记"，《光绪零陵县志》卷二：建置，第199页。

㊾（清）王颐："祁阳重建鼓楼记"，《康熙永州府志》卷二十：艺文，第611页。

㊿《嘉靖湖广图经》卷十三，第1109页。

51（宋）义太初："鼓角楼记"，《康熙永州府志》卷十九：艺文，第547页。

52（明）黄佐："重建鼓角楼记"，《乾隆永州府志》卷二十：艺文，第584页。

53《孟子·滕文公上》。

54《新书·大政下》。

55《明太祖实录》。

56 详见《明史》卷69志第45《选举一》"郡县之学"条。

57 王日根：《明清民间社会的秩序》，岳麓书社，2003年，第144页。

58 学校之建设经营关乎地方官吏的政绩升迁。积极发展文教事业是官员"善政"的重要表现，他们也多因此而名留史册；如若经营不善则有可能受到处罚。永州诸县方志中有不少关于官员到任之初即兴文事的记载，舆论总是给予极高之评价，期望继任者能延续此传统。

59《同治瑞州府志》卷首序。

60（清）阮元校刻：《十三经注疏：附勘校记》，中华书局，1980年（2003年重印），第1332页。

61 但由于天然水形不可多得，后来的学宫制度中发展出一种尺度较小的半圆形水池以象征泮宫，称作"泮池"。明《三才图会·宫室》有《诸侯泮宫图》反映出人们对泮宫之制的抽象简化以及当时可能已经广泛采用的半圆形泮池设计。

62（唐）柳宗元："道州文宣王庙碑"，《柳宗元集》，中华书局，1979年，第120页。

63《光绪东安县志》。

64《嘉庆宁远县志》。

65《光绪零陵县志》卷五：学校，第309页。

66《嘉庆新田县志》卷二：舆地，第97页。

67《康熙永州府志》卷三：建置，第68页。

68 若从功能上严格区分，文阁、奎楼、文塔皆属信仰保障层次；但就内容而言，其保障对象关乎文教，尤其科名；在空间布局上，它们也主要与学宫存在关联，故在"道德教化"层次提出。

69 嘉庆六年圣谕。《嘉庆新田县志》卷五：秩祀，第222页。

70（清）蒋震："文昌阁考棚合序（嘉庆八年作）"，《嘉靖宁远县志》卷八：艺文（上），第996～999页。

71 据（清）高见南《相宅经纂·文笔高塔方位》："凡都省府州乡村文人不利，不发科甲者，可于甲、巽、丙、丁四字方位上择其吉地，立一文笔尖峰。只要高过别山，即发科甲。或于山上立文笔，或于平地建高塔，皆为文笔峰。"

72 同71。

73 详见《光绪永明县志》卷二十五：礼仪·公典，第414～418页。

74 通常在建置、官署、坊表等篇目。

⑮《嘉靖兰阳县志》卷四。转引自：张佳："彰善瘅恶，树之风声：明代前期基层教化系统中的申明亭和旌善亭"，《中华文史论丛》，2010年第4期。

⑯《嘉靖东乡县志》。转引自：张佳："彰善瘅恶，树之风声：明代前期基层教化系统中的申明亭和旌善亭"，《中华文史论丛》，2010年第4期。

⑰ 嘉靖元年刻本《湖广图经志书》卷十三永州·公署中已有八府县（新田除外）治署前均设有申明、旌善二亭的记载，说明其始建均在嘉靖之前。

⑱ 刘敦桢："牌楼算例"，《刘敦桢全集（第一卷）》，中国建筑工业出版社，2007年，第129～159页。

⑲ 明太祖朱元璋曾命令天下州县治署于大堂前甬道上置戒石并立"戒石亭"（上刻16字《戒石铭》）。清代改为"戒石坊"。

⑳ 据《光绪永明县志·坊表》："凡应与旌者，官给银三十两，听其家自建坊；而举乡科登甲第者，亦例给牌坊银两。坊制或树于门，或别建他所；或四柱重檐，或二柱单檐；其柱端亦有刻画为乌头式者，盖合唐宋五代之制而参用之耳。"

㉑《光绪道州志》卷二：建置·坊表，第181～185页。

㉒ 此风景区入口亦为渡口。

㉓ 本文所言"教化性祠"概念参考了段玉明对中国古代民间祠庙的基本分类，即"教化性祠庙"和"保障性祠庙"。资料来源：段玉明：《中国寺庙文化论》，吉林教育出版社，1999年，第79页。至于"祠"与"庙"的差别，虽然它们实际上常被混用，但明清方志中一般称祭祀已故儒者为"祠"，祭祀诸神为"庙"；前者所祀为卓越的道德品质和对人类社会的巨大贡献，后者所祀为超自然伟力及对人类社会之"功德"。故本文使用"教化性祠"一语。

㉔"所谓民间信仰，指普通百姓所具有的神灵信仰，包括围绕这些信仰而建立的各种仪式活动。他们往往没有组织系统、教义和特定的戒律，既是一种集体的心理活动和外在的行为表现，也是人们日常生活的一个组成部分。"资料来源：赵世瑜：《狂欢与日常：明清以来的庙会与民间社会》，三联书店，2002年，第13页。

㉕《光绪永明县志》。

㉖ 参考段玉明"保障性祠庙"概念。

㉗《康熙永州府志》卷九：祀典，第239页。

㉘ 按祭祀礼制分正祀、杂祀、淫祀等；按地域范围分为全国性、区域性等；按神祇性质分自然神、人物神、怪异神等；按神祇作用分保佑施福者、监督惩戒者等；按所保障对象性质分保障人与自然关系者和保障人与人关系者，如龙王庙、天后宫、雷神庙之类属于自然保障，主要用于协调人与自然的关系；东岳庙、行业神庙、地域神庙之类属于人为保障，主要用于协调人与人的关系。资料来源：赵世瑜：《狂欢与日常：明清以来的庙会与民间社会》，三联书店，2002年，第58～67页；程民生：《神人同居的世界：中国人与中国祠神文化》，河南人民出版社，1993年，第6页；段玉明：《中国寺庙文化论》，吉林教育出版社，1999年，第79页。

㉙ 官方坛庙通常是在征集访求民间神祇的基础上择其重要且信仰广泛者而列入祀典的。详见《万历明会典》卷93礼部51/有司祭祀上，第2126页。

㉚《万历明会典》卷81礼部39/祭祀通例，第1839页。

㉛《康熙永州府志》卷九：祀典，第239页。

⑫《明史》卷49志第25礼三（吉礼三）：社稷。
⑬《万历明会典》卷94礼部52/有司祭祀下，第2129页。
⑭ 据《光绪永明县志》载："明洪武六年，礼臣奏五岳五镇四海四渎礼秩尊崇及京师山川皆国家常典，非诸侯所得预；其各省惟祭风云雷雨及境内山川之神，宜共为一坛，设二神位从之。二十六年，又令天下府州县合祭风云雷雨配以山川城隍共为一坛，设三神位"（《光绪永明县志》卷二十三：祀典·坛，第392页）。
⑮《明史》卷49志第25礼三（吉礼三）：太岁月将风云雷雨之祀。
⑯《万历明会典》卷94礼部52/有司祭祀下，第2137页。又《明史》载，"洪武三年定制……王国祭国厉，府州祭郡厉，县祭邑厉，皆设坛城北，一年二祭如京师"[《明史》卷50志第26礼四（吉礼四）：厉坛]。
⑰ 明代位置据《嘉靖湖广图经》卷十三：永州，清代位置据诸府县清代方志。
⑱（宋）陆游："宁德县重修城隍庙记"，《渭南文集》（卷十七），中国书店，1986年，第96～97页。
⑲（清）刘道著："重修城隍庙碑"，《康熙永州府志》卷十八：艺文，第518页。
⑳ 程民生：《神人同居的世界：中国人与中国祠神文化》，河南人民出版社，1993年，第31页。
⑩《明史》卷49志第25礼三（吉礼三）：城隍。
⑩（清）江肇成："重修城隍庙碑记"，《光绪道州志》卷十一：艺文，第959～962页。
⑩ 瞿同祖：《清代地方政府》，法律出版社，2003年，第278页。
⑩ 同⑩。
⑩ 旗纛庙：据《万历重修明会典》"凡各处守御官俱于公廨后筑台立旗纛庙"（卷94礼部52/有司祭祀下，第2137页）。先农坛：据《钦定大清会典》"奉天府尹直省抚率所属府州县均岁以仲春吉亥行耕礼；各与治所东郊建先农坛"（卷46礼部/祠祭清吏司/中祀三，第71页）；雍正四年定。关帝庙：据《钦定大清会典》"直省府州县春秋二仲及仲夏中有三日均祀关帝，牲帛礼仪均与祭京师关帝庙仪同"（卷49礼部/祠祭清吏司/群祀三，第9页）；顺治元年定。刘猛将军庙：据《光绪永明县志》"刘猛将军庙祀元指挥使刘承忠。承忠于元亡后自沉于河，其神职驱蝗，世称刘猛将军。雍正二年列入祀典，各府州县建庙以祀"（卷23：祀典·庙祀，第400页）。火神庙：据《光绪永明县志》"《大清会典·通礼》：京师有祭火神之仪，外省及府州县岁以春秋仲月守土官择吉至祭"（卷23祀典·庙祀，第401页）。龙神庙：据《光绪永明县志》"敬祀敕封福湘安农龙王之位。乾隆二十四年颁定，岁以春秋仲月辰日至祭"（卷23：祀典·庙祀，第400页）。文昌庙：据《清史稿》"（嘉庆五年）诏称'帝君主持文运，崇圣辟邪，海内尊奉，与关圣同，允宜列入祀典'"（卷84礼三）。
⑩《万历明会典》卷80礼部38/恤孤贫，第459页。
⑩ 同⑩。
⑩《钦定大清会典》卷33礼部/仪制清吏司/风教/掩骼埋胔之礼，第23页。
⑩《钦定大清会典》卷33礼部/仪制清吏司/风教/慈幼之礼，第23页
⑩（清）赵翼著，栾保群、吕宗力点校：《陔余丛考》，河北人民出版社，1990年，第552～553页。
⑪《夷坚志》。又《宋史·徽宗纪》："崇宁元年置'安济坊'，养民之贫病者，乃令诸郡县给养。二年，又置'漏泽园'。"（清）赵翼著，栾保群、吕宗力点校：《陔余丛考》，河北人民出版社，1990年，第552～553页。
⑫ 同⑩。
⑬ 柴桢："改建文庙记"，《嘉庆新田县志》卷九：艺文，第511页。

⑭ 勒・柯布西耶认为："轴线（axis）可能是人类最早的现象……刚刚会走的孩子也倾向于按轴线走。……轴线是建筑中的秩序维持者（regulator）……轴线是一条导向目标的线（a line of direction leading to an end）。"资料来源：勒・柯布西耶著，陈志华译：《走向新建筑》，天津科学技术出版社，1991年，第154页。

⑮《史记》卷24乐书二。

⑯《康熙永州府志》卷三：建置，第68页。

⑰（唐）元结："七泉铭"，《元次山集》，中华书局，1960年，第147页。

⑱ 这一比例仅包括了王氏分类中的祭祀、衙署、书院三小类；尚未包括各种公共广场和城池、城门设施用地等。如果将前述"道德之境"的12项功能要素均统计用地，粗略估计其比例可能高达25%。资料来源：王树声：《黄河晋陕沿岸历史城市人居环境营造研究》，中国建筑工业出版社，2009年，第62～64页。

⑲ 吴良镛："论城市文化"，《建筑・城市・人居环境》，河北教育出版社，2003年，第376～377页。

⑳ 吴良镛：《中国城乡发展模式转型的思考》，清华大学出版社，2009年，第39页。

参考文献

[1]（清）陈玉祥修，刘希关纂：《[同治]祁阳县志（24卷首1卷）》，据清同治九年刊本影印，成文出版社有限公司，1970年。

[2] 桂多荪撰：《浯溪志》，湖南人民出版社，2004年。

[3] 湖南省永州市、冷水滩市地方志联合编纂委员会编：《零陵县志》，中国社会出版社，1992年。

[4] 湖南省道县县志编纂委员会编：《道县志》，中国社会出版社，1994年。

[5] 湖南省宁远县地方志编纂委员会编：《宁远县志》，社会科学文献出版社，1993年。

[6] 湖南省江华瑶族自治县志编纂委员会编：《江华瑶族自治区志》，中国城市经济社会出版社，1994年。

[7] 湖南省江永县志编纂委员会编：《江永县志》，方志出版社，1995年。

[8]（清）黄心菊修，胡元士纂：《[光绪]东安县志（8卷）》，据清光绪二年刊本影印，成文出版社有限公司，1975年。

[9]（清）黄应培等修，乐明绍等纂：《[嘉庆]新田县志（10卷）》，据清嘉庆十七年刊本，民国二十九年翻印本影印，成文出版社有限公司，1975年。

[10]（清）嵇有庆修，刘沛纂：《[光绪]零陵县志》，成文出版社有限公司，1975年。

[11]（民国）李馥纂修：《[民国]祁阳县志（11卷）》，据民国二十二年刻本影印，中国地方志集成，湖南府县志辑（40），江苏古籍出版社，2002年。

[12]（清）李镜蓉修，许清源纂：《[光绪]道州志（12卷首1卷）》，据清光绪三年刊本影印，成文出版社有限公司，1976年。

[13]（清）李莳修，旷敏本纂：《[乾隆]祁阳县志（8卷）》，据乾隆三十年刻本影印，中国地方志集成，湖南府县志辑（40），江苏古籍出版社，2002年。

[14]（清）刘道著修，钱邦芑纂：《[康熙]永州府志（24卷）》，据康熙九年刻本影印，日本藏中国罕见地方志丛刊，书目文献出版社，1992年。

[15]（清）刘华邦修，唐为煌纂：《[同治]江华县志（12卷首1卷）》，据同治九年刊本影印，成文出版社有限公司

司，1975年。

[16]（明）刘时徽、元庆纂修，（清）王克逊、林调鹤补修：《[万历]江华县志（4卷）》，万历二十九年刻清修本。

[17]（清）吕恩湛、宗绩辰纂修：《[道光]永州府志（18卷首1卷）》，据清道光八年刊本影印，岳麓书社，2008年。

[18]祁阳县志编纂委员会编：《祁阳县志》，社会科学文献出版社，1993年。

[19]（清）沈仁敷纂修：《[康熙]宁远县志（6卷，仅存3～4卷）》，康熙二十二年刻本。

[20]（明）史朝富纂修：《[隆庆]永州府志（17卷）》，隆庆五年刻本，国家图书馆古籍馆，缩微胶卷。

[21]（清）万发元修，周铣诒纂：《[光绪]永明县志（50卷）》，据光绪三十三年刻本影印，中国地方志集成，湖南府县志辑（49），江苏古籍出版社，2002年。

[22]新田县志编纂委员会编：《新田县志》，社会科学文献出版社，1990年。

[23]（明）薛刚纂修，吴廷举续修：《（嘉靖）湖广图经志书（卷十三永州）》，据嘉靖元年刻本影印，日本藏中国罕见地方志丛刊，书目文献出版社，1990年。

[24]（明）佚名：《[万历]道州志（仅存12～14卷）》，万历刻本。

[25]（明）虞自明、胡琏纂修：《[洪武]永州府志（12卷）》，洪武十六年刻本。

[26]（清）曾钰纂修：《[嘉庆]宁远县志（10卷）》，据清嘉庆十六年刊本影印，成文出版社有限公司，1975年。

[27]（清）张大煦修，欧阳泽闿纂：《[光绪]宁远县志（8卷）》，据清光绪元年刊本影印，成文出版社有限公司，1975年。

[28]（清）周鹤修，王缵纂：《[康熙]永明县志（14卷）》，据康熙四十八年刻本影印，中国地方志集成，湖南府县志辑（49），江苏古籍出版社，2002年。

秦都咸阳规划设计与营建研究评述

郭　璐

Review on the Urban Planning and Construction of Xianyang as the Capital of Qin Dynasty

GUO Lu
(School of Architecture, Tsinghua University, Beijing 100084, China)

Abstract Xianyang, the capital of Qin dynasty, had played an essential role in the history of China. There are mainly three kinds of research on the construction of Xianyang as a capital. The research based on literature, with a long history, is scattered and controversial because of the limitations of the ancient literature. The research of archaeology based on the mutual reflection of literature and archaeological findings has drawn the possible outline of Xianyang, while a few limitations still remain due to the contingency and locality of the archaeological findings and the destruction of the historical sites. The research of other fields, including the history of architecture and urban and historical geography, mainly relies on the achievements of archaeology. Future breakthroughs are expected to come along with new methods.

Keywords Qin dynasty; Xianyang; construction

摘　要　咸阳作为秦都在中国历史上具有极其重要的地位。对秦都咸阳营建的研究主要包括以下几个方面：基于文献的研究，虽历史悠久，但因历史文献限制，较为零散、单薄，并有较多争议；考古学界的研究，基于文献与考古成果之互证，初步勾勒出秦都咸阳的可能图景，但因为考古发现的偶然性、局部性以及历史遗存本身遭受的严重破坏，研究也存在一定局限；其他领域，如建筑与规划史、历史地理等，多借重考古学界的研究成果。未来的研究有待于新的研究方法的引入。

关键词　秦；咸阳；营建

秦咸阳有144年的建都史，其中129年为西方强盛的诸侯国秦国的都城，15年为中国第一个大一统的帝国秦的都城。关于秦都咸阳营建的研究对于秦制研究和中国古代都城史研究具有极为重要的意义。历史上，自秦以后，历代均有与咸阳有关的基于文献的研究；伴随着始于1950年代末的较为系统的考古发掘，当代学者用考古与文献互证的方法进行了大量研究，得到了一些宝贵的认识；此外建筑与规划史领域、历史地理领域也有若干相关研究。本文试图对数量众多、观点驳杂的已有研究进行较为系统的梳理、归纳，厘清其成果，分析其问题，探索其出路。

1　秦都咸阳概况

1.1　历史演进

从襄公建国到秦二世灭亡（前777～前206年），伴随着不断向东进取的步伐，秦都城的选址也不断迁移，从陇

作者简介

郭璐，清华大学建筑学院。

东发展到关中，秦孝公十三年（前 349 年）迁都到位于关中平原中部的咸阳，直至秦亡。咸阳作为秦都，历 8 君共 144 年，经历了 129 年的诸侯国都城时期和 15 年的帝国都城时期（表 1）。

秦孝公十二年（前 350 年），商鞅在渭北“作为咸阳，筑冀阙”①，次年秦迁都于此，惠文、武、昭襄、孝文、庄襄等数代君主在此基础之上不断有新的营建，惠文王（前 337～前 311 年）时大兴宫室，“取岐雍巨材，新作宫室，南临渭，北逾泾，至于离宫三百”②，并初起阿房，营建章台，逐步向渭南发展；昭襄王（前 306～前 251 年）时进一步建设渭南，营建兴乐宫，并修造横桥沟通南北。作为诸侯国都城的咸阳已经是一个横跨渭河两岸、宫殿楼阁星罗棋布的繁华都市，并处在不断扩张和发展中。

表 1 秦都咸阳建设时序

	君主	时间	人居建设	文献记载
诸侯国时期	孝公	前 361～前 338 年	修筑冀阙，移都咸阳	《史记·秦本纪》：十二年（前 350 年），“作为咸阳，筑冀阙，秦徙都之”。
	惠文	前 337～前 311 年	大兴宫室	《汉书·五行志》：“先是，惠文王初都咸阳，广大宫室，南临渭，北临泾，思心失，逆土气。”《三辅黄图》：“惠文王初都咸阳，取岐雍巨材，新作宫室。南临渭，北逾泾，至于离宫三百。”
			初起阿房	《三辅黄图》：“阿房宫亦名阿城，惠文王造，宫未成而亡，始皇广其宫。”
			营建章台	《史记·苏秦列传》苏秦警告楚威王：“今乃欲西面而事秦，则诸侯莫不西而朝于章台之下。”（约略是在秦惠文王统治时期）《史记·樗里子甘茂列传》：“昭王七年，樗里子卒，葬于渭南章台之东。”《史记·楚世家》：秦昭王八年，“楚王至，则闭武关，遂与西至咸阳，朝章台”。《史记·廉颇蔺相如列传》：“秦（昭襄）王坐章台见相如。”
	武	前 310～前 307 年		
	昭襄	前 306～前 251 年	营建兴乐，修造横桥	《史记·孝文本纪》引《三辅旧事》云：“秦于渭南有兴乐宫，渭北有咸阳宫。秦昭王欲通二宫之间，造横桥。”
	孝文	前 250 年		
	庄襄	前 249～前 247 年		

续表

	君主	时间		人居建设	文献记载
帝国时期	始皇	前246～前209年	前231年（十六年）	设置丽邑	《史记·秦始皇本纪》："置丽邑。"
			前221年（二十六年）	移民实都	《史记·秦始皇本纪》："徙天下豪富于咸阳十二万户。"
				写放六国宫室	《史记·秦始皇本纪》："秦每破诸侯，写放其宫室，作之咸阳北阪上，南临渭，自雍门以东至泾、渭，殿屋复道周阁相属。所得诸侯美人钟鼓以充入之。"
			前220年（二十七年）	修建极庙，道通郦山，作甘泉前殿	《史记·秦始皇本纪》："作信宫渭南，已更命信宫为极庙，象天极。自极庙道通郦山，作甘泉前殿，筑甬道，自咸阳属之。"
				修治驰道	《史记·秦始皇本纪》："治驰道。"
			前212年（三十五年）	修治直道	《史记·秦始皇本纪》："除道，道九原抵云阳，堑山堙谷，直通之。"
				大兴阿房	《史记·秦始皇本纪》："始皇以为咸阳人多，先王之宫廷小，吾闻周文王都丰，武王都镐，丰镐之间，帝王之都也。乃营作朝宫渭南上林苑中。先作前殿阿房，东西五百步，南北五十丈，上可以坐万人，下可以建五丈旗。周驰为阁道，自殿下直抵南山，表南山之巅以为阙。为复道，自阿房渡渭，属之咸阳，以象天极阁道绝汉抵营室也。"
	二世			移民实邑	《史记·秦始皇本纪》："因徙三万家丽邑，五万家云阳。"
		前209～前207年		归葬郦山	《史记·秦始皇本纪》："葬始皇郦山。"
				定尊极庙	《史记·秦始皇本纪》："尊始皇庙为帝者祖庙。"
				续建阿房	《史记·秦始皇本纪》："复作阿房宫，外抚四夷，如始皇计。"

秦始皇二十六年（前221年）统一中国，开始在帝都咸阳进行大规模建设，兴建了六国宫殿、阿房宫、极庙等一系列宫室建筑，修复道、甬道以联系各宫室，治驰道、直道以通天下，并大量移民以充实咸阳。咸阳迅速地由“一国之都”成长为气势宏大的“天下之都”。

1.2 历史地位

在中国历史上，秦代（或称秦帝国，前221～前207年）是版图确立、民族抟成、政治制度创建、学术思想奠定的时代，此后两千年之帝制均可从“秦制”中找到根基。秦始皇统一全国后，在咸阳开展了大规模的规划建设，秦都咸阳作为中国历史上第一个中央集权的封建制帝国的首都，是秦代“政治与文化之标征”[③]，其规制正是恢弘“秦制”的具体表现。研究秦咸阳营建是深入认识“秦制”乃至两千多年中国古代帝制社会不可或缺的基础。

在中国古代都城规划史上，秦都咸阳具有继往开来的重要地位。由春秋战国时期区域性的“一国之都”转向大一统帝国的“天下之都”，秦都咸阳不仅改革旧制，为先秦都城营建的技术与思想增添了适应时代的新内涵，而且开辟了新的时代，为后世都城营建开拓了广阔的路径。对于秦都咸阳营建的研究具有特别重要的学术价值。

2 基于文献的研究

秦以后，历代文献对秦都咸阳均有记载与考证：汉到魏晋，距秦不远，其记载提供了基础的文献；魏晋以后则以对前代文献的注疏、引用为主；当代学人在这一方面也进行了部分零散的工作（表2）。

表2 有关秦都咸阳的主要古代文献

汉到魏晋的文献

朝代	正史	地记	文学作品
西汉	司马迁《史记》	辛氏《三秦记》	司马相如《上林赋》 扬雄《甘泉赋》
东汉	班固《汉书》	《三辅黄图》	张衡《两京赋》

魏晋以后的文献

朝代	史记注解	地理总志或类书	地方志
魏晋南北朝	裴骃《史记集解》	—	—
隋唐	张守节《史记正义》	李泰《括地志》	—
—	—	李吉甫《元和郡县志》	—
宋	—	李昉等《太平御览》	宋敏求《长安志》
—	—	—	程大昌《雍录》
元	—	—	骆天骧《类编长安志》
清	—	顾炎武《历代宅京记》	毕沅《关中胜迹图志》

2.1 汉到魏晋的文献

秦代祚短，未有相关文献传世。汉代开始在正史中出现关于秦咸阳的记载，《史记·秦始皇本纪》最为完整地记录了始皇扩建咸阳城的过程、营建思想、宫室经营、交通布局等，《史记·河渠书》、《史记·货殖列传》中分别记载了秦汉时期关中地区的河渠分布与水利建设、经济基础与地方物产等，是咸阳规划的地理基础。《汉书·地理志》则对秦迁都与都城选定、地理环境、行政划分等有所记载。

这一时期也涌现出若干关于咸阳所在的关中地区的地记，今虽多有亡佚，但仍可寻其踪迹。内容较为完整的是（汉）辛氏《三秦记》与成书于东汉或曹魏初的《三辅黄图》，前者于宋时已佚失，至今流传的是辑自其他书中引用的部分内容，包括城市命名、宫殿、地理形势、秦始皇陵及若干人文掌故；后者是保存至今的最早且最完整的一部关于秦咸阳、汉长安的地记，以汉都长安为主，卷一有咸阳故城、秦宫条，涉及咸阳城市的沿革、建设过程与规划思想、宫室、交通等。此外，尚有若干零星辑录的史料，包括（魏）阮籍《秦记》、（晋）潘岳《关中记》、（北周）薛寘《西京记》等。此外南朝萧统的《文选》辑录了若干汉魏文赋，如司马相如《上林赋》、扬雄《甘泉赋》、张衡《两京赋》等，都有与咸阳相关的内容。

这一时期，去秦不远，虽经战火焚烧，但不少地方应还有迹可循，这些史籍中的记载与研究是后世了解秦都咸阳所能得到的最为直接的文献资料。但从现存史料来看，系统性不足，记录都只涉及秦咸阳的某几个方面，且多为概念性的描述；此外，文献今多已散佚，仅余只鳞片爪，现在看到的版本很多都是后世书中引用的内容，难免有误。

2.2 魏晋以后的文献

魏晋以后，关于秦都咸阳的文献多是据前人著述加以考证、解释、编类和总结。郦道元所著《水经注》可谓是过渡性的作品，其《渭水注》中援引既往之文献并参以实地调查，记载了咸阳周边地区的自然与人文地理。其后的研究主要包括三个方面：①对《史记》的注解考证，如（刘宋）裴骃《史记集解》、（唐）张守节《史记正义》；②地理总志或类书，如（唐）李泰《括地志》、（唐）李吉甫《元和郡县志》、（宋）李昉等《太平御览》、（清）顾炎武《历代宅京记》等；③地方志：如（宋）宋敏求《长安志》、（宋）程大昌《雍录》、（元）骆天骧《类编长安志》、（清）毕沅《关中胜迹图志》等，此外还有明清时期大量的府志、县志等。

这些文献多利用前人材料，沿袭旧说，并略有增益，但因时代久远，环境变迁，不乏鲁鱼亥豕之误，不同文献中亦常有矛盾之处。

2.3 近现代基于文献的研究

20 世纪上半叶，学者基于对古代文献的考证，进行了若干有关秦都咸阳的初步研究工作，不乏创见，但较为零散，涉及秦都邑位置变迁[4]、咸阳建都时间（刘坦，1947）等。此外，当代研究者还进行了一些文献辑录工作（刘纬毅，1997；刘庆柱，2006；陈晓捷，2006）。

2.4 小结

古代文献中并没有专门针对秦都咸阳的城市研究，而是以史书或地志的形式出现，近代基于古文献的考证，做出了城市研究的尝试，但较为零散、初步。

单纯基于文献进行秦都咸阳研究有很大的困难。存世的古文献均为秦以后之人所著，战乱、人工建设的破坏以及自然环境的变迁使得后人很难有明确、系统的记录，甚至有以讹传讹之处。林剑鸣等(1991) 有言："秦的历史记载相当缺乏，以至古代大史学家都没有人能在一套二十五史中补入秦史"，"如何在这十分可怜的史实中追寻秦的历史足迹，确实是一件极其困难的任务"。古代文献是秦都咸阳研究的基础，但若要进行深入、系统的研究，还需借助更多的材料和方法。

3 考古学界的研究

王国维在 1925 年提出历史研究的"二重证据法"[⑤]。伴随着始于 1950 年代末的较为系统的考古发掘，渭北宫殿及手工业区、渭南阿房宫、上林苑、秦始皇陵等历史遗迹相继被发现（陕西省考古研究所，2004)，考古学界开始采用"二重证据法"，结合文献资料与考古发现进行研究，主要集中在城市布局、关键点的位置及与其他城市或陵墓的关系三个方面。

3.1 城市布局

关于秦都咸阳的城市范围，主要有三种观点：渭北说一，此说认为秦都咸阳主要在渭北，如今虽部分被渭河冲毁，但主要部分仍留存。刘庆柱（1976）推断秦咸阳应在毛王村、胡家沟以东，后排村和柏家咀以西，北至成国故渠。1990 年，伴随着新的考古发现，做了进一步修正，将西界向外扩展 3 汉里，至长陵车站附近，其他无太大变化。此说成说最早，流传最广，影响最大。渭北说二，此说认为秦都咸阳主要部分位于渭水之滨，如今已被冲毁（武伯纶，1979；曲英杰，1991；张沛，2002、2003)。其中曲英杰较为明确地提出了咸阳四至：南垣西端在农场西站以西；北折至渭水北岸店上村一带，为西垣；再东折至东龙村一带，为北垣；再南折至渭水南岸草滩农场以东，为东垣。渭水贯都说，此说认为秦都咸阳应包括渭河两岸的广阔地域，但对于具体的范围仍有不同认识。王学理(1985) 认为：东至柏家咀，西至塔儿坡，南至阿房宫，北至咸阳二道原腹部；时瑞宝（1999）认为：西至杜邮亭（在今渭城乡龚家湾一带)，南至上林苑、终南山，北至望夷宫（图 1)。

关于秦都咸阳的基本结构，主要有三种观点：内城外郭说，此说认为秦咸阳城有大小二城，小城在大城北部，是宫殿和官署建筑区，即现已发现的宫殿遗址的范围（刘庆柱，1976～1990)；有宫城无郭城说，此说认为早期的咸阳城是以孝公时期的"冀阙宫廷"为基点向外展开的，而且仅有宫城，并不曾形成真正的外郭城（王学理，1985、1999)；分阶段说，此说认为咸阳城的结构应分阶段来看待，前一阶段筑有郭城，后一阶段是若干宫殿区的组合（李自智，2003)。

关于秦都咸阳的城市中心问题，早期以咸阳宫为中心，学术界并无甚争议，但秦始皇统一全国之后，大规模扩建城市，城市中心问题的争议较多，主要有五种观点：咸阳宫始终是城市中心，以复道、甬道与宫观相连，形成整体（朱士光，2001)；同时以咸阳宫和阿房宫为中心，形成一个都市区(徐卫民，1999)；始皇三十五年（前 212 年）的新规划中确立了新朝宫（阿房）为核心，具有南北贯

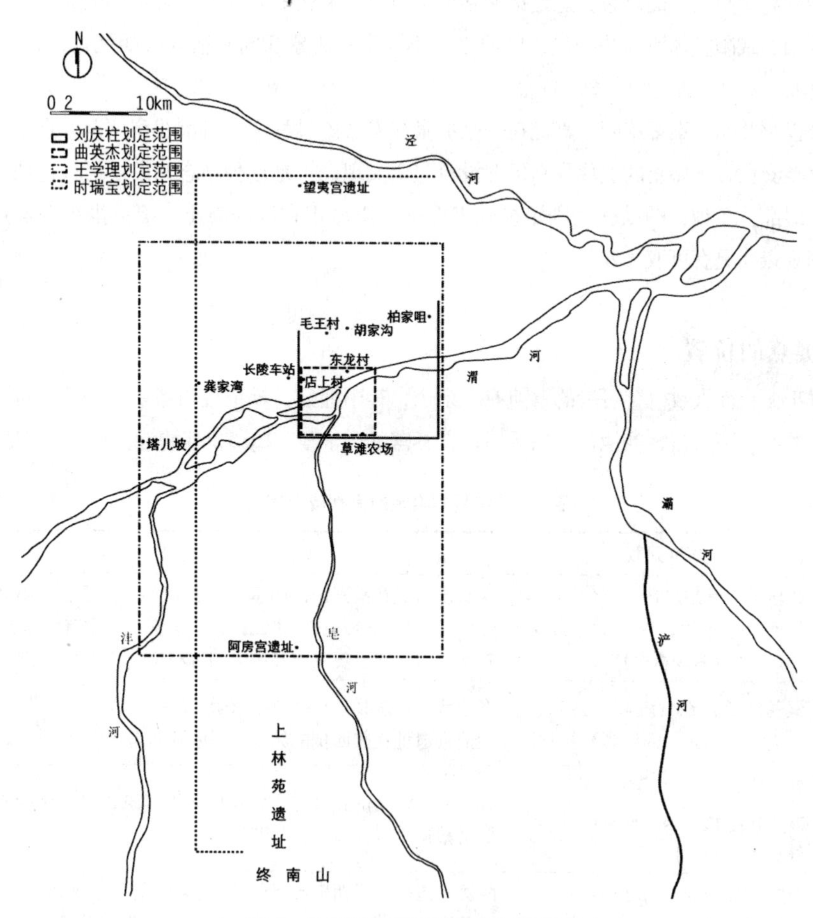

图 1　关于秦都咸阳范围的几种认识

通的中枢意义（唐晓峰，2011）；以极庙为中心，象征天极，各个宫殿犹如星座，围绕极庙布置（刘瑞，1998）；咸阳在布局上呈散点分布的交错型，政治中枢的位置有多次变化，因而也没有一定的城市中心（王学理，1985）。

关于秦都咸阳的城市轴线，刘瑞（1998）认为存在秦都咸阳南北向的轴线，由咸阳宫指向渭南章台，向南为阿房宫、上林苑，向北为六国宫殿；徐卫民（2000）进一步认为此轴线向南可延伸至秦岭子午谷，向北可达甘泉宫，与汉长安的轴线重合。

关于咸阳的规划思想，《史记・秦始皇本纪》载：“已而更名信宫为极庙，象天极”，“自阿房渡渭，属之咸阳，以象天极，阁道绝汉抵营室也”。《三辅黄图》载：“始皇穷极奢侈，筑咸阳宫，因北陵营殿，端门四达，以则紫宫，象帝居。渭水贯都，以象天汉；横桥南渡，以法牵牛。”因而，咸阳规划布局中具有“象天”的思想，这是诸家共识，但对于象天的方式有多种不同的认识，包括象天设都的空间范围、咸阳整体所师法的星象的原型、不同宫室所象征的星宿等（胡忆肖，1980；徐卫民，1999；陈喜波，2000；王学理，2000）。

自孝公迁都开始，秦都咸阳一直处在一个扩张和发展的过程中，自渭北到渭南，自诸侯之都到天下之都，直至秦亡，秦始皇的宏伟规划仍旧没有完全实现，正是这种动态的发展历程造成了研究者认识上的一些混乱。多种试图以一个固定模式来概括咸阳城市布局的观点，都多少存在瑕疵，而动态的、生成的观点则更有可取之处。

3.2 关键点的位置

咸阳见于典籍而大致位置可考的宫苑有十余个，其中通过文献记载与考古挖掘的互证，位置基本可达成共识的有：阿房宫、兰池宫、兴乐宫、宜春宫（王学理，1985；何清谷，1993）（表3）。

表3 位置基本确定的秦都咸阳宫室

宫室	文献记载	考古成果
兴乐宫	兴乐宫，秦始皇造，汉修饰之，周回二十余里，汉太后常居之（《三辅黄图》卷一）	汉长乐宫是在秦兴乐宫的基础上营建的，位于长安城东南，建筑遗址范围包括今未央区讲武殿、罗家寨、张家寨、李上壕、唐寨、查寨、雷家寨、樊家寨和阁老门等村寨（刘振东，2006）
兰池宫	秦兰池宫，在（咸阳）县东二十五里（《元和郡县志》卷一）	在今咸阳市东杨家湾西岸柏家咀一带有一片低洼地带，应为兰池，兰池宫遗址在其西侧的原头上（陕西省考古研究所，2004）
宜春宫	宜春宫，本秦之离宫，在长安城东南，杜县东，近下杜（《三辅黄图》卷三）	在今曲江池南的春临村西南发现秦汉建筑遗迹，似为宜春宫的重要宫殿遗址（何清谷，1993）
阿房宫	乃营作朝宫渭南上林苑中，先作前殿阿房（《史记·秦始皇本纪》）	阿房宫遗址位于西安市以西13公里处的古皂河以西，渭河以南，其前殿遗址位于今赵家堡、古城村一带（阿房宫考古工作队，2005）

其他宫室因文献记载的缺失与考古证据的不足，位置存在较多争议，以下每宫仅列举影响较大的几种观点。咸阳宫是秦孝公至始皇时期处理政务、举行典礼的主要宫室，“听事，群臣受决事，悉于咸阳宫”[⑥]。刘庆柱（1976、1990）认为其位于咸阳原，即今咸阳渭城区牛羊村附近现已发掘的宫殿遗址处；王丕忠（1982）认为紧邻渭水北岸，今已被冲毁；时瑞宝（1999）认为在今牛羊村北面的二道原上。六国宫室是秦始皇仿效各诸侯国宫室所建，“秦每破诸侯，写放其宫室，作之咸阳北阪上”[⑦]。刘庆柱（1976、1981）认为其在咸阳宫（即牛羊村附近）东西两侧；王学理（1985）认为在今咸阳东的渭城湾到杨家湾之间的北原。甘泉宫在诸历史记载中常有出现，是秦代重要宫室，聂新民（1991）认为在淳化县甘泉山；何清谷（1993）认为在渭河以南，即今汉长安城遗址内；曹发展（1997）认为在今乾县注泔乡南孔头村；刘振东（2004）认为在渭河北岸到原地之间，因历史上渭河北移，今已荡

然无存。望夷宫是秦建于泾水之滨的离宫，有望北夷，护都城之意义[8]。1985 年《中国考古学年鉴》载其位于今泾阳县蒋刘乡余家堡东北的原畔[9]；《咸阳地名志》记载其位于今蒋刘乡福隆庄（何清谷，1993）。极庙是秦始皇统一天下后扩建咸阳的核心，象征天极[10]，聂新民（1991）认为在西安市草滩镇东南闫家寺村；何清谷（1993）认为在今汉长安城遗址范围内，大约在今南徐寨、北徐寨的位置。章台宫在诸侯国时期就是渭南主要宫室，一些大的政治活动多在此举行。一种观点认为其位于汉建章宫的位置，即今西安市未央区三桥镇北的高堡子、低堡子等村庄一带[11]；刘庆柱（1995）认为汉未央宫前殿是在秦章台之址上建设起来的，即秦章台位于汉长安城西南，今西安市未央区马家寨村西北，大刘寨村西南。

古代文献中关于秦咸阳城市布局的确切记载极少，主要可作为线索的几个参照点是杜邮、棘门、雍门、渭桥。通过考古发掘与古代文献的相互印证，秦汉中渭桥（刘庆柱，1990）及西渭桥（孙德润，1983；李之勤，1991；时瑞宝，1991；辛德勇，1993）的位置已基本可以确定。近期，考古工作者在今西安市未央区所属渭河南岸河滩又发现了秦汉时期的渭桥遗址，分别正对汉长安的厨城门和洛城门（渭桥考古队，2013）。

杜邮、棘门、雍门的位置，学术界均存在争议。杜邮的位置与咸阳之西至关系密切，《史记·白起列传》载："武安君既行，出咸阳西门十里，至杜邮，引剑自刎。"刘庆柱（1976）认为在咸阳市摆旗寨，曲英杰（1991）认为在沙岭村北渭水河道折曲处，李令福（2010）认为在三姓庄附近。棘门是文字有载的唯一的秦宫门，《史记·绛侯周勃世家》记有"棘门"，《正义》云："孟康云：'秦时宫门也。'"王学理（1985）认为在黄家沟、仓张村一带，刘庆柱（1990）认为在今牛羊村一带。《史记·秦始皇本纪》："自雍门以东至泾、渭，殿屋复道周阁相属。"泾、渭河道虽经历史演变，但仍有迹可循，如若确定了雍门的位置则可知咸阳渭北宫殿的分布范围，王学理（1985）认为在塔儿坡一带，李令福（2010）认为在任家咀一带（图 2）。

综上，因为秦咸阳距今久远，传世文献有限，遗址又多有损毁，因而想要准确地为一些关键点定位有很大的难度，论者各执一词，读者亦难于判断。这一方面有赖于新的考古发现，提供微观上的证据；另一方面也需要通过对咸阳整体营建思想、空间模式的研究，进行宏观上的把握。

3.3 与其他城市或陵墓的关系

因为关于秦咸阳的古代文献不足，考古资料不完整，因而多有研究者从与其有一定关系、而结构布局等较为明确的城市或陵墓入手，试图探寻两者在空间布局上的相似点，进而勾画出咸阳的面貌。

汉长安城位于渭河以南，与秦都咸阳有城址上的重叠，张衡《西京赋》也有汉长安"览秦制，跨周法"之说，研究者多认为二者之间有沿袭与传承的关系，包括宫室的沿用（何清谷，1993）、营建传统的延续（徐卫民，2001）等。

《史记·商君列传》载：商鞅最初建设咸阳时"大筑冀阙，营如鲁卫矣"，秦都咸阳的营建可能与诸侯国都城有一定的关系。有学者认为二者形制有相类之处，均由宫城和大城组成（刘庆柱，1990）；

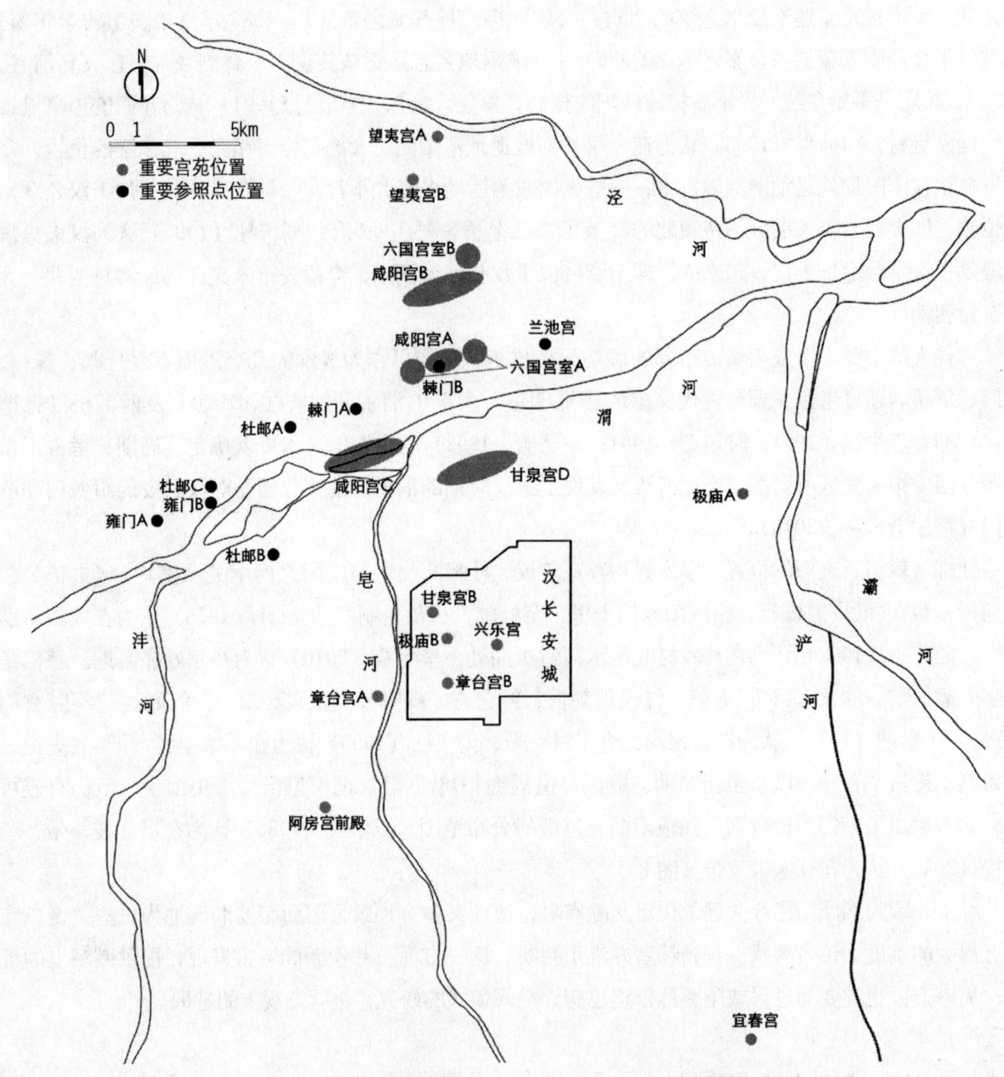

图2 秦都咸阳重要宫苑及参照点位置的几种不同认识

注：图中字母顺序以该观点在正文中出现的顺序为准。

也有学者提出了相反的意见，认为诸侯国都城各有特点，秦都建设更创新制（徐卫民，2000）。

《吕氏春秋·安死》篇有修筑陵园“若都邑”之说。有学者认为咸阳仿效始皇陵，均是西城东郭的布局（杨宽，1984）；更多的学者认为二者之间没有相仿或相似的关系，只是具有一定的象征意义（王学理，1985；袁仲一，1988；李令福，2010）。

《华阳国志》、《太平寰宇记》等均有成都“与咸阳同制”[12]的记载。有学者认为成都城仿效了咸阳的某一宫城（王学理，1994）；有学者认为关中平原与蜀中自然形势相近，故有此说（徐卫民，1999）；有学者认为成都仿效了咸阳的城郭形制（杨宽，1984）；还有学者另辟蹊径，认为所谓“同制”主要是指经济、政治制度上的效仿（罗开玉，1982）。

对于秦都咸阳这种线索漫灭不清的研究对象，从周边材料来寻找可能突破点的研究方式有很大的启发意义。值得注意的是，城市的营造总是植根于一时一地的具体条件，绝对的仿效乃至复制是不现实的，而是一些基本的规划原则、设计理念的互相借鉴更为可信。

3.4 小结

考古发现补充了历史文献的不足，为进一步开展秦都咸阳营建研究提供了坚实的证据。在此基础上，运用“二重证据法”，考古学界也取得了一系列的研究成果，初步勾勒出了秦都咸阳的可能图景。

但是，考古发现具有偶然性和局部性，尤其是对于秦都咸阳这种历经战火并受渭水河道变迁、咸阳原雨水冲蚀等影响严重的古代遗址，仅仅依靠考古成果不足以还原历史之貌。也正因为如此，从目前的研究来看，虽然在一些局部的零散的问题上达成了一定的共识，如阿房宫、兰池宫等的位置等，但在一些整体性的和较为关键的问题上纷争尤多，如：城市范围与结构、营建思想、极庙、咸阳宫等在城市空间中具有重要地位的宫室的位置；杜邮、棘门、雍门等能够借以明确咸阳城市范围与结构的重要参照点的位置等。

4 其他领域的研究

4.1 建筑与规划史研究

建筑与规划史领域的研究也主要依赖“二重证据法”，并大量接受考古界研究的既有结论，力量较为薄弱，研究也较为分散。

大多数学者援引考古界得到的既有结论（刘叙杰，2003；董鉴泓，2004）。个别学者对城市轴线和规划范围提出了一些新的观点，如张良皋（2002）认为咸阳的南北轴线北可达1`800里外的九原，并认为其仿效了楚都纪郢；贺业钜（1986、1996）认为除了咸阳宫的南北中轴线作为全城规划结构的主轴线外，渭河是东西向辅助轴线，而且京畿地区也被纳入到咸阳整体规划的范畴内，并应用法天等规划设计思想，形成一个庞大宫殿群。此外，还有少量宫殿建筑复原的研究，包括咸阳宫一号宫殿、阿房宫等（杨鸿勋，1976、2001）。

4.2 历史地理研究

历史地理的研究勾勒了秦代咸阳及其周边地区自然与人文地理的概貌，为进一步进行秦都咸阳的营建思想及技术方法研究提供了基础。

古代关中地区的自然环境是历史地理研究的重点，涉及河流流量、原隰变迁等（史念海，2001；王子今，2007），其中渭水河道的变迁与咸阳城关系尤为密切，对此问题的研究已得到一定共识（杨思植、杜甫亭，1985；李令福，2011）。关中地区的区域交通也为研究者所关注，包括道路系统、内河航运等（史念海，1991；王子今，1994），其中讨论最多的是秦直道（史念海，1991；辛德勇，2006）。一些学者基于综合的历史地理研究提出了秦都咸阳选址的缘由，包括交通条件、军事形势、资源与经济条件等（马正林，1998；徐卫民，1998；李令福，1999）。

5 总结与思考：对新研究方法的期待

从以上分析可以看出：基于文献的研究历史悠久，但因为历史文献的限制，研究较为零散、单薄，并存在较多争议；考古学界的研究，基于文献与考古成果之互证，取得了一系列宝贵的成果；其他领域，如建筑与规划史、历史地理等，多借重考古学界的研究成果。

现有研究的主要方法是"二重证据法"，即从考古发现出发，结合历史文献，进行综合推演，考古成果起着决定性的作用，可以说是从考古发现来"逆推"秦都咸阳。这种研究方法踏实、严谨，但也造成了研究视野的局限，带来了研究中的一些问题，如：在一些关键问题上，分歧多于共识；一些有创造性的观点多集中产生于考古成果发表以后的1980～1990年代，此后研究趋于零散，且对前期研究中存在的问题未做出合理解释或提出新的开创性的观点；研究中忽视了一些整体性的问题：空间上，帝都咸阳的营建是与内史地区的建设、驰道与直道的修建、秦代天下空间格局的建构紧密相关的；时间上，咸阳作为都城历经144年，其空间结构是逐渐生成的，而且规划中的咸阳与实际建成的咸阳也有不同，等等。

这些问题都启发我们，在历史文献语焉不详、考古资料较为零散的情况下，若要进一步研究秦都咸阳营建，必须要借助新的研究方法，将更多的材料纳入到研究的视野当中，包括关中的自然地理形势、秦代社会思想的大势等等，从而突破既有局面，对秦都咸阳的规划设计形成更深入的认识。

致谢

本文受国家自然科学基金（项目批准号：51378279）、高等学校博士学科点专项科研基金（课题编号：20130002110027）资助。

注释

① （汉）司马迁《史记·秦本纪》。

②《三辅黄图·序》。

③ 王国维："殷周制度论"，《王国维遗书·观堂集林（卷九）》，商务印书馆，1940年；王国维："秦都邑考"，《王国维遗书·观堂集林（卷十）》，商务印书馆，1940年。

④ 王国维："秦都邑考"，《王国维遗书·观堂集林（卷十）》，商务印书馆，1940年。

⑤ 王国维：《古史新证》，清华大学出版社，1994年。

⑥（汉）司马迁《史记·秦始皇本纪》。

⑦ 同⑥。

⑧（汉）司马迁《史记·秦始皇本纪》《集解》引张晏曰："望夷宫在长陵西北长平观道东故亭处是也。临泾水作之，以望北夷。"

⑨ 见《泾阳县秦都望夷宫遗址》条，中国考古学会：《中国考古学年鉴（1985）》，文物出版社，1985年。

⑩（汉）司马迁《史记·秦始皇本纪》："作信宫渭南，已更命信宫为极庙，象天极。"

⑪《史记·樗里子甘茂列传》《索隐》引《三辅黄图》："章台宫在汉长安故城西"，似与建章宫位置相合。

⑫《华阳国志》卷三《蜀志》云："（秦）惠王二十七年，仪与若城成都，周回十二里，高七丈；……成都县本治赤里街，若徙置少城内。营广府舍，置盐、铁市官并长丞，修整里阓，市张列肆，与咸阳同制。"《太平寰宇记》引《蜀王本纪》亦云："秦惠王遣张仪、司马错定蜀，因筑成都县之。成都在赤里街，张若徙置少城内，始造府县寺舍，今与长安同制。"

参考文献

[1] 阿房宫考古工作队："阿房宫前殿遗址的考古勘探与发掘"，《考古学报》，2005年第2期。

[2] 曹发展："秦甘泉宫地望考"，载陕西历史博物馆馆刊编辑部：《陕西历史博物馆馆刊》（第四辑），西北大学出版社，1997年。

[3] 陈喜波："'法天象地'原则与古城规划"，《文博》，2000年第4期。

[4] 陈晓捷：《关中佚志辑注》，科学出版社，2006年。

[5] 董鉴泓：《中国城市建设史（第三版）》，中国建筑工业出版社，2004年。

[6] 何清谷："关中秦宫位置考"，载秦始皇兵马俑博物馆研究室：《秦文化论丛》（第二辑），西北大学出版社，1993年。

[7] 贺业钜：《中国古代城市规划史论丛》，中国建筑工业出版社，1986年。

[8] 贺业钜：《中国古代城市规划史》，中国建筑工业出版社，1996年。

[9] 胡忆肖："'以象天极阁道绝汉抵营室也'解"，《武汉师范学院学报》（哲学社会科学版），1980年第1～2期。

[10] 李令福："秦都咸阳兴起的历史地理背景"，《中国历史地理论丛》，1999年第4期。

[11] 李令福：《秦都咸阳》，西安出版社，2010年。

[12] 李令福："论西安咸阳间渭河北移的时空特征及其原因"，《云南师范大学学报》（哲学社会科学版），2011年第4期。

[13] 李之勤："沙河古桥为汉唐西渭桥说质疑"，《中国历史地理论丛》，1991年第3期。

[14] 李自智："秦都咸阳在中国古代都城史上的地位"，《考古与文物》，2003年第2期。

[15] 林剑鸣、杨东晨、杨建国：《秦人秘史·序》，陕西人民教育出版社，1991年。

[16] 刘庆柱："秦都咸阳几个问题的初探"，《文物》，1976年第11期。

[17] 刘庆柱："'谈秦兰池宫地理位置等问题'几点质疑"，《人文杂志》，1981年第2期。

[18] 刘庆柱："论秦咸阳城布局形制及其相关问题"，《文博》（秦文化、秦俑研究特刊），1990年第5期。

[19] 刘庆柱："汉长安城未央宫布局形制初论"，《考古》，1995 年第 12 期。
[20] 刘庆柱：《三秦记辑注·关中记辑注》，三秦出版社，2006 年。
[21] 刘瑞："秦信宫考——试论秦封泥出土地的性质"，载陕西历史博物馆馆刊编辑部编：《陕西历史博物馆馆刊（第五辑）》，西北大学出版社，1998 年。
[22] 刘坦："秦始都咸阳在孝公十二年考"，《益世报·史地周刊》，1947 年 11 月 11 日。
[23] 刘纬毅：《汉唐方志辑佚》，北京图书馆出版社，1997 年。
[24] 刘叙杰：《中国古代建筑史（第一卷 原始社会夏商周秦汉建筑）》，中国建筑工业出版社，2003 年。
[25] 刘振东："西汉长安城的沿革与形制布局的变化"，《汉代考古与汉文化国际学术研讨会论文集》，2004 年。
[26] 刘振东、张建锋："西汉长乐宫遗址的发现与初步研究"，《考古》，2006 年第 10 期。
[27] 罗开玉："秦在巴蜀的经济管理制度试析"，《四川师院学报》，1982 年第 4 期。
[28] 马正林：《中国城市历史地理》，山东教育出版社，1998 年。
[29] 聂新民："秦始皇信宫考"，《秦陵秦俑研究动态》，1991 年第 2 期。
[30] 曲英杰：《先秦都城复原研究》，黑龙江人民出版社，1991 年。
[31] 陕西省考古研究所：《秦都咸阳考古报告》，科学出版社，2004 年。
[32] 史念海：《河山集（四集）》，陕西师范大学出版社，1991 年。
[33] 史念海：《黄土高原历史地理研究》，黄河水利出版社，2001 年。
[34] 时瑞宝："秦咸阳相关问题浅议"，《人文杂志》，1999 年第 5 期。
[35] 唐晓峰："君权演替与汉长安城文化景观"，《城市与区域规划研究》，2011 年第 3 期。
[36] 王国维："殷周制度论"，《王国维遗书·观堂集林（卷九）》，商务印书馆，1940 年。
[37] 王国维："秦都邑考"，《王国维遗书·观堂集林（卷十）》，商务印书馆，1940 年。
[38] 王国维：《古史新证》，清华大学出版社，1994 年。
[39] 王丕忠："秦咸阳宫位置推测及其他问题"，载陕西省文物事业管理局编：《陕西省文博考古科研成果汇报会论文集》，1982 年。
[40] 王学理：《秦都咸阳》，陕西人民出版社，1985 年。
[41] 王学理：《秦始皇陵研究》，上海人民出版社，1994 年。
[42] 王学理：《咸阳帝都记》，三秦出版社，1999 年。
[43] 王学理："法天意识在秦都咸阳建设中的规划与实施"，载袁仲一编：《秦俑秦文化研究》，陕西人民出版社，2000 年。
[44] 王子今：《秦汉交通史稿》，中共中央党校出版社，1994 年。
[45] 王子今：《秦汉时期生态环境研究》，北京大学出版社，2007 年。
[46] 渭桥考古队："陕西考古发现秦汉渭桥遗址为同时期全世界最大木构桥梁"，《中国文物报》，2013 年 1 月 16 日。
[47] 武伯纶：《西安历史述略》，陕西人民出版社，1979 年。
[48] 辛德勇："秦汉直道研究与直道遗迹的历史价值"，《中国历史地理论丛》，2006 年第 1 期。
[49] 徐卫民："秦立国关中的历史地理考察"，《文博》，1998 年第 5 期。

[50] 徐卫民："秦都咸阳的几个问题"，载陕西历史博物馆馆刊编辑部编：《陕西历史博物馆馆刊》(第六辑)，陕西人民教育出版社，1999 年。

[51] 徐卫民："春秋战国时秦与各国都城的比较研究"，载袁仲一编：《秦俑秦文化研究》，陕西人民出版社，2000 年。

[52] 徐卫民："论秦都咸阳和汉都长安的关系"，载秦始皇兵马俑博物馆《论丛》编委会：《秦文化论丛》(第八辑)，陕西人民出版社，2001 年。

[53] 徐卫民："秦都城中礼制建筑研究"，《人文杂志》，2004 年第 1 期。

[54] 杨鸿勋："秦咸阳宫第一号遗址复原问题的初步探讨"，《文物》，1976 年第 11 期。

[55] 杨鸿勋：《宫殿考古通论》，紫禁城出版社，2001 年。

[56] 杨宽："秦始皇陵园布局结构的探讨"，《文博》，1984 年第 3 期。

[57] 杨思植、杜甫亭："西安地区河流及水系的历史变迁"，《陕西师大学报》(哲学社会科学版)，1985 年第 3 期。

[58] 袁仲一："秦始皇陵考古纪要"，《考古与文物》，1988 年第 6 期。

[59] 张良皋：《匠学七说》，中国建筑工业出版社，2002 年。

[60] 张沛："秦咸阳城考辨"，《陕西文史》，2002 年第 5 期。

[61] 张沛："秦咸阳城布局及相关问题 "，《文博》，2003 年第 3 期。

[62] 朱士光："关于秦都城咸阳及秦文化研究的几点见解"，《秦都咸阳与秦文化研究——秦文化学术研讨会论文集》，陕西人民教育出版社，2001 年。

评《1945年以后的城市设计：全球视角》

程海帆

Review of *Urban Design since 1945*: *A Global Perspective*

CHENG Haifan
(School of Architecture, Tsinghua University, Beijing 100084, China)

Urban Design since 1945*: *A Global Perspective

David Grahame Shane, 2011
Wiley: Chichester
360 pages, USD $45.00
ISBN: 9780470515266

“二战”后，全球城市化主导了世界发展，越来越多的人聚集到大城市。进入21世纪，世界城市化趋势并没有减弱，反而有增强之势。世界银行指出，21世纪城市发展将是处于第一位的大事，我们正经历着人类历史上最大规模的城市化浪潮。大城市因其规模和在经济上所具有的重要性，占据人类社会主导地位，创造了巨大的财富，同时也消耗了巨大的生态环境资源，面临发展模式的转型。越来越多的研究关注到空间形态变化及其对大城市发展所起的重要作用（Llewelyn-Davies，1996；Burdett and Sudjic，2008），城市形态的设计和未来发展至关重要①。

“二战”后，城市设计诞生并成为一个独立的专业领域。城市设计在全球大城市表现出怎样的发展过程和规律？城市形态的设计和未来将会怎样？《1945年以后的城市设计：全球视角》正是基于“二战”后世界城市化的大背景之下，从全球视角剖析城市设计在大城市的演进过程。

全书分为五大部分，第一部分（第一章、第二章）对全书的核心内容做了简单的介绍，对1945年以后的城市设计演变作简短的总结性回顾和陈述，具体而言：先论述了大都市发展的动力和组织模式，尤其是信息技术和能源技术对大都市的影响；接下来将战后60年城市设计的演进分成大都市（metropolis）、大都市带（megalopolis）、分割的大都市（fragmented metropolis）、巨型城市（megacity）四个演进主题②；然后总结了城市设计在大城市的创新，尤其是北美、欧洲、亚太巨型城市发展的挑战与战略，展望未来，全球城市化正在转移到中低收入为主的亚太巨型城市。

战后时期，欧洲、亚洲大都市的重建与新城建设广泛兴起，激发了城市设计（第三章、第四章）。战后早期，城

作者简介
程海帆，清华大学建筑学院。

市规划师关注于综合的、大尺度的规划，而建筑师更多关注于单体设计，很少涉及大尺度的城市设计，城市设计正是综合建筑与规划的新专业领域。战后大都市的城市设计以柏林和伦敦重建、纽约洛克菲勒中心、莫斯科规划1935、北京天安门、昌迪加尔、巴西利亚等案例为代表。由于战争轰炸的毁坏，阿伯克隆比（Patrick Abercrombie）和福肖（J. H. Forshaw）在1943年制订了伦敦重建的伦敦郡县规划（County of London Plan）。阿伯克隆比是杰出的城乡规划专家，也是现代城市设计的先驱者，他认为需要一个新领域结合建筑与规划。城市设计在战后新城建设中得到实施，如哈罗、米尔顿凯恩斯、昌迪加尔、巴西利亚的新城建设，以吉伯德的《市镇设计》（*Town Design*）为代表，总结了伦敦新城城市设计的经验。建筑师梦想能控制大都市的规划，以城市设计指导总体城市建设，例如柯布西耶设计了昌迪加尔新城。而纽约的高速发展则彰显了以摩西（Moses）为代表的政治家发展至上的理念，纽约大都市迅速发展到800万人，产生了洛克菲勒中心的城市设计范式。

紧接战后大都市重建时代而来的是黄金发展年代，大都市带成为全球化现象（第五章、第六章）。“冷战”至1991年，苏联和美国的城市设计影响了全球大都市的建设，美国和苏联两大超级帝国主宰了新兴世纪体系，美国大都市带建立在相对低廉和充足的石油替代能源煤之基础上，并且将这种模式转移到1960～1970年代中期前的欧洲和亚洲，历史学家霍布斯鲍姆（Eric Hobsbawm）称之为“黄金年代”[③]。如美国东海岸大都市带（Gottmann，1961）依托石油机器运转和高速公路计划带动郊区发展，率先蔓延开来，欧洲、中东、亚洲、拉丁美洲新兴的大都市带建设也都不断蔓延开来，同样面临一些相似的问题。1945年，世界大多数人仍然生活在农业人居环境之中；1945年以后，欧洲和北美大都市主导了世界城市化；到20世纪末，这些图景完全改变了，2007年的联合国报告显示，全球超过50%的人口生活在城市之中。尽管纽约—纽华克仍然是世界级大都市带，但欧洲已没有一个大都市的人口能进入世界前十，都市世界重心转移到了亚太的大都市带。大都市带还包括东京巨型构想、米尔顿凯恩斯新城、东京都火车站、新加坡金线、莱维顿规划等案例，城市设计忙于控制蔓延、设计郊区、串联生态和景观空间。

由于能源危机和不均衡增长发展，在全球金融体系主导下，大都市出现了分割化发展（第七章、第八章）。分割的大都市包括了内城衰退、断裂的市中心与中间地区、半城市化等，如新兴的亚太大都市雅加达、曼谷出现了都市农业和都市村庄地区（McGee，1971），这些大城市既是中产阶级和低收入阶级混合的城市，也是城乡混合发展的城市。理论研究以雅各布斯、库伦、林奇、巴奈特等城市设计学者为代表，如“十次小组”（Team 10）批判现代主义功能分区，雅各布斯发起了保护纽约邻里的运动，城市设计修复分割的大都市景观（Barnett，1995）。城市设计在纽约巴特瑞成功的经验在东京新宿区、伦敦金丝雀码头、巴黎拉德芳斯和柏林波茨坦广场同样得以应用，案例还有迪士尼世界、巴塞罗那、横滨滨水区、伦敦2012等。

20世纪后期，全球城市化人口转移到以中低收入为主的亚洲巨型城市（第九章、第十章）。尽管从人口规模角度定义巨型城市的标准有所差异[④]，但全球巨型城市的规模空前，随着拉丁美洲、亚洲的快速城市化，全球城市中心从欧洲转向这些新兴国家，且伴随规模巨大的棚户区。亚洲除了东京

（3 200 万人口）以外，并没有其他大都市既有巨大的规模，又有巨大的财富和信息资源。世界城市化发生了巨大的转变，巨型城市形态也发生了变化，包括了巨大的商业中心和公园、超级市场和集贸市场、高密度和开放空间、农业和休闲场所、信息高速交流系统和复杂的都市基础设施系统等，以至于几乎没有个人能够设计这么复杂的巨型城市。城市设计案例还包括生态城市伯克利、香港九龙城、拉斯维加斯、孟买达拉维（亚洲最大贫民窟）等。信息化以及贫困问题、生态问题、全球变暖等不断影响巨型城市，城市设计试图从宏观到微观尺度适应更为复杂的都市情形，组织巨型街区和建筑形态，设计地上、地下以及信息系统，复兴公共空间，发展混合高密度等。

此外，文化和大项目战略成为竞争和收益来源，一些城市的世界性的事务活动都具有创新意义，诸如布鲁塞尔世博会（1958 年）、大阪世博会（1970 年），一些城市通过奥运会带动了城市和地区的发展，诸如东京（1964 年）、巴塞罗那（1992 年）、北京（2008 年）以及伦敦（2012 年）。全球金融机构主导了国际互助和地方资本，金融海啸的挑战依然存在，制造业衰退和房地产投机让更多人陷入危机，为了提高大都市的生活质量，让大都市充满吸引力，世界级城市之间的竞争更加激烈。过去 60 年的城市化演进使人类进入了城市世纪，纵观全书，至少有以下值得借鉴之处。

首先，全书汇集了城市设计在大都市、大都市带、分割的大都市、巨型城市四个主题的城市设计案例。战后重建时期，全球大都市在城市设计方面的创新首先来自于欧洲和美国，城市设计在战后欧洲大都市的重建和新城建设中得到发展，并逐步扩大到区域空间层面，如跨区域"蓝色香蕉带"（Blue Banana）的空间战略。北美的城市建立在 20 世纪六七十年代充足的石油资源基础之上，蔓延发展导致公共交通系统几近消失，城市设计控制蔓延的同时也在郊区得到发展，如郊区中心（mall）甚至发展成为全球特征。20 世纪后期，大都市经历了郊区化、蔓延、制造业衰退、中心区复兴、标志地区形象化，城市设计参与和改善分割的大都市景观。当全球城市人口中心由欧美向亚洲转移，亚太巨型城市（尤其是印度和中国）也有不一样的城市设计战略，如亚洲经济单位 GDP 消耗仅为美国的 1/3，城市设计在降低能源消耗方面是否又是可供借鉴的模式呢？城市设计也在全球巨型城市之间相互学习，如 20 世纪末伦敦桥地区向香港学习混合和高密度利用以及购物中心与铁路站点结合的经验。

其次，全书梳理了全球大都市空间的组织与发展模式。大城市的成长既依赖于发展动力，又依赖于都市空间的组织与发展模式。①作者总结了飞地空间（enclave）、轴向空间（armature）、异域空间（heterotopia）三种主要的都市空间组织形式。具体而言，飞地空间理解为城市中一个独立的空间领域，一个具有向心性和边界的场所，如故宫之于北京、洛克菲勒中心之于纽约。轴向空间理解为线型连续的空间组织形式，如连续的街道、房屋，轴向空间可以串联飞地空间，如巴黎圣日耳曼大道（Boulevard Saint-Germain）创造了一个放射性道路系统，引领区域。异域空间借用了哲学家福柯（Michel Foucault）的"异托邦"（heterotopia）[⑤]空间概念，理解为不连续的、不平衡的空间，例如医院、监狱、法院空间，福柯认为这些空间适应了现代社会高效的工业化社会，这些空间的发展直接促进了现代社会发展。作者进一步通过三种空间关系的组合，构建了一个复杂的大都市星座网络系统[⑥]（Shane，2005）。②作者从能源使用角度总结了大城市空间的发展模式，过去 60 年大城市经历了两次巨大的变化。第一，“冷战”时期（1945～1991年），美国和苏联都市模式都拥有优先权。苏联模式在其追随国家的城市发展中心环状加放射状的空间发展模式。美国模式经历了能源主导的发展，在能源充沛的时代，通过交通串联起巨型城市群，城市的图书馆、教堂、电影院、餐厅等都随郊区化蔓延开来，能源消耗十倍于世界平均水平。第二，“冷战”结束以后（1991年至今），充足便宜的石油供给时代不复存在，蔓延发展受到极大挑战。“9·11”事件以后，美国的能源政策延伸到中东、拉美等能源相对便宜的地区，但长期的高油价迫使城市生活方式转型，城市被迫紧缩，偏远郊区出现衰退。欧洲以建立福利国家为宗旨，城市并不过度发展机动车交通和超级市场。拉美国家缺少工业化，更多的移民在大都市建立起非正式的居所，也就是所谓的贫民窟。日本和亚洲四小虎（泰国、马来西亚、印度尼西亚和菲律宾）则在更多的政府主导下混合发展，创建了分割的大都市。

再次，全书从全球角度总结了城市设计的战略图景。大都市既创造了巨大的财富，也创造了巨大的贫困。工业化进程主要依托能源消耗，尤其是石油能源动力。在21世纪，依赖能源消耗的发展将变得越来越不可持续。过去200年的时间里，碳排放量急剧增加，已经显著地造成海平面升高，对于气候变化的危害性已经毋庸置疑，首当其冲地威胁到那些河口港湾的巨型城市。大都市、大都市带、分割的大都市和巨型城市应检查碳排放经济方面的结构，探求低碳的发展模式，例如纽约从2009年开始制订绿色大都市计划（Owen，2009），新加坡、斯德哥尔摩、伦敦等城市实施碳税和拥堵收费，欧洲城市也在植树和改善人行道，提供便捷的自行车行驶和便利的公共交通系统。城市既是投资，更为居住场所，为提高大都市的生活质量，让大都市充满吸引力，一些城市开始复兴高密度的中心区，并强化绿色空间，发展高速干线串联城市次中心和郊区居住中心，改善教育资源分配，提高服务范围和质量，提高建筑密度以缩短步行距离等。总之，大都市的城市设计将面临不尽相同的挑战，国家和地方政策更加综合，城市之间在相互竞争和协作中寻找自身最佳的战略图景。

全书博采众长，摒弃了传统的欧美中心论，从全球角度总结城市设计在大都市的演进及其经验教训，可谓研究范式的转型。全书也不乏对中国特大城市北京、上海、深圳的案例论述，有助于理解中国特大城市的空间形态问题，对于中国的特大城市如何逃离低水平土地开发、提高空间形态质量等方面都具有参考价值。此外，全书资料广泛，拥有大量百科全书式的笔记手稿，尽管在案例论述方面显得比较松散，仍不失为近年来涌现的一部重要的城市设计著作，有助于读者全面理解战后城市设计，广泛适用于城市设计、建筑规划领域的学生、学者、参与城市设计实践的专业人士。

注释

① Preface in：Malcolm Moor，Jon Rowland（eds.）2006. *Urban Design Futures*. London：Routledge.

② 全书第三章至第十章分别介绍每个主题下城市设计的演进，每个主题分为两章，先理论分析，再案例介绍。

③ 著名的历史学家霍布斯鲍姆称战后至1970年代中期以前（1945～1973年）为“黄金年代”（Golden Age）。参见：（英）艾瑞克·霍布斯鲍姆著，马凡等译：《极端的年代》，江苏人民出版社，2011年。

④ 联合国（1986年）报告巨型城市“在2000年的标准至少800万”，联合国（1992年）已经上调到1 000万居民，

2006年全球城市人口超过50%，联合国（UN at HABITAT III in Vancouver）报告认为巨型城市人口规模至少2 000万。参见：*Urban Design since 1945：A Global Perspective*，pp. 256-257.

⑤ 跟乌托邦（Utopia）一样，法国哲学家福柯设想的“异托邦”是借助想象力而存在的。在空间中的应用，可以按照预先的设计在虚拟空间中进行创建，从而减少现实空间的负面影响。参见：尚杰：“空间的哲学：福柯的‘异托邦’概念”，《同济大学学报》(社会科学版)，2005年第3期。

⑥ 这里有一个难于理解的逻辑框架，作者将三种空间组织模式与四个主题组合，通过多元图层在空中悬构，串联都市世界，形成一个所有模式同时存在的都市群岛，如同星座网络系统。作者描绘了碎片式的、爆炸式的各类图片，读者需要找出自己所关注的领域。

参考文献

[1] Barnett，J. 1995. *The Fractured Metropolis：Improving the New City，Restoring the Old City，Reshaping the Region*. New York：HarperCollins.

[2] Burdett，Ricky and Deyan Sudjic（eds.）2008. *The Endless City：The Urban Age Project by the London School of Economics and Deutsche Bank's Alfred Herrhausen Society*. London：Phaidon Press Inc.

[3] Gottmann，J. 1961. *Megalopolis：The Urbanized Northeastern Seaboard of the United States*. New York：Twentieth Century Fund.

[4] Llewelyn-Davies 1996. *Four World Cities：Comparative Study of London，Paris，New York and Tokyo*. London：Llewelyn-Davies Planning.

[5] McGee，T. G. 1971. *The Urbanization Process in the Third World Explorations in Search of a Theory*. London：Bell.

[6] Owen，D. 2009. *Green Metropolis：Why Living Smaller，Living Closer，and Driving Less are the Keys to Sustainability*. New York：Riverhead Books.

[7] Shane，D. G. 2005. *Recombinant Urbanism：Conceptual Modeling in Architecture，Urban Design，and City Theory*. Wiley：Chichester.

评《好的城市主义：实现[①]繁荣场所的六个步骤》

王　妍

Review of *Good Urbanism: Six Steps to Creating Prosperous Places*

WANG Yan
(School of Architecture, Tsinghua University, Beijing 100084, China)

Good Urbanism: Six Steps to Creating Prosperous Places

Nan Ellin, 2012
Washington: Island Press
184 pages, USD$35.00
ISBN: 1610913744

本书作者南·艾琳（Nan Ellin）是世界知名的城市问题研究专家，现任美国犹他大学城市与大都市区研究项目部主任，出版众多专著和论文，尤其对城市发展转型的理论与前景研究有突出贡献。《好的城市主义：实现繁荣场所的六个步骤》是其在《后现代城市主义》（*Postmodern Urbanism*）、《整体城市主义》（*Integral Urbanism*）之后的又一力作。

霍肯（Hawken）指出，自20世纪末以来，在应对全球范围内大量出现的系统性问题（如环境危机、社会分异、地方性消失）过程中，一种新的发展模式正在悄然形成——多种力量自下而上地组织起来，通过多学科参与、跨区域协作等创新模式积极应对当下棘手难题，他将这场运动称为“Movement with no name”[②]；这种自下而上的思想变革，也是城市规划理论与实践领域的新兴研究领域和发展重点。艾琳的新书正是形成于对这场发展转型的意识之上，她认为当前这个并未完全定义的新发展范式将加深我们对现实的认识，产生新的视角、激情和更好的行动模式，该书受到乔恩·朗（Jon Lang）、艾米丽·塔伦（Emily Talen）、尤金妮娅·伯奇（Eugenie Birch）等知名学者的鼎力推荐。在我国面临世界上最大规模和最大难度的城镇化发展课题、规划设计领域面临“如何实施”紧迫性问题之际，本书无疑从理论和实践角度都给出了非常具有启发的观点和建议。

本书共含9章，采用案例与理论穿插叙述的方式。艾琳首先指出，当前全球城市发展处于一个既优越又全新的阶段——拥有明确的发展愿景和大量的资本，同时面对复杂、全新的挑战[③]，她以“礼物”（gifts）的形成过程为比

作者简介
王妍，清华大学建筑学院。

喻，提出好的城市主义运作的六个步骤：挑选（prospect）—打磨（polish）—设计（propose）—示范（prototype）—提升（promote）—包装（present），对常规“研究—设计—实施”流程进行了拓展。“挑选”和“打磨”旨在率先辨识项目的发展潜力，并创建良好运作环境。以纽约高线公园为例，两位设计师在政府推行拆除计划之际，先行辨识了作为新工业遗产类型的高架桥、美国社会中的公园情愫、纽约城市空间均衡需求等要素之间的耦合关系，然后通过媒体宣传得到多个社会阶层的积极支持，为高架桥的保留和改造政策创建了重要环境，最后才顺利地进入设计竞赛、评选、实施等环节。“示范”和“提升”环节则具有重要的交互属性，考虑了运作的启动和循环递进逻辑。

艾琳指出转型下的城市规划设计基本原则：在发展愿景指导下和强化地方已有特质（strength of places）的基础上，通过资本整合，进而实现繁荣的场所；一些具体的思路有助于深度发掘地方潜力和促进资本整合，如共同创造、协作、城市深度考察、整体城市主义、重视实践等。她提出“横向金字塔”的运作模式，即通过资本—工具—愿景三者整合，最终实现繁荣场所；巧妙地通过所谓“横向”概念回避了自上而下或自下而上的争议话题，也可以认为，这是一种思维模式和实践模式的转型，正如其“六步骤”一样，并非需要完全地遵守递进顺序，重要的是尊重、感恩和包容态度，以及重视“实践”的价值，是一种广义的自下而上的规划理论。最后，艾琳推介了一些简单、有趣而实用的实践手段，如政策制定公共化项目（Making Policy Public）中的“纽约街贩手册”，通过简单的图示和传单方式，既巧妙地传递和普及了公共空间规范性管理要求，又创建了政府与社会生活的轻松氛围，并成为城市特色之一[④]。

艾琳在本书中并没有陷入关于“好的场所究竟是什么”的定义陷阱中，而是基于新的全球发展转型环境和对人类天生具有筑巢本能的认知前提下，重点讨论了“还要怎么做”，运用了关键的“整合”思想。作者认为，本书的核心贡献有四部分：首先，提出了规划设计学科的转型需求和应对转型、发挥绩效的途径，对于当下大量建设实践和城市更新需求中的规划设计角色厘清有重要帮助，既明确了城市规划在发展转型过程中的重要性，又证明了必须谦逊地与更多资源整合才能真正发挥实际作用，能够使我们对当下一些地方城市的“大规划”、“全覆盖”做法进行再思考。其次，本书传递了一个正面的能量，既具有战略意义又具有实践指导意义，即一个在面对过程与结果、历史与当下、繁荣与通向繁荣等博弈难题的视角转变，英国学者卡莫纳（Carmona，2010）也指出，当我们先入为主地批判公共空间的失落化和权力化趋势时，我们忽视了它们在丰富空间类型、探索多元实践方面的价值，可以说，视角转变是宽容、积极、公平发展目标的一种实现方式，也是我们能够真正理解和运用本书的基础。第三，艾琳通过理论描述和案例互补，清晰地勾勒出“六步骤”方法的实用性和可操作性，更证明其本质上的思路和框架特征，而不是具体的操作工具，也能够接受灵活运用；能够引导读者去重新思考那些最佳实践的更深层次价值，若能不断理解优秀案例的真正优秀之处，结合当下资源的流动效率，未来的城市和场所塑造必然会呈现多样性和全面繁荣。第四，全书都强调了重要的“整合”思想，这种整合不仅仅是多学科、多空间尺度的整合，而是跨越了实践界线和时间界线，既考虑未来的可持续性，又将历史和当下都作为整合的重要资本；理解这种整合思想，能够使我们更包容、更积极地看待已有的现实和成就，同时更有责任地面对当下每一次决策和实践。

本书也带来新的启发和再思考。第一，艾琳在面对自下而上和自上而下的博弈难题和现实偏差时，描绘了一幅横向金字塔的运作结构图，认为“资本＋工具＋愿景”的整合是实现繁荣的三大基础，强调体现出对未知的尊重、对历史发展进程的感恩、对当下认知和参与努力的包容，正是这些尊重、感恩和包容态度、视角的集合才成就了我们和城市、全球的不断发展。从这个角度来看，本书也有人文哲学的价值。

第二，艾琳在案例选择上多偏重于美国的地方项目和感性描述，从类型、内容上都略显局限。若我们将“繁荣”和“整合”的概念放在更大的尺度来看，不仅许多项目需要跨地区、跨学科、长时间跨度综合整合，大量常规、当地项目或许潜藏着更大的关联性，他们在迈向繁荣的道路上参与要素更多，同时在有限时空范畴内的博弈难题仍然会长期存在。从这个角度来看，对城市场所的测度和指标研究仍然具有重要的实践价值，也具有极大的紧迫性。

第三，艾琳的“六步骤”描述了一个从结构上能够走向繁荣的范式，但她并没有点出这种范式通向“持续繁荣”的可能性和必要条件。尽管深究这个问题又会遭到“愿景过于宏大而失去意义”的非议，但作者认为，直面这个争议能够加深我们对“六步骤”原则背后更大价值的发现。简·雅各布斯（Jane Jacobs）曾在《城市与国家财富》一书中阐述城市如何通过有效的进口替代进程完成城市财富累积和保持发展动力；以此思路来看，“六步骤”方法在实现开放型繁荣目标的同时，拥有积累新一轮繁荣再造资本的重要潜力和职能，尽管尚不能给出哪些资本、如何配合能实现繁荣再造，但能够提示我们在迈向繁荣的过程中，对每个环节辅以更加长远的眼光，并为每个决策、每个行动担起更大的责任，或许，艾琳提出的慢节奏（slow down）就是能够做的第一步。

我国城市规划建设管理当前面临诸多突出问题，规划理念与百姓需求之间的脱节是其中一个重要原因，需要对自下而上的规划思想变革做出积极回应和研究，本书则是该领域新近重要的代表作之一，且艾琳行文流畅，案例丰富，可读性强，是一本值得规划专业读者阅读的好书。

注释

① 此处作者将“creating”译为“实现”而非“创建”，是考虑到艾琳在全文中强调的尊重、感恩和包容态度，“创建”一词似乎容易产生误导。

② Hawken 2007. *Blessed Unrest: How the Largest Movement in the World Came into Being and Why No One Saw It Coming.*

③ 这些挑战也包括历史发展过程中由于规划专业的局限性累积造成的各种现实问题。

④ 如今 Making Policy Public 项目已经在多个城市地区以不同形式推广，如 The Cargo Chain/Social Security Risk Machine/I Got Arrested! Now What? 等，具体请参见 http://makingpolicypublic.net。

参考文献

[1] Carmona, M. 2010. Contemporary Public Space. *Journal of Urban Design*, Vol. 15, No. 1.

[2] Chapman, D. 2011. Engaging Places: Localizing Urban Design and Development Planning. *Journal of Urban Design*, Vol. 16, No. 4.

[3] (美) 简·雅各布斯著，金洁译：《城市与国家财富》，中信出版社，2008 年。

《城市与区域规划研究》征稿简则

本刊栏目设置

本刊设有 7 个固定栏目：

1. 主编导读。介绍本期主题、编辑思路、文章要点、下期主题安排。

2. 特约专稿。发表由知名学者撰写的城市与区域规划理论论文，每期 1～2 篇，字数不限。

3. 学术文章。城市与区域规划理论、方法、案例分析等研究成果。每期 6 篇左右，字数不限。

4. 国际快线（前沿）。国外城市与区域规划最新成果、研究前沿综述。每期 1～2 篇，字数约 20 000 字。

5. 经典集萃。介绍有长期影响、实用价值的古今中外经典城市与区域规划论著。每期 1～2 篇，字数不限，可连载。

6. 研究生论坛。国内重点院校研究生研究成果、前沿综述。每期 3 篇左右，每篇字数 6 000～8 000 字。

7. 书评专栏。国内外城市与区域规划著作书评。每期 3～6 篇，字数不限。

设有 2 个不固定栏目：

8. 人物专访。根据当前事件进行国内外著名城市与区域专家介绍。每期 1 篇，字数不限，全面介绍，列主要论著目录。

9. 学术随笔。城市与区域规划领域知名学者、大家的随笔。

用稿制度

本刊收到稿件后，将对每份稿件登记、编号及组织专家匿名评审，刊登与否由编委会最后审定。如无特殊情况，本刊将会在 6 个月内告知录用结果。在此之前，请勿一稿多投。来稿文责自负，凡向本刊投稿者，即视为同意本刊以纸质图书版本以及包括但不限于光盘版、网络版等数字出版形式出版。稿件发表后，本刊会向作者支付一次性稿酬并赠样书 2 册。

投稿要求

本刊投稿以中文为主（海外学者可用英文投稿），但必须是未发表的稿件。英文稿件如果录用，本刊可以负责翻译，由作者审查定稿。投稿请将电子文件 **E-mail** 至：**urp@tsinghua. edu. cn**。

1. 文章应符合科学论文格式。主体包括：①科学问题；②国内外研究综述；③研究理论框架；④数据与资料采集；⑤分析与研究；⑥科学发现或发明；⑦结论与讨论。
2. 稿件的第一页应提供以下信息：①文章标题、作者姓名、单位及通信地址和电子邮件；②英文标题、作者姓名的英文和作者单位的英文名称。稿件的第二页应提供以下信息：①文章标题；②200 字以内的中文摘要；③3～5 个中文关键词；④英文标题；⑤100 个单词以内的英文摘要；⑥3～5 个英文关键词。
3. 文章正文中的标题、插图、表格、符号、脚注等，必须分别连续编号。一级标题用“1”、“2”、“3”……编号；二级标题用“1. 1”、“1. 2”、“1. 3”……编号；三级标题用“1. 1. 1”、“1. 1. 2”、“1. 1. 3”……编号。
4. 插图要求：300dpi，16cm×23cm，黑白位图或 EPS 矢量图，由于刊物为黑白印制，最好是黑白线条图。图表一律通栏排，表格需为三线表（图：标题在下；表：标题在上）。
5. 所有参考文献必须在文章末尾，按作者姓名的汉语拼音音序或英文名姓氏的字母顺序排列，并在正文相应位置标出（翻译作品或文集、访谈演讲类以及带说明性文字的参考文献请放脚注）。体例如下：

   [1] Amin, A. and Thrift, N. J. 1994. *Holding down the Globle*. Oxford University Press.

   [2] Brown, L. A. et al. 1994. Urban System Evolution in Frontier Setting. *Geographical Review*, Vol. 84, No. 3.

   [3] 陈光庭：“城市国际化问题研究的若干问题之我见”，《北京规划建设》，1993 年第 5 期。

   正文中参考文献的引用格式采用如“彼得（2001）认为……”、“正如彼得所言：‘……’（Peter, 2001）”、“彼得（Peter, 2001）认为……”、“彼得（2001a）认为……。彼得（2001b）提出……”。

   [4]（德）汉斯·于尔根·尤尔斯、（英）约翰·B. 戈达德、（德）霍斯特·麦特查瑞斯著，张秋舫等译：《大城市的未来》，对外贸易教育出版社，1991 年。
6. 所有英文人名、地名应有规范译名，并在第一次出现时用括号标注原名。

《城市与区域规划研究》征订

《城市与区域规划研究》为小16开，每期300页左右。欢迎订阅。

订阅方式

1. 请填写“征订单”，并电邮或邮寄至以下地址：

联系人：刘炳育
电　话：（010）82819553、82819552
电　邮：urp@tsinghua. edu. cn
地　址：北京市海淀区清河中街清河嘉园甲一号楼A座22层
《城市与区域规划研究》编辑部
邮　编：100085

2. 汇款

① 邮局汇款：地址同上。
收款人姓名：北京清大卓筑文化传播有限公司

② 银行转账：户　名：北京清大卓筑文化传播有限公司
开户行：北京银行北京清华园支行
账　号：01090334600120105468638

《城市与区域规划研究》征订单

每期定价	人民币42元（含邮费）				
订户名称				联系人	
详细地址				邮编	
电子邮箱		电话		手机	
订阅	年　　期至　　年　　期			份数	
是否需要发票	□是　发票抬头				□否
汇款方式	□银行		□邮局	汇款日期	
合计金额	人民币（大写）				

注：订刊款汇出后请详细填写以上内容，并把征订单和汇款底单发邮件到urp@tsinghua. edu. cn。